水利工程施工技术与组织管理研究

俞嘉庆　王江涛　季文杰　著

北京工业大学出版社

图书在版编目（CIP）数据

水利工程施工技术与组织管理研究 / 俞嘉庆，王江涛，季文杰著. — 北京 ：北京工业大学出版社，2020.4（2023.2 重印）
ISBN 978-7-5639-7336-1

Ⅰ. ①水… Ⅱ. ①俞… ②王… ③季… Ⅲ. ①水利工程－施工组织－研究②水利工程－施工管理－研究 Ⅳ. ① TV512

中国版本图书馆 CIP 数据核字（2020）第 061590 号

水利工程施工技术与组织管理研究

SHUILI GONGCHENG SHIGONG JISHU YU ZUZHI GUANLI YANJIU

著　　者： 俞嘉庆　王江涛　季文杰
责任编辑： 李倩倩
封面设计： 点墨轩阁
出版发行： 北京工业大学出版社
（北京市朝阳区平乐园 100 号　邮编：100124）
010-67391722（传真）　bgdcbs@sina.com
经销单位： 全国各地新华书店
承印单位： 三河市元兴印务有限公司
开　　本： 710 毫米 ×1000 毫米　1/16
印　　张： 16.25
字　　数： 325 千字
版　　次： 2020 年 4 月第 1 版
印　　次： 2023 年 2 月第 2 次印刷
标准书号： ISBN 978-7-5639-7336-1
定　　价： 60.00 元

作者简介

俞嘉庆，男，浙江杭州人，杭州市临安区水利水电局高级工程师、一级注册建造师、总监理工程师，主要从事水利工程建设管理、农村水电管理、规划设计和农村饮用水建设管理等工作，浙江省水利稽查专家。

王江涛，男，浙江杭州人，浙江丰铎建设有限公司总经理、一级注册建造师、工程师、杭州市临安区潜川镇阔滩堤防工程项目经理、临安区城市防洪工程如龙村移民安置小区项目经理、常山县白石镇荷花塘水库除险加固工程项目经理。

季文杰，男，浙江杭州人，杭州临安聚力建设有限公司董事长、总经理、建造师，曾参加杭州市临安区金猫坞水库除险加固工程；杭州市临安区 4# 橡胶坝改建工程；临安区岛石镇、龙岗镇、清凉峰镇“利奇马”台风灾后水利应急抢险工程；临安区太湖源镇 2019 年农村生活污水处理改造工程项目。

前　言

水利工程施工是施工单位按照设计提出的工程结构、数量、质量、进度及造价等要求修建水利工程的工作。水利工程的运用、操作、维修和保护工作是水利工程管理的重要组成部分，水利工程建成后，必须通过有效的管理才能实现预期的效果和验证原来规划、设计的正确性；工程管理的基本任务是保持工程建筑物和设备的完整、安全，使其处于良好的技术状况。正确运用水利工程设备可以控制、调节、分配、使用水资源，充分发挥其防洪、灌溉、供水、排水、发电、航运、环境保护等效益。做好水利工程的施工与管理是发挥工程功能的鸟之两翼、车之双轮。

全书共八章。第一章为绪论，主要阐述水利工程施工的研究与展望、水利工程施工的任务与特点、水利工程项目分类、水利工程施工建设的基本程序等内容；第二章为水利工程施工技术，主要阐述基础工程施工技术、土石方工程施工技术、土坝工程施工技术、混凝土工程施工技术、混凝土重力坝施工技术、水闸及堰坝施工技术、管道工程施工技术等内容；第三章为水利工程测量技术，主要阐述水利工程常用测量设备、水利工程施工放样、建筑物施工测量放样、水利工程监测技术等内容；第四章为水利工程施工质量控制，主要阐述质量管理与质量控制、质量体系的建立与运行、工程质量事故的处理、工程质量评定与质量验收等内容；第五章为水利工程施工成本控制，主要阐述施工成本管理的基本内容、施工成本控制的基本方法、施工项目成本降低的措施、工程变更价款的确定、建筑安装工程费用的结算等内容；第六章为水利工程施工组织与管理，主要阐述水利工程施工组织、水利工程施工管理等内容；第七章为水利工程施工风险与健康管理，主要阐述水利工程施工风险管理、施工项目职业健康管理等内容；第八章为水利工程施工安全与环保管理，主要阐述水利工程施工安全管理、水利工程环境安全管理等内容。

全书由俞嘉庆统稿，并担任第一作者，负责撰写第二章，共计约 10 万字；王江涛担任第二作者，负责撰写第一章、第三章、第四章，共计约 10 万字；季文杰担任第三作者，负责撰写第五章、第六章、第七章、第八章，共计约 10 万字。

为了确保研究内容的丰富性和多样性，作者在写作过程中参考了大量理论与研究文献，在此向涉及的专家学者们表示衷心的感谢。

最后，由于作者水平有限，加之时间仓促，书中难免存在一些疏漏，在此，恳请读者朋友批评指正！

目　　录

第一章　绪论

水是国民经济的命脉，也是人类发展的命脉。水利建设关乎国计民生，水利工程建设是重要的基础建设。本章分为水利工程施工的研究与展望、水利工程施工的任务与特点、水利工程施工项目分类、水利工程施工建设的基本程序四部分。

第一节　水利工程施工的研究与展望

一、水利工程施工的概念

水利工程施工是人们根据水利工程设计的要求和规格建造水利工程的过程。因此，项目施工的目的就是满足水利工程设计和运用的需要；项目施工的依据就是规划设计的成果。

项目施工的特征包括实践性和综合性，实践性是指工程必须经得起实际运用的检验，不容半点虚假和疏忽，是硬科学；综合性是说单纯靠工程技术难以实现规划设计的目的，需要人们综合运用自然科学和社会科学的知识和经验。

施工项目只有保证质量才能保证安全，这是一切效益的根本前提，有效益就有“盈利→再生产→再盈利”的良性循环。

人力施工为主时，施工技术主要研究工种的施工工艺。现在，随着科学发展和技术进步，人们更加讲究施工机械与工艺及组合于各种建筑物时的施工方案与要求，同时对科学、系统的施工管理提出了更高要求。施工单位施工时，需要建设单位按时进行工程结算，以获得资金财务上的支持；需要设计单位及时提供图纸；需要材料和设备供应单位按质、按量适时供应所需的材料及设备，以保证施工的顺利进行。

我国将工程建设纳入了基本建设管理，只有工程建设项目列入政府规划，有了项目建议书以后，才能进行初步查勘和可行性研究；只有可行性研究报告经审核通过，才可据以编制设计任务书，落实勘测设计单位，开展相应的勘测、设计和科研工作；只有开工准备已具有相当规模，场内外交通已基本畅通，主要施工场地已经清理平整，风、水、电供应和其他临建工程已能满足初期施工要求，建设单位才能提出开工报告，转入主体工程施工。因此，施工管理又必须符合国家对工程建设管理的要求，笼统地讲就是要按基本建设程序办事。

二、水利工程施工的发展

中国人没有不知道黄河、长江、海河、淮河的。从小学生到老人，都知道中国古代的大禹治水、京杭大运河。我国的三峡大坝，更是举世闻名。人类为了生存，从未间断过治河防洪、灌排供水、水力发电、坝工建设。

目前，地球上规模最大的水电站是中国的三峡水利枢纽工程，坝型为混凝土重力坝，最大坝高 181 m，装机容量为 18 200 MW；最高的土石坝是苏联的努列克坝，最大坝高 300 m；最高的混凝土坝是瑞士的大狄可桑斯坝，坝型为混凝土重力坝，最大坝高 285 m。

我国目前已建的最高土石坝是天生桥一级混凝土面板堆石坝，最大坝高 179.5 m，其在世界混凝土面板堆石坝类型中居第二位。

近年来，随着水利水电工程的发展，我国施工机械的装备能力迅速增长，已具有高强度快速施工的能力。例如，我国黄河小浪底水利枢纽工程大坝为黏土心墙堆石坝，最大坝高为 154 m，土石填筑方量为 5 570 万 m^3，施工中堆石料填筑选用 10.3 m^3 挖掘机装料，65 t 自卸汽车运料，17 t 光面振动碾压实；心墙料填筑选用 10.7 m^3 装载机装料，65 t 或 36 t 自卸汽车运料，1 t 凸块碾压实，创造出月最高上坝强度达 101.03 万 m^3，日最高上坝强度达 4.19 万 m^3 的纪录。

天生桥二级引水洞、引大入秦和引黄入晋工程的长隧洞开挖，均采用了全断面掘进机和双护盾掘进机等设备，最大开挖断面直径为 10.8 m，创造了日最高进尺 113 m 的纪录。小浪底、三峡水利枢纽工程在混凝土防渗墙施工中采用了对地层适应性较强的冲击式正、反循环钻机及双轮铣槽钻机，一台 BC30 型铣槽钻机一个枯水期就完成了 8 万 m^3 的防渗墙造孔任务。三峡、二滩和小浪底工程的混凝土运输都采用了带式输送机，其中小浪底工程消力塘混凝土浇筑月强度高达 5 万 m^3。

我国的施工技术水平也在不断提高。例如，在施工导截流方面，三峡工程大江截流最大流量为 11 600 m^3/s，抛投水深 60 m，截流落差 5.3 m，施工中使用了 77 t 自卸汽车运料，抛投最大块料达 10 t，工程技术人员克服了堤头坍塌、深水龙口预平抛垫底、截流期航运和跟踪预报等技术难题。

在地基加固与处理方面，三峡工程首次大规模采用了端头锚固技术加固船闸及隔墙岩体，解决了最大开挖高度 170 m 的高边坡稳定问题；小浪底工程首次应用的大坝岩基灌浆技术（GIN 法）是新型帷幕灌浆技术，具有优质、高效和低耗的显著特点；我国垂直防渗墙施工技术也达到新水平，如薄墙抓斗、射水法、锯槽法造孔新技术、多头小直径搅拌机搅拌水泥土成墙、垂直铺塑成墙和振动切槽、振动沉模挤压注浆成墙新技术等，都具有工效高、设备简单、质量好的优点，已在部分工程中应用。

在地下工程施工方面，小浪底工程排沙洞采用的无黏结钢绞线双圈环绕预应力混凝土衬砌技术及泄洪洞内三级孔板消能工施工技术，其规模和技术难度都属于世界前列。在大坝施工方面，除前面介绍的小浪底黏土心墙堆石坝外，我国碾压混凝土坝施工技术也有很大的进展，如双卧连续强制式搅拌系统、大仓面碾压混凝土斜层平推铺筑法、高气温和多雨条件下的碾压混凝土施工技术、碾压混凝土拱坝重复灌浆技术、碾压混凝土拱坝埋管降温技术、碾压混凝土拱坝现场快速质量检测技术等。

我国在施工组织与管理方面也取得了一些新的科研成果。例如，新开发的水利水电工程施工网络计划软件包、施工总进度计划和施工总体布置 CAD 系统都已投入应用，并接近国际先进水平。

三、水利工程施工的研究内容

水利工程施工是人类在利用自然和改造自然的过程中所积累起来并运用在生产活动中的水利建造工程相关知识和经验。水利工程施工的研究内容可以用图 1-1 来概括。

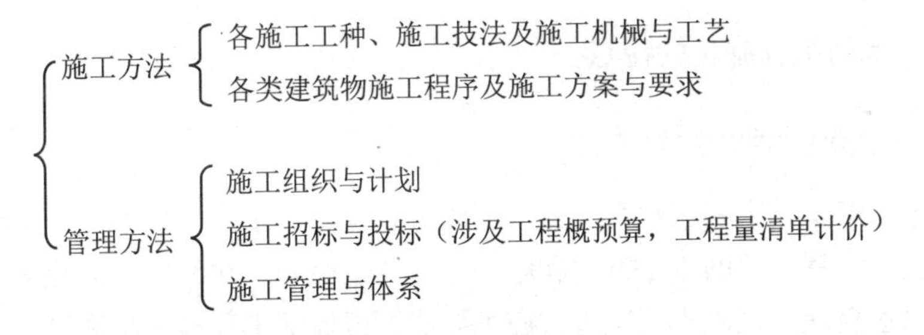

图 1-1　水利工程施工的研究内容

可以说，水利工程施工是研究水利工程建设的施工方法和管理方法的学科。

水利工程施工的内容可以逐级划分成若干个单项工程、单位工程、分部工程、分项工程，以满足不同建设阶段的管理需要。通常，单项工程是指工程建成后可以独自发挥生产能力或效益的工程系统，又称扩大单位工程，如拦河坝、发电厂房和引水工程等。

按照单项工程中工程项目的性质不同或能否独立施工，每个单项工程可划分为若干个单位工程，如引水工程可划分为进水口、引水隧洞、引水渠工程等。

按照施工工艺的不同，每个单位工程可划分为若干个分部工程，如引水隧洞可分为土方开挖、石方开挖、混凝土浇筑、灌浆工程等。

按照结构部位的不同，每个分部工程可划分为若干个分项工程，如引水隧洞的混凝土浇筑工程可划分为底板（拱）、边墙（拱）和顶拱等分项工程。

第二节 水利工程施工的任务与特点

一、水利工程施工的任务

①在不同阶段，根据不同阶段的要求、水利工程的特点、水利工程所处的自然环境、材料、设备等情况，编制施工组织设计和投标计价。

②建立现代项目管理体系，按照施工组织设计，科学地使用人力、物力和财力，组织施工，按期完成工程建设，保证施工质量，降低工程成本，多快好省地全面完成施工任务。

③在施工过程中开展观测、试验和研究工作，推动水利建设科学技术的进步。

④在生产准备、竣工验收和后评价阶段，弥补工程附属设施及施工的缺陷，并完成相应的施工报告和验收文件。

二、水利工程施工的特点

（一）受自然条件影响大

一般情况下，水利工程都在露天下施工，气温、水文、地形、地质等自然条件都会对水利工程的施工方案和施工难度产生影响。在河床上修建水工建筑物，不可避免地要控制水流，进行施工导流，以保证工程施工顺利进行。在夏季、冬季和雨雪天气施工时，人们需要采取措施，减少自然条件的影响。

水利工程建筑体积庞大，且具有固定性，不具备在室内施工的条件。水利工程所处的自然条件对建造成本、工程进度等也会产生很大影响。因此，水利工程建筑设计者应该对水利工程所处的自然条件进行充分调查，制订合理的施工措施，科学组织施工，让工程施工安全、有序进行。

（二）工程量和投资大

一般情况下，水利工程的工程量都非常大，需要花费大量的时间和资金去修建。例如，中国的三峡水利枢纽工程施工工期16年，静态投资约900亿人民币，动态投资约2 000亿人民币，混凝土浇筑量高达2 820万 m^3。又如，中国黄河小浪底水利枢纽工程土石方开挖量为3 905万 m^3，土石方填筑5 570万 m^3。因此，加快施工进度，缩短建设周期，降低工程造价，对水利工程建设具有重大意义。

（三）周期长

水利工程项目的体积巨大决定了其生产周期长。水利工程建筑项目的周期短则1～2年，多则5～6年，甚至10年以上。水利工程项目需要长期消耗和占用大量的人力、物力和财力，需要整个周期完成后才能修建完成。因此，相关单位应该科学地组织建筑生产，不断缩短生产周期，尽快提高投资效益。

（四）连续性

水利工程建筑不能像其他工业产品一样能够分解成若干部分同时生产，必须在固定地点按照要求进行生产，需要在上一道工序完成后，才能进行下一道工序。水利工程建筑是人们不断劳动的成果，只有完成全部的工序，才能够实现其价值。

一个水利建设工程项目从立项到使用要经历多个阶段和过程，包括设计前准备阶段、设计阶段、施工阶段、使用前准备阶段（包括竣工验收和试运行）和保修阶段。这是一个完整的、不能间断的周期性生产过程，各个阶段要有序进行，在工序上不脱节，在时间上不间断，并且生产过程中的各项工作都应该根据合理的施工顺序进行。

（五）单件性

水利工程项目由若干单项工程项目组成，工程量大，工种多，而且布置比较集中，施工强度较大，又因为水利工程项目容易受自然条件的影响，施工干扰较大，因此必须统筹规划。

水利工程施工具有多样性，这种多样性决定了水利工程建筑产品的单件性。每一项水利工程建筑产品都是按照建设单位的具体要求进行施工的，有其特定的功能、结构和规模等，因此其工程内容和形态等也具有差异性。水利工程施工所处的环境更增加了水利工程建筑产品的差异性。即使是同一类型的水利工程，在不同的季节、不同的地区，其施工方法也存在差异性。因此，水利工程建筑是单件产品，不能按照定型方案生产。这一特点就要求施工组织实际编制者考虑设计要求、工程特点、工程条件等因素，制定出可行的水利工程施工组织方案。

（六）要求高

水利工程建筑项目对施工质量的要求非常高。水利工程大多是挡水和泄水的建筑物，一旦出现质量问题，就会对下游的安全带来严重威胁。因此，施工质量要求高，稳定、安全、防渗、防冲、防腐蚀等要求是其必须保证的。

（七）难度大

①水利工程施工受到多方面因素的影响。修建水利工程，往往会涉及很多单位的利益。例如，在河道上施工时，其还需要满足通航、灌溉、发电、工业、城市用水等方面的需要，这让施工变得更加复杂。

②水利工程施工的作业安全问题难以保障。水利工程的施工过程包括地下作业、高空作业、爆破作业、水域作业等，而且这些作业经常平行交叉进行，非常不利于施工安全。

③水利工程施工的修建项目多。水利工程一般都修建在峡谷河道，这些地方人烟稀少，交通不便，因此需要修建许多临时性建筑，如道路、房屋、施工导流建筑物、辅助工厂等，这些都加大了工程难度。

④组织管理难度大。水利工程施工组织和管理面临的是一个复杂的系统，不仅涉及很多部门的利益，还会影响区域社会生态等。因此，其必须采用系统科学的方法，实现统筹兼顾。

（八）流动性

水利工程建筑产品施工具有流动性，主要包括以下两层含义。

第一，水利工程建筑产品在固定地点修建，生产单位和设备等需要跟随修建地点的变更而流动。

第二，水利工程建筑产品在固定地点修建，与土地相连，在生产过程中，建筑产品不动，人、设备和材料等围绕建筑产品流动，从一个施工段转到另一个施工段。这一特点要求人们通过施工组织设计使流动的人、机和物等相互协调配合，做到连续、均衡施工。

第三节　水利工程项目分类

一、基本建设项目划分

基本建设项目是指根据一个水利工程的总体设计进行施工，由若干个单项工程构成，在经济上实行统一核算，在行政上实行统一管理的基本建设工程实体。

一个基本建设项目的建设周期往往很长，建设规模较大，影响因素众多，尤其是中型和大型水利工程。因此，为了便于制订基本建设计划，编制工程造价，组织投标、招标和施工，进行成本、质量和工期控制，人们需要对一个基本建设项目进行逐级划分，将其划分成若干个各级工程项目。根据项目本身的内部组成，基本建设项目可以分为单项工程、单位工程、分部工程、分项工程。

（一）单项工程

单项工程是指在一个工程建设项目中，具有独立的设计文件，能够独立组织施工，竣工后能够独立发挥作用的工程。例如，一个工厂内能够独立生产的车间，一个水利工程能够独立发挥作用的拦河大坝、发电站等。单项工程由许多单位工程构成，是一个具有独立意义的完成工程，也是一个非常复杂的综合体。例如，建立一个车间，不仅需要有厂房，还需要有各种设备。

（二）单位工程

单位工程是单项工程的组成部分。单位工程是指具有独立的设计文件，能够独立组织施工，竣工后不能独立发挥作用的工程。例如，车间是一个单项工程，人们可以将其分为建筑工程和设备安装两类单位工程。每一个单位工程也是一个比较复杂的综合体，由许多结构组成。

（三）分部工程

分部工程是单位工程的组成部分。分部工程是人们根据工程部位、设备型号和种类、工种、材料等对单位工程的进一步划分。例如，根据不同材料结构，土建工程可以划分成土石方工程、混凝土工程等。

分部工程是工程造价、组织施工、质量控制、成本核算等工作的基本单位。在分部工程中有许多影响工料消耗的因素。以土方工程为例，由于普通土、砂质土和坚硬土等土壤类别不同，施工方法不同，挖土位置、深度等不同，每一单位土方工程所消耗的人工和材料也很大。因此，分部工程还需要进一步划分。

（四）分项工程

分项工程是分部工程的组成部分。分项工程是指通过比较简单的施工就能够生产出来，能够运用适当的计量单位计算其工程量的建筑或设备安装工程。例如，每立方米的砖基础工程、一台电动机的安装等。通常情况下，分项工程只是建筑或设备安装工程的最基本构成因素，其独立存在没有意义，不能够发挥作用。建筑项目分解如图 1-2 所示。

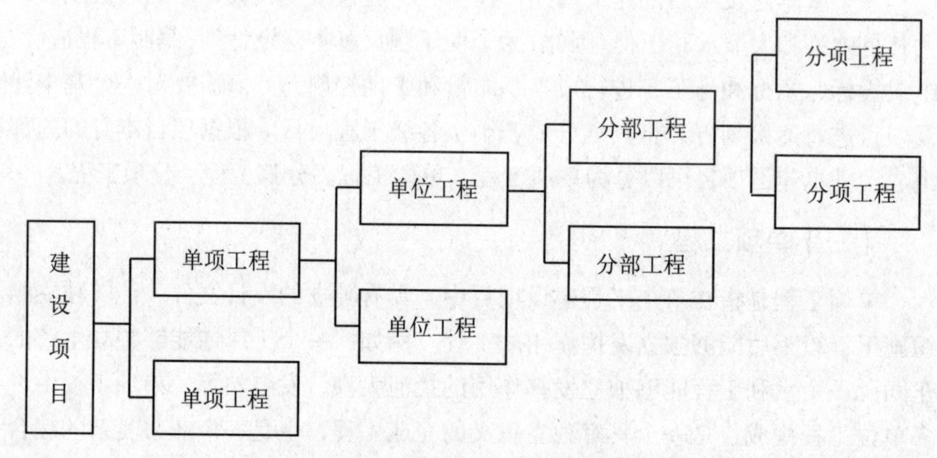

图 1–2　项目分解示意图

二、水利基本建设工程项目划分

水利建设项目通常是由多种性质的水工建筑物构成的复杂建筑综合体。与其他工程相比，水利建设项目的涉及面较广，建筑种类很多。例如，中型和大型水利工程不仅要建设拦河大坝、厂房，还需要建设变电站、公路、桥涵、泄洪设施、引水系统、给排水系统等，因此较难根据单项工程和单位工程等进行明确划分。

水利建设项目可以划分成两大类型，一类是枢纽工程，包括水电站、水库和其他大型独立建筑物；另一类是河道工程和引水工程，如灌溉工程、堤防工程、供水工程、河湖整治工程等。

水利枢纽工程、河道工程和引水工程又可以划分为五个部分，即建筑工程、机电设备安装工程、金属结构设备安装工程、施工临时工程、独立费用。

根据水利工程的性质，其工程项目分别按照枢纽工程、河道工程和引水工程划分，投资估算和设计概算要求每部分从大到小划分成一级项目、二级项目和三级项目。其中，一级项目相当于单项工程，二级项目相当于单位工程，三级项目相当于分部工程和分项工程。水利工程项目的划分如图 1-3 所示。

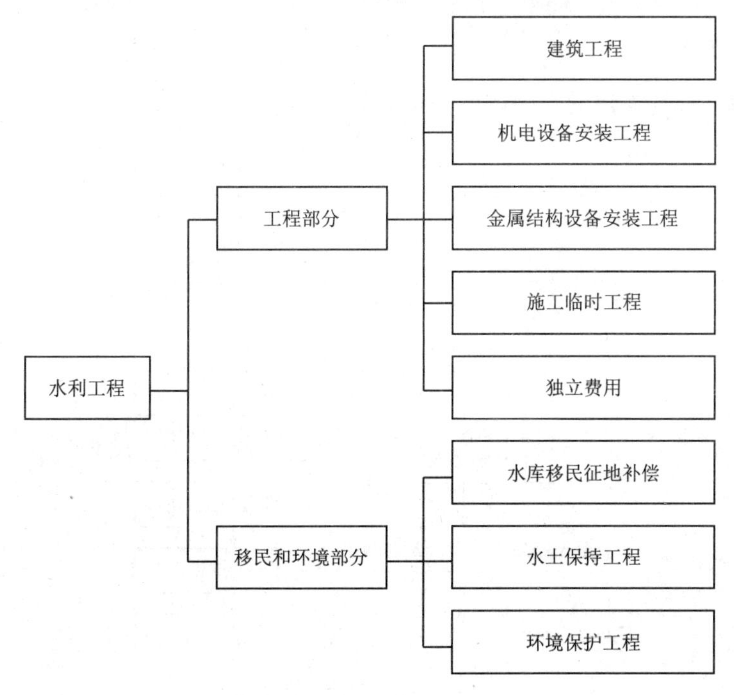

图 1-3　水利工程项目划分

第四节　水利工程施工建设的基本程序

一、水利工程施工建设程序的含义

建设程序是指建设项目决策、设计、施工、竣工、验收的过程，整个过程中各个阶段需要遵守相应的顺序关系。根据建设程序建设水利工程是水利建设项目管理的重要工作，是确保水利工程质量的基本要求。

实践证明，凡是坚持建设程序的工程，基本建设就能顺利进行，就能充分发挥投资的经济效益；反之，违背了建设程序就会造成施工混乱，影响工程质量、进度和成本，甚至会给建设工作带来严重危害。因此，坚持建设程序是工程建设顺利的有力保证。

基本建设程序反映了建设过程中各个相关部门之间的密切关系及工作中相互协调的工作关系。基本建设程序是人们在长期的工程建设实践中对管理和技术活动的经验总结，反映了工程建设活动的自然规律和经济规律。只有顺应客观规律才能实现建设意图。

二、水利工程施工建设的工作步骤

水利工程基本建设程序如图 1-4 所示。

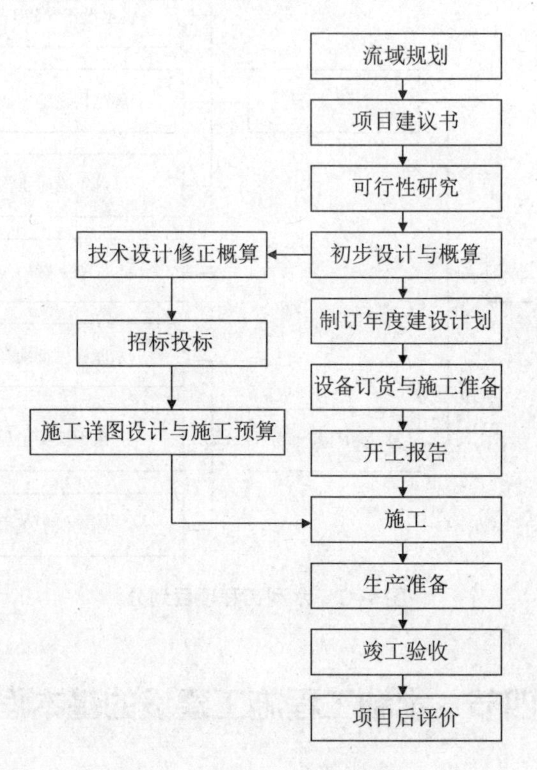

图 1-4　水利工程建设程序

（一）项目建议书

项目建议书是在流域规划的基础上，由建设单位向主管部门提出的项目建设构想，主要从宏观上分析水利工程项目建设的必要性、建设条件的可行性和经济活动的可能性等，即从国家或地区的长远需要分析建设项目是否有必要；从实际情况来看，是否具备建设条件；从投入和产出来看，是否值得投入人力、物力和财力。项目建议书被批准并列入国家建设计划后要开始进行可行性研究。

（二）可行性研究

可行性研究是综合应用工程技术、经济学和管理学等学科基本理论对项目建设的各方案进行的技术、经济比较分析，以论证项目建设的必要性、技术可行性和经济合理性。可行性研究报告是项目决策和初步设计的重要依据，一经批准，将作为初步设计的依据，不得随意修改和变更。可行性研究报告的内容一定要做到全面、科学、深入、可靠。项目法人组织相应资质的工程咨询或设计单位编写、申报项目可行性研究报告，并提出项目法人组建方案。项目可行性报告被批准后要正式确立项目法人，并根据项目法人责任制实行项目管理。

（三）初步设计

初步设计是人们根据可行性报告和相关设计资料，对设计对象进行通盘研究，将项目建设计划具体化，以作为组织项目实施的依据。其具体内容包括：确定项目中各建筑工程的等级、标准；工程选址；明确主要建筑物的组成，进行工程总体布置；根据特征水位，确定主要建筑的形式、尺寸；提出施工要求和施工组织设计；编制项目总概算。初步设计任务应选择有相应资格的设计单位承担，依照批准的可行性研究报告和有关初步设计编制规定进行编制。批准后的初步设计文件是项目建设实施的技术文件基础。

（四）施工准备

施工准备就是为拟建水利工程项目准备必要的物质和技术条件，科学布置施工现场，统筹安排施工力量。施工准备是水利工程施工企业做好目标管理，推行技术经济承包的重要依据。做好施工准备工作有利于实现资源合理配置，发挥企业优势，降低施工成本，提高施工速度，保证工程质量。

1. 施工准备工作的内容

在水利工程项目的主体工程施工开始之前，相关单位应该完成各项施工准备工作，具体包括以下几方面内容。

第一，对施工场地的征地、拆迁。

第二，做好施工用电、用水、公路、通信等工作。

第三，建设必要的临时性生产和生活工程。

第四，组织招标的咨询、设计，采购设备等工作。

第五，组织建设监理和主体工程招标、投标，选择合适的建设监理单位和施工承包单位。

2. 调查研究与搜集资料

调查研究、收集有关施工资料是施工准备工作的重要内容之一，人们必须重视基本资料的收集整理和分析研究工作。

（1）社会经济概况资料

相关单位应向当地政府机关、有关部门了解当地经济状况及其发展规划。该项调查包括工程地点、现有交通条件、当地国民经济发展对交通运输提出的要求、交通地理位置图；当地工农业发展状况和规划；燃料、动力供应条件；施工占地条件；当地生活物资、房建材料供应条件；为工程施工提供社会服务、加工制造、修配、运输的可能性；可能提供的劳动力条件；国民经济各部门对施工期间的防洪、灌溉、航运、供水、竹木流放等要求；国家、地方各部门对基本建设的有关规定、条例和法令等。

（2）地形资料和工程地质、水文地质资料

地形资料和工程地质、水文地质资料主要内容有：坝址地形图、施工场地及天然建筑材料料场地形图、主要施工设施布置地点地形图，施工区地质勘探报告，施工区地质平、剖面图，不良地质区的专题报告及平面图，当地天然建筑材料勘探实验报告、图纸，地下水补给方向、化学成分、含水层厚度与深度、渗透系数等资料，施工设施基础勘探试验报告及图纸。

（3）水文和气象资料

水文和气象资料主要内容有，多年实测各月最大流量；坝址分月不同频率最大流量，相应枯水时段不同频率的流量，施工洪水过程线；水工建筑物布置地点的水位流量关系曲线；沿岸主要施工设施布置地点的河道特性和水位、流量资料；施工区附近支流、山沟、湖塘等处的水位水量等资料；历年各月各级流量过水次数分析；年降水量、最大降水量、降水强度、可能最大暴雨强度、降雨历时、降雪和积雪厚度等；各种气温、水温、地温的特性资料；风速、最大风速和风向玫瑰图。

3. 技术资料的准备

技术准备是施工准备的核心内容。任何技术差错都可能引起质量事故和影响人身安全，对人的生命财产安全造成巨大损失，因此人们必须重视技术准备工作。技术准备工作主要包括以下内容。

（1）工程规划、水工和机电设计资料

工程规划、水工和机电设计资料具体包括以下内容。

①水库正常高水位、校核洪水位和库容水位关系曲线。

②枢纽总布置图、各单项工程布置图、剖面图、分类分部工程量。

③机组机型、台数，机电和金属结构安装工程量，重大部件尺寸和质量。

④枢纽运用、蓄水发电等要求。

（2）工程施工组织设计资料

工程施工组织设计资料具体包括以下内容。

①施工导流：导流和各期导流工程布置图、导流建筑物平剖面图及工程量，导流程序、相应时段不同频率的上下游水位，不同时段货物陆运过坝数量。

②施工方法：主体及导流机电安装等单项工程施工方案、施工进度、施工强度，设备、材料、劳动力数量，施工布置及对风、水、电和场内交通运输的要求。

③辅助企业：各生产系统规模容量、建筑面积、占地面积，风、水、电、供热、通信管线布置，施工设施建安工程量，施工设施设备数量、燃料和材料数量。

④对外交通：对外运输方案、运输能力，对外交通工程量及所需设备、材料、动力燃料等，运输设备和人员数量。

4. 资源准备

资源准备工作必须在水利工程开始施工前完成，需要准备的资源包括材料、构（配）件、半成品、机械设备等，这些是确保施工顺利进行的物质基础。相关部门应该根据设计要求，确定物质的需求量，并落实货源，做好运输和储备工作，以满足连续施工需求。

（1）建筑材料的准备

建筑材料的准备工作主要是根据选定的枢纽布置和施工方案分别计算出各施工主体工程和辅助工程的建筑材料总量，如钢筋、水泥、木材、炸药、油料等，并制订分年度供应计划。

（2）构（配）件、半成品的准备

人们根据施工方案中提出的构（配）件和制品的名称、类型、规格、质量、消耗量等，确定供应渠道和储存方式及储存地点，确定加工方案，编制需求量计划，为运输和堆放等提供依据。

（3）施工机械的准备

人们要根据各个主体工程和辅助工程的施工计划、施工方法等，编制出施工机械设备的需求量计划，确定施工机械设备的名称、数量、规格、质量、消耗量等，并提出分年度供应计划。

5. 施工现场准备

施工现场的准备工作主要作用是为拟建工程的施工创造良好的施工条件和物质保障，其具体内容如下。

（1）做好施工场地的控制网测量

建设单位要根据设计单位提出的建筑总平面图、给定的永久性经纬坐标控制网及水准控制基桩等，对施工场地进行测量，设置场地的永久性经纬坐标桩、水准基桩，建立施工场地工程测量控制网。

（2）搞好“四通一平”工作

“四通一平”是指路通、水通、电通、通信通和平整场地，具体如下。

①路通。水利工程施工现场一般交通不便，而道路是开展物质运输的动脉。在施工开始前，人们应该根据施工总平面图的要求，修建好施工现场的永久性道路和临时性道路，以保证运输畅通。

②水通。水是施工现场生产和生活必不可少的。在施工开始前，相关单位应该根据施工总平面图的要求，接通好施工用水和生活用水的管道，尽可能与永久性给水系统连接起来，做好地面排水措施。

③电通。电是施工现场的主要动力来源。在施工开始前，相关单位应该根据施工设计要求，接通电力和电信设施，并做好其他能源供应。

④通信通。拟建工程开工前必须要形成完整畅通的通信网络，为施工人员进场提供有利条件。

⑤平整场地。在施工开始前，相关单位要根据施工总平面图的要求，拆除场地上影响施工的建筑物，并按照规定平整场地。

（3）建造临时建筑物和设施

在施工开始前，相关单位要按照施工总平面图的布置，建造临时建筑物和设施，为施工准备好生产、生活、居住、办公、储存等临时用房。

6. 开工条件及开工报告

施工准备工作是根据施工条件、工程规模和技术复杂程度来制定的，一般工程项目必须具备相应的条件才能开工。水利工程开工前必须具备以下条件。

①前期工程中各个阶段的文件已经按照规定申报并获得批准，施工详细设计能够满足初期工程施工需要。

②水利工程建设项目已经列入国家或地方的水利建设计划，建设资金已落实。

③水利主体工程项目招标并已经决标，签订工程承包合同。

④施工准备能够满足主体工程的开工需要。

⑤确定建设管理模式。

⑥明确项目建设的投资来源，投资结构应合理。

⑦项目法人或其他代理机构向主管部门提出开工申请报告，通过批准后主体工程才能正式开工。

（五）建设实施

建设单位提出开工申请报告并由主管部门批准后就可以开始组织建设。施工阶段是工程实体形成的主要阶段，建设各方都要围绕建设总目标的要求，为工程的顺利实施积极努力工作，建设各方应该做好以下工作。

①项目法人要充分发挥建设管理的主导作用，为施工创造良好的建设条件。

②监理单位要在业主的委托授权范围之内，制订切实可行的监理规划，发挥自己在技术和管理方面的优势，独立负责项目的建设工期、质量、投资控制和现场施工组织协调。

③施工单位应严格遵照施工承包合同的要求，建立现场管理机构，合理组织技术力量，加强工序管理，执行施工质量保证制度，服从监理监督，使工程按质量要求如期完成。

（六）生产准备

生产准备是项目开始建设前由建设单位进行的一项重要工作，是建设阶段进入生产经营的前提条件。项目法人应该根据项目法人责任制和建管结合的要求，做好生产相关的准备工作，确保项目建成后及时投产，及时发挥效能。生产准备主要包括以下几方面内容。

①做好生产经营的组织准备，建立生产经营的相关机构，编制相关管理制度，配备生产人员。

②根据生产经营要求，对生产管理人员进行培训，提高人员素质，满足运营要求，尽早让生产管理人员进入水利工程施工建设，参与施工设备的安装、调适和验收等工作，熟悉施工现场情况，掌握生产工艺流程和生产技术，为衔接施工建设和生产经营做好准备。

③生产技术准备，主要包括汇总技术资料、规定运行技术方案、制订操作规程、准备相关生产技术等。

④生产物资准备，主要是准备好生产运营所需要的原材料、工器具、协作产品、备品备件等。

（七）竣工验收

水利工程建设目标完成的标志是竣工验收，这是全面考核建设成果、检验设计和施工质量的重要环节。当水利工程建设内容全部完成后，由单位工程进行验收，单位工程验收符合设计要求后，向验收主管部门提出申请，组织验收。

验收的程序会随工程规模的大小而有所不同，一般为两阶段验收，即初步验收和正式验收。工程规模较大、技术较复杂的建设项目可先进行初步验收，初验工作由监理单位会同设计、施工、质量监督、主管单位代表共同进行，初验的目的是帮助施工单位发现遗漏的质量问题，及时补救。若初验发现问题，则等待施工单位对初验的问题做出必要的处理之后，再申请有关单位进行正式验收。验收合格的项目可办理工程正式移交手续，工程即从基本建设阶段转入生产或使用阶段。

（八）项目后评价

建设项目竣工投产并已生产运营 1 ～ 2 年后相关单位对项目所做的系统评价称为项目后评价。其主要内容包括以下几方面内容。

①影响评价，即对项目投产后的各方面影响进行评价。

②经济效益评价，即对项目投资、财务效益、规模效益、技术进步、国民经济效益等进行评价。

③过程评价，即对项目立项、设计施工、建设管理、投资、竣工、生产运营等方面进行评价。

项目后评价的目的是总结项目建设的成功经验，发现项目管理中存在的问题，及时吸取教训，不断提高项目决策水平和投资效果。

以上基本建设程序可概括成三个阶段，即以可行性研究为中心的项目决策阶段、以初步设计为中心的施工准备阶段和以建设实施为中心的工程实施阶段，人们常把前两个阶段合并称为建设前期。

第二章　水利工程施工技术

任何建筑物都要建在基础稳固的地基上，因此建筑物的结构要与基础形式及所处的地基相适应。基础的质量与水工建筑物的安全可靠性相关，且在水利水电的工程建设中，基础工程在其中占据了重要地位，同时其在施工中也属于重要环节。本章将从基础工程施工技术、土石方工程施工技术、土坝工程施工技术、混凝土工程施工技术、混凝土重力坝施工技术、水闸及堰坝施工技术和管道工程施工技术这七个方面进行阐述。

第一节　基础工程施工技术

一、岩基处理方法

若岩基处于严重风化或破碎状态，首先要清除风化及破碎岩基至新鲜的岩基。若风化层或破碎带很厚，无法清除彻底时，则考虑采用灌浆的方法加固岩层和截止渗流。防渗多从结构上进行处理，如设截水墙和排水系统。

灌浆加固方法一般采用钻孔灌浆，即在地基上钻孔，用压力把浆液通过钻孔压入风化或破碎的岩基内部，待浆液胶结或固结后，就能达到防渗或加固的目的。灌浆时最常用的灌浆材料是水泥。当岩石裂隙多、空洞大，吸浆量很大时，为了节省水泥，降低工程造价，改善浆液性能，常加砂或其他材料；当裂缝很小的时候，水泥浆是很难被灌进去的；有大的集中渗流汇集时，可以使用化学材料灌浆的方法处理。化学灌浆是一种以高分子有机化合物为主体材料的新型灌浆方法。这种浆材呈溶液状态，能灌入 0.1 mm 以下的微细裂缝，浆液经过一定时间后起化学作用，可将裂缝黏合起来或形成凝胶，起到堵水防渗及补强的作用。

除了上述灌浆材料外，还有热柏油、黏土等灌浆材料，但是由于它们本身存在一些缺陷致使其应用受到一定限制。

（一）岩基灌浆的分类

水工建筑物的岩基灌浆按其作用可分为帷幕灌浆、固结灌浆、接触灌浆。不仅大多数的建筑物做岩基处理时会用到灌浆技术，在进行衬砌回填、水工隧洞围岩固结、建筑物补强及混凝土坝体接缝等工作时也会经常用到。

1. 帷幕灌浆

帷幕灌浆通常在建筑物附近的上游贴近水面的岩基之内进行，以形成一堵由连续平行建筑物轴线所构成的防渗幕墙。这样可以减少岩基的渗流量，并且让岩基的渗透压力能减轻一点，从而使基础渗透趋于稳定。作用水头及地质条件的好坏是确定帷幕灌浆深度的主要原因，其与固结灌浆相比是要更深一点的，一些工程的帷幕深度甚至有百米以上。在施工之中，人们一般都会使用单孔灌浆，这样就会产生比较大的灌浆压力。

通常情况下，帷幕灌浆都是安排在水库蓄水之前的，因为这样可以保证灌浆的质量。因为帷幕灌浆有着较大的工程量，所以在时间安排方面同坝体施工是存在矛盾的，于是在进行时会被安排在坝体基础的灌浆廊道内。这样一来，不仅有利于让岩基灌浆与坝体上升同时进行，并且也将一定厚度的混凝土压重提供给了灌浆施工，从而进一步确保灌浆的质量及提升灌浆的压力。

2. 固结灌浆

这一灌浆方式的目的就是让岩基的强度与整体性都得到提升，同时还能使其基础透水性有所降低。在岩基的地质条件比较好的阶段，通常可以将固结灌浆孔安置在坝基的上游和下游这些应力较大的部分；而当坝体较高且地质条件稍弱的时候，就需要人们全面对坝基进行固结灌浆，并且坝基以外的上游及下游等范围内也同样如此。

进行固结灌浆比较合适的地点是拥有一定厚度的坝体基层混凝土，这样不仅不会让基层的表面冒浆，通过灌浆的压力来使其最终效果提升，并且还能同时照顾到岩基、坝体的接触灌浆。若是碰上较为完整且坚硬的岩基，那么为了加快施工速度，人们就可以直接在其表面进行没有混凝土压重的固结灌浆。若在基层的混凝土上使用钻孔灌浆，就必须等到混凝土相应部位的强度到了 50% 之后才能开始，或是先钻一个孔在岩基上，接着预埋灌浆管，等到浇筑混凝土到达差不多的厚度之后再进行灌浆，而处在同一地段的基层灌浆会按照先固结灌浆再帷幕灌浆的顺序来进行。

3. 接触灌浆

该灌浆方式的目的就是为了对坝体混凝土和坝基、岸肩间的结合能力进行加强，从而对坝体的抗滑稳定性进行提升。使用该方法时人们通常会提前在接触面上埋设灌浆盒或相应的管道系统，或者也可以与固结灌浆相结合进行工作。除此之外，接触灌浆应当在坝体的混凝土到了一定温度之后再进行，否则到时候就会使混凝土收缩，从而产生拉裂。

（二）灌浆材料

岩基灌浆所使用的浆液应当满足以下要求。

①受灌岩层中的浆液应当具备可灌性，也就是说浆液在受到了一定压力的情况下，可以相对顺利地被灌入空隙、裂隙或是孔洞之中，并完整充填。

②浆液在硬化之后应具备必要的强度、黏结力及较好的防渗性能。

③为了施工方便及让浆液的扩散范围增大，浆液本身也应该有较强的流动性。

④浆液的稳定性也要好，且吸水率低。

水泥是岩基灌浆中应用最普遍的材料。在岩基中灌入的水泥浆液，其制成方式就是水与水泥按固定配比制成水泥浆液。水泥灌浆的特点为灌浆效果良好，灌浆工艺与设备操作简单，材料的成本低廉等。

对使用到的水泥品种进行确定时，人们就需要对环境水的侵蚀作用以及灌浆的目的等因素进行综合考虑。通常情况下会使用标号高于 42.5 的硅酸盐大坝水泥或是普通的硅酸盐水泥，若是有耐酸等要求，则选择使用抗硫酸盐的水泥。

从灌浆的效果来看，对其会产生影响的因素就是水泥颗粒的粗细程度。水泥的颗粒越细，就会被灌入很细的裂隙之中，同时水泥起到的水化作用也会越完整。同时，灌浆时所用到的水泥都应当符合质量标准，不能使用已经过期的，或是不符合细度的水泥。

小于 200 μ m 宽度的岩体裂隙地层通常是很难灌入由普通水泥所制成的浆液的。为了将浆液的可灌性提升上去，20 世纪 80 年代以来，很多国家都相继研制出了各式各样细度的水泥，它们被广泛用于工程中。这些水泥浆液不仅有良好的可灌效果，在环保、结石体强度及价格方面也都存在一定的优势，尤其是在细微裂隙岩基的灌浆工作中非常合适。

为了改善或调节水泥浆液的性能，可以在水泥的浆液之中掺进一点外加剂，这样就能满足浆液在不同工程中的特定要求，使灌浆的效果也得以提升。另外，掺入多少外加剂及其种类应在试验中确定。

如果遇到了特殊的地质条件，比如破碎带、断层或细微裂隙等情况，使用普通的水泥浆液可能很难达到要求，那么这时就可以使用化学灌浆。化学灌浆也就是指灌注的基材为聚氨酯、环氧树脂及甲凝等这些高分子材料所制成的浆液，并且其耗费的材料成本很高，灌浆的工艺也会比其他材料复杂一点。化学灌浆在岩基处理工作中的作用一般只是辅助，人们通常会将水泥灌浆安排在前面，再基于此进行化学灌浆，这样不仅能让灌浆的质量有所提升，还会更经济。

（三）水泥灌浆的施工

在岩基处理施工前一般需进行现场灌浆试验。通过试验，人们可以了解岩基的可灌性，确定合理的施工程序与工艺，提供科学的灌浆参数等。钻孔、钻孔冲洗、灌浆、灌浆质量检查等工作都属于岩基灌浆施工中的主要工序。

1. 钻孔

钻孔的要求如下。

①确保孔位、孔深、孔向符合设计要求。帷幕灌浆质量与钻孔的深度和方向密切相关，如果钻孔发生方向偏斜的情况，那么钻孔就不会达到预定的深度，灌入各个钻孔中的浆液也就不能连成一体，最终形成漏水通路。

②力求孔径上下均一、孔壁平顺。孔径均一、孔壁平顺，则灌浆栓塞能够卡紧卡牢，灌浆时不至于产生绕塞返浆现象。

③钻进过程中产生的岩粉细屑较少。在该过程中若是有太多的岩粉细屑产生，就会很容易将孔壁的缝隙堵住，从而对灌浆的质量产生影响，并且还会影响工人的作业环境。

按照岩石中不同的可钻性与硬度完整性，可以分别使用钻粒钻头、硬质合金钻头及金刚石钻头等。一般情况下，6～7 级的岩石多用硬质合金钻头；7 级以上用钻粒钻头；石质坚硬且较完整的用金刚石钻头。

而金刚石钻头、回转式钻机或是硬质合金钻头等就比较适用于帷幕灌浆的钻孔工作，其钻进效率较高，不受孔深、孔向、孔径和岩石硬度的限制，还可钻取岩芯，且钻孔的孔径一般在 75～91 mm。固结灌浆则可采用各式合适的钻机与钻头。

控制孔向一般都是比较困难的，尤其是在钻斜孔时掌握方向。工程的实践期间，钻孔偏斜的允许值都会按照钻孔的不同深度而进行规定，在大于 60 m 的深度时，被允许的偏差不应当超过钻孔间距。除此之外，在结束钻孔之后，还要仔细检查孔斜、孔深及孔底的残留物等，如果有不符合要求的情况，应当及时采取补救措施。

钻孔顺序方面，为了有利于浆液的扩散和提高浆液结合的密实性，钻孔顺序应和灌浆次序密切配合。一般是当一批钻孔钻进完毕后，随即进行灌浆。钻孔次序则以逐渐加密钻孔数和缩小孔距为原则。排孔的钻孔顺序是先下游排孔，后上游排孔，最后中间排孔。

2. 钻孔冲洗

钻孔后，要进行钻孔及岩石裂隙冲洗。冲洗工作通常分为：冲洗钻孔，冲洗出黏滞在孔壁上及还依旧残存在孔底的岩粉铁屑；冲洗岩层的裂隙，为了浆液进入后有充足的空间，应当先将岩层裂隙当中的充填物都冲到孔外去，从而让岩基胶和浆液结石结合成一个整体。

在破碎带、断层或是细微的裂隙等复杂地层中进行灌浆工作时，冲洗质量会影响最后的灌浆效果。

通常在冲洗时是用灌浆泵将水压入孔内的循环管路中，在孔内插入冲洗管，同时用阻塞器堵住孔口再冲洗压力水；也可采用压力水和压缩空气轮换冲洗或压力水和压缩空气混合冲洗的方法。

岩层裂隙冲洗方法分为单孔冲洗和群孔冲洗两种。在有着较少裂隙和比较完整的岩层处，可以用到单孔冲洗，其可以使用的方式有高压脉动冲洗、高压压水冲洗及扬水冲洗等。

群孔冲洗的方式可以用在较为发育的节理裂隙，并且钻孔与钻孔间是相互串通的地层之中。群孔是由两个及以上钻孔而组成的孔组，冲洗时人们分别向一个孔或是几个孔轮换着压进压力水，再将污水从另一个孔中排放出去，多做几次该动作反复冲洗，直到各个孔出水洁净为止。

群孔冲洗时，沿孔深方向冲洗段的划分不宜太长，否则就会在冲洗段的钻孔中出现很多裂隙，它们除了会将冲洗水量与压力分散开之外，还会使一部分的裂隙冲通以后，水量将相对集中在这几条裂隙中流动，使其他裂隙得不到有效冲洗。

为了提高冲洗效果，有时可在冲洗液中加入适量的化学剂，如碳酸钠、氢氧化钠或碳酸氢钠等，以利于促进泥质充填物溶解。加入化学剂的品种和掺量，宜通过试验确定。采用高压水或高压水气冲洗时，要注意观测，防止冲洗范围内岩层抬动和变形。

3. 灌浆

（1）钻孔灌浆的次序

岩基的灌浆、钻孔工作在进行时都应当遵循分序加密的原则。这样一来不仅能够使浆液结石的密实性提升，同时还有利于减少相邻孔串浆现象。

（2）注浆方式

从灌浆的浆液关注和流动特点出发，其方式可分为两种，即纯压式灌浆和循环式灌浆。

首先，纯压式灌浆即在钻孔中一次次地压入浆液，同时使其在岩层裂隙中扩散，并且在灌注时，灌浆机的浆液会向钻孔流动，不再返回。这种灌注方式操作十分方便，并且还有简单的设备，只是浆液的流动速度不会太快，因此还是很容易沉淀的，这些沉淀物会堵塞住管路和岩层缝隙，使浆液不能及时地扩散。因此，这种方式一般会用在有大的裂隙且吸浆量大的地方，孔深为 12 ～ 15 m。

其次，循环式灌浆指的就是浆液从灌浆机出来并被压入钻孔之后，岩石缝隙中也会有部分的浆液被压入，而另外的一部分浆液则会经过回浆管而回到拌浆筒之中。这种方法一方面可使浆液保持流动状态，减少浆液沉淀；另一方面，如果人们想对岩层的吸收状况进行了解，就可以去观察进浆浆液、回浆浆液间的比重差，得出结果，同时这也可以作为灌浆结束判定的条件之一。

（3）钻灌方法

从同一个钻孔内的钻灌顺序出发，钻灌方法可分为两种，即全孔一次钻灌与全孔分段钻灌。前者是一次就从灌浆孔钻到了全深处，并且沿着全孔开始灌浆，该方法从施工的角度来说是非常简便的，一般会用在地质条件良好且具有较为完整的岩基处。具体的钻灌方法有以下几种。

①自上而下的分段钻灌法。该方法的顺序应该是钻一段就灌一段，等到凝固了一段时间之后，再钻下一段，交替着进行钻孔与灌浆工作，直到设计深度。其优点是，随着段深的增加，可以逐段增加灌浆压力，借以提高灌浆质量；由于上部岩层会因为灌浆经过而有结石形成，而在对下部的岩层进行灌浆时，则不会轻易地产生地面冒浆及岩层抬动的现象；在钻灌时分段，分段进行压水试验，压水试验的成果比较准确，有利于人们分析灌浆效果，估算灌浆材料的需用量。该方法的缺点是钻灌一段之后需要待凝，等时间到了才能进行下一段的钻灌，设备搬移频繁，影响施工进度。

②自下而上的分段钻灌法。该方法将孔一次就钻到全深，之后再从下向上一段段地灌浆，这种方法的优缺点与自上而下分段灌浆刚好相反。其一般多用在岩层比较完整或岩基上部已有足够压重而不致引起地面抬动的情况。

③综合钻灌法。在实际工程中，通常是接近地表的岩层比较破碎，越往下岩层越完整。因此，在进行深孔灌浆时，可以兼取以上两种方法的优点，上部孔段采用自上而下法钻灌，而下部的孔段在钻灌时则完全采用自下而上的钻法。

④封闭孔口的灌浆法。该方法的要点包括将一个大于或等于 2 m 的孔口管镶铸在孔口，从而方便孔口封闭期安设；使用的钻孔应是小孔径，才能自上而下一段段去钻孔和灌浆；上段灌后不必待凝即可进行下段钻灌，如此循环，直至终孔；可以多次重复灌浆，可以使用较高的灌浆压力。其优点是工艺简便、成本低、效率高，灌浆效果好。其缺点是当灌注时间较长时，容易造成水泥将灌浆管凝住的状况。

（4）灌浆压力的控制

在进行灌浆时要合理地安排浆液的稠度与灌浆时的压力，这也是确保灌浆质量提升的关键。控制灌浆压力在灌浆期间的类型通常有两种，即一次升压法与分级升压法。

第一，一次升压法。其是指在开始灌浆之后，将压力一次就上升到预定的压力值，同时在压力之下将由稀到浓的浆液灌注进去的方法。该方法在每一级浓度的浆液灌注时间与注入量都到达了一定限度后，就将浆液的配比转换成更浓的标准。由于浆液浓度是在逐渐上升的，裂隙将被逐渐充填，浆液注入率将逐渐减少，当达到结束标准时，就结束灌浆。这种方法一般在没有很大的透水性，裂隙还没有完全发育且岩石也较为完整、坚硬的地方比较合适。

第二，分级升压法。该方法将灌浆的整个压力分成不同的阶段，一步步向上升压，直到到达预先设定的压力为止。通常从最低一级压力起灌，当注入浆液的程度已经到了规定的最下限时，压力才能往上升一级，这样一级级地进行升压，等到了预定的灌浆压力时才算结束。

（5）浆液稠度的控制

在灌浆的过程中，人们应当完全按照吸浆率或是灌浆压力等参数变化，对浆液的稠度做及时调整，从而让岩石的大小缝隙都不会浪费，同时还都能灌满。浆液稠度一般是遵循先稀后浓的原则，原因是浆液稀的时候流动性是非常好的，宽细裂隙都能进浆，从而能先灌饱细小的裂隙，之后浆液又慢慢变得浓稠，其他裂隙中比较宽的部分也能很好地将浆液填充进去。

（6）结束灌浆的条件与封孔

灌浆结束一般用两个指标来控制，一个是残留的剩余吸浆量，也可以被称为最终吸浆量；另一个则是闭浆的时间，也就是指在不更改残余吸浆量的情况下，确保规定压力在设计时的延续时间。

在已经规定好的压力之下，帷幕灌浆的孔段浆液注入率是不大于 0.4 L/min 的，再向下延续灌注，自下而上法则为 30 min，自上而下法则为 60 min；或者是注入浆液率小于 1 L/min 时，继续灌注 90 min 或 60 min，就代表灌浆结束了。

灌浆结束以后，应随即将灌浆孔清理干净。对于帷幕灌浆孔来说，为了填实可以使用浓浆灌浆法，之后封孔时再使用水泥砂浆；对固结灌浆来说，当孔深小于 10 m 时，在回填封孔时可以使用机械压浆法，也就是当灌浆管深入孔底时，将浓水泥浆或是砂浆压下来，从而将孔内的积水顶出来，再伴随浆面的逐渐上升而提起灌浆管。当孔深大于 10 m 时，其封孔与帷幕孔相同。

4. 灌浆的质量检查

岩基灌浆可以说是一项隐蔽性的工程，因此要严格执行灌浆质量的检查与控制工作。因此，人们不仅要将灌浆施工的原始记录认真地记好，严格按照工艺控制的灌浆施工，避免有违规操作的情况出现，并且还要在一个灌浆区灌浆结束以后，进行专门性的质量检查，并由此评定出较为科学的灌浆质量。对于整个工程验收来说，其重要依据就是岩基灌浆的质量检查结果。

对灌浆的质量检查方式有很多，一般我们常见的方式包括在已经灌溉的地区钻设检查孔，并进行压水试验、浆液注入率试验；通过检查孔，钻取岩芯进行检查，或进行钻孔照相，观察孔壁的灌浆质量；开挖平洞、竖井或钻设大口径钻孔时，检查人员可直接到里边进行检查，同时在里边还要进行一些试验，如弹性模量和抗剪强度等；还有对地球物理的探勘技术加以利用，对岩基的弹性波速与弹性模量等参数进行测定，再观察这些参数在灌浆之前与之后的变化，从而判定出灌浆的效果、质量等。

二、防渗墙

防渗墙是一种修建在松散透水底层或土石坝中起防渗作用的地下连续墙。起源于 20 世纪 50 年代的欧洲，因为它有结构相对可靠、施工简单、适应各类底层条件、防渗效果好及造价低等优点，现已在国内外得到了广泛应用。

我国防渗墙施工技术的发展始于 1958 年，而在这之前的坝基处理上，我国较浅的覆盖层基本使用的是大开挖再回填黏土截水墙的办法。对于较深的覆盖层，由于采用大开挖的方法较困难，所以才改变了处理方法，即水平防渗，也就是指在上游处填筑了黏土铺盖，而下游的坝脚则设置了减压和反滤排水设施，人们通过排水减压及延长渗径的方法控制渗流。但是这种处理方式虽然可以暂时确保坝基的稳定渗流，可是局限性较大。

1959 年在山东省青岛市月子口水库，施工人员利用连锁桩柱法在砂砾石地基中首次建成了桩柱式防渗墙，后又在密云水库防渗墙施工中又摸索出一套槽形孔防渗墙的造孔施工方法，仅用七个月就修建了一道长 784.8 m、深 44 m、厚 0.8 m、面积达 13 万 m^2 的槽孔式混凝土防渗墙。

几十年来，我国的防渗墙施工技术不断发展，现已成为对土石围堰防渗和水利水电工程覆盖层进行处理的首选。

（一）防渗墙的作用与结构特点

1. 防渗墙的作用

防渗墙其实就是一种防渗结构，但是相较于其防渗范围而言，它的实际应用早就超出了人们预期，甚至可以对防渗、加固、防冲和地下截流等工程问题进行解决。其具体的运用主要有如下几个方面。

①控制闸、坝基础的渗流。

②控制土石围堰及其基础的渗流。

③防止泄水建筑物下游基础的冲刷。

④加固一些有病害的土石坝及堤防工程。

⑤作为一般水工建筑物基础的承重结构。

⑥拦截地下潜流，抬高地下水位，形成地下水库。

2. 防渗墙的构造特点

防渗墙的类型较多，但从其构造特点来说，主要是槽孔（板）型防渗墙和桩柱型防渗墙两类。前者是我国水利水电工程中混凝土防渗墙的主要形式。防渗墙系垂直防渗措施，其立面布置有封闭式、悬挂式两种形式。其中，封闭式的防渗墙一般指的就是岩基被墙体插入，或是相对不透水层有一定深度，从而达到将渗流全面截断的目的的防渗墙。悬挂式防渗墙是墙体只深入地层一定深度，仅能加长渗径，无法完全封闭渗流的防渗墙。对于高水头的坝体或重要的围堰，有时设置两道防渗墙，共同作用，按一定比例分担水头。这时应注意水头的合理分配，避免造成单道墙承受水头过大而破坏的情况，这对另一道墙也是很危险的。

决定防渗墙厚度的因素主要为抗渗耐久性、防渗要求、墙体的强度与应力、施工的设备等。其耐久性就是在对化学溶蚀与渗流侵蚀进行抵抗时的性能。

3. 防渗性能

按照不同的混凝土防渗墙深度、地质条件与水头压力等，人们可以使用不同厚度的防渗墙。以在某一地区曾经使用过的混凝土防渗墙为例，其墙体深度为 15.2 cm，厚度则为 7.5 cm，渗透系数 K 小于 10 cm/s，抗压强度大于 1 MPa。目前，塑性混凝土越来越受到人们重视，它是在普通混凝土中加黏土、膨润土等掺和材料，大幅度降低水泥掺量而形成的一种新型塑性防渗墙体材料。因为这种塑性的混凝土防渗墙的应变极限较大，弹性模量也相对较低，所以其能在荷载的作用之下，使墙内的应变、应力都变得很低，从而使墙体的耐久性与安全性得到提升，并且这种墙体的施工十分方便，也能节省水泥使工程的成本有所降低，具有良好的变形和防渗性能。

根据已经建成的一些防渗墙统计，混凝土防渗墙实际承受的水力坡降可达 100%，如毛家村土坝防渗墙为 80% ～ 85%，密云土坝防渗墙为 80%。较浅的混凝土防渗墙在承受低水头的情况下，可以使用薄墙，厚度为 0.22 ～ 0.35 m。

（二）防渗墙的施工工艺

1. 造孔准备

在防渗墙的施工中，其最重要的环节之一就是造孔前的准备工作，其应当是按照槽孔长度与防渗墙设计要求进行的，人们由此安排好槽孔的测量定位，并在此水利工程施工技术的基础上设置导向槽。

导向槽可用木料、条石、灰拌土或混凝土制成。导向槽沿防渗墙轴线设在槽孔上方，而其净宽一般会等于或是稍大于其设计的厚度。为了稳定槽孔，一般会对导向槽底部提出要求，即让它高于地下水位半米以上。同时为了避免地表积水倒流及方便自流拍浆，它的顶部高程一般会高于两侧的地面。

导墙的施工接头位置应与防渗墙的施工接头位置错开，另外还可设置插铁以保持导墙的连续性。导向槽安设好后，在槽侧铺设造孔钻机的轨道，安装钻机，修筑运输道路，架设动力和照明路线及供水供浆管路，做好排水排浆系统，并向槽内充灌泥浆，保持泥浆液面在槽顶以下 30 ～ 50 cm。做好这些准备工作以后就可开始造孔。

2. 造孔成槽

造孔成槽工序约占防渗墙整个施工工期的一半。槽孔的精度直接影响了防渗墙的质量。选择合适的造孔机具与挖槽方法对于提高施工质量、加快施工速度至关重要。混凝土防渗墙的发展和广泛应用也是与造孔机具的发展和造孔挖槽技术改进密切相关的。

用于防渗墙开挖槽孔的机具主要有冲击钻机、回转钻机、钢绳抓斗及液压铣槽机等。它们的工作原理、适用的地层条件及工作效率有一定差别。复杂多样的地层一般要多种机具配套使用。

进行造孔挖槽时，为了提高工效，通常要先划分槽段，然后在一个槽段内划分主孔和副孔，采用钻劈法、钻抓法或分层钻进等方法成槽。

各种造孔挖槽的方法都是采用泥浆固壁然后在泥浆液面下钻挖成槽。在造孔过程中，人们要严格按操作规程施工，防止掉钻、卡钻、埋钻等事故发生；必须经常注意泥浆液面的稳定，发现严重漏浆时，要及时补充泥浆，采取有效的止漏措施；要定时测定泥浆的性能指标，并控制在允许范围以内；应及时排除废水、废浆、废渣，不允许在槽口两侧堆放重物，以免影响工作，甚至造成孔壁坍塌；要保持槽壁平直，保证孔位、孔斜、孔深、孔宽及槽孔搭接厚度，嵌入岩基的深度等满足规定的要求，防止漏钻漏挖和欠钻欠挖。

3. 终孔验收和清孔换浆

钻孔验收合格后方准进行清孔换浆，清孔换浆的目的是在混凝土浇筑前，对留在孔底的沉渣进行清除，换上新鲜泥浆，以保证混凝土和不透水地层连接的质量。清孔换浆应该达到的标准：经过 1 小时后，孔底淤积厚度不大于 10 cm，孔内泥浆密度不大于 1.3，黏度不大于 30 s，含砂量不大于 10 %。一般要求清孔换浆以后 4 小时内开始浇筑混凝土。如果不能按时浇筑，应采取措施，防止落淤，否则在浇筑前要重新清孔换浆。

4. 墙体浇筑

防渗墙的混凝土浇筑和一般混凝土浇筑不同，是在泥浆液面下进行的。泥浆下浇筑混凝土的主要特点如下。

①不允许泥浆与混凝土掺混形成泥浆夹层。

②确保混凝土与基础及一期与二期混凝土之间的结合。

③连续浇筑，一气呵成。

泥浆下浇筑混凝土常用直升导管法。清孔合格后，立即下设钢筋笼、预埋管、导管和观测仪器。导管由若干节管径 20 ～ 25 cm 的钢管连接而成，沿槽孔轴线布置，相邻导管的间距不宜大于 3.5 m，一期槽孔两端的导管距端面以 1 ～ 1.5 m 为宜，开浇时导管口距孔底 10 ～ 25 cm，把导管固定在槽孔口。当孔底的高度差大于等于 25 cm 时，该导管控制范围的最低处周边应当布置好导管中心。这样布置导管，有利于全槽混凝土面均衡上升，有利于一期与二期混凝土的结合，并可防止泥浆与混凝土混合。

在浇筑槽孔时遵循的顺序应当是先深后浅，也就是说从导管的最深处开始，从深到浅一个个的导管按顺序开浇，等到全槽的混凝土面都平整浇灌以后，再使全槽整个均衡地上升。

每个导管开浇时，先下入导注塞，并在导管中灌入适量的水泥砂浆，准备好足够数量的混凝土，在导管的底部压入导注塞，从而使管内存留的泥浆被挤出，接着上提导管，浮出导注塞，一次性地将从导管底端被排除的混凝土与砂浆埋住，由此确保之后再浇筑的混凝土不会有混杂的泥浆存在。

三、砂砾石地基处理

（一）水泥土搅拌桩

近几年，在处理淤泥、淤泥质土、粉土、粉质黏土等软弱地基时，人们经常采用深层搅拌桩进行复合地基加固处理。深层搅拌是利用水泥类浆液与原土通过叶片强制搅拌形成墙体的技术。

1. 技术特点

该工法在黏土、粉质黏土、密实度在中等以下的砂层及淤泥质土中是很适用的，并且在地下水位工作也不会影响施工的质量与进度。浆液在搅拌和混合之后就形成了“复合土”，这样的复合土石是“柔性”物质的一种，人们可以看到在开挖防渗墙的过程中其是存在的，而且原地基土和防渗墙之间也没有十分明显的分界面，这就说明了“复合土”和周边土胶结良好。因此，现在防洪堤在做垂直的防渗处理时，在不超过 18 m 的墙身上会首先选择深层搅拌桩水泥土防渗墙。

2. 防渗性能

防渗墙的功能是截渗或增加渗径，防止堤身和堤基的渗透破坏。影响水泥搅拌桩渗透性的因素主要有流体本身的性质、水泥搅拌土的密度、封闭气泡和孔隙的大小及分布。因此，从施工工艺上看，防渗墙的完整性和连续性是关键，当墙厚不小于 20cm 时，成墙 28 天后渗透系数 K 小于 106 cm/s，抗压强度 R 大于 0.5 MPa。

3. 复合地基

当水泥土搅拌桩用来加固地基，形成复合地基用以提高地基承载力时，应符合以下规定。

①竖向的承载搅拌桩长度一般是按照上部结构要求变形与承载力的大小确定的。同时，承载搅拌桩还应该将软弱土层穿透，以便到达有着较高承载力的土层。除此之外，干法上的加固深度要小于 15m；湿法及型钢水泥土搅拌墙（桩）的加固深度应考虑机械性能的限制。单头、双头加固深度不宜大于 20m，多头及型钢水泥土搅拌墙（桩）的深度不宜超过 35m。

②竖向承载力水泥土搅拌桩复合地基的承载力特征值的确定离不开现场单桩、多桩复合地基荷载试验。在刚开始进行设计时其可以通过《建筑地基处理技术规范》（JGJ 79—2012）的相关公式进行估算。

③竖向承载搅拌桩复合地基中的桩长超过 10m 时，可采用变掺量设计。在全桩水泥总掺量不变的前提下，桩身上部 1/3 的桩长，可以将水泥的掺量与搅拌次数等做适当增加；桩身下部 1/3 桩长则可以减少水泥掺量。

④按照上部结构的特点，还有地基承载力、变形的要求等，竖向承载搅拌桩在平面布置方面可以采用柱状、壁状、格栅状或块状等加固形式。桩可只在刚性基础平面范围内布置，独立基础下的桩数不宜少于 3 根。柔性基础应通过验算在基础内外布桩。柱状加固可采用正方形、等边三角形等布桩形式。

（二）高压喷射灌浆

高压喷射灌浆于 1968 年首创于日本，也就是在软弱地层的灌浆处理装填工作中使用高压水射流技术，它属于新的地基处理方法。其通过钻机来造孔，之后再在地层中使用带着特制合金喷嘴的灌浆管去预定位置，并用高压在周围的地层中喷射出浆液、水和气等，从而对地层介质起到搅拌、冲切与挤压之类的作用，与此同时置换、充填与混合浆液，等到混合浆完全凝固后就会有一定形状的凝结体在地层中产生。20 世纪 70 年代初，我国铁路及冶金系统引进了该方法，1980 年水利系统首次将该技术应用在山东省的白浪河水库土石坝工程中，并且如今已在水利系统广泛使用。该技术不仅可以在低头水土坝坝基防渗中使用，还可以在一些松散地层的截潜流、防渗堵漏与临时性围堰等工程中使用，还可用来做混凝土防渗墙断裂后的隐患修补工作。

1. 技术特点

一般在软弱土层中才会用到高压喷射灌浆防渗加固技术，而且大量的实践也都证明，在黏性土、砂类土与淤泥等土层之中该方法效果明显。对粒径过大和含量过多的砾卵石及有大量纤维质的腐殖土地层，一般应通过现场试验确定施工方法，对含有粒径为 2 ～ 20cm 砂砾石的地层，在强力的升扬置换作用下，该方法仍可实现浆液包裹作用。

经过多年的研究和工程试验证明，只要控制措施和工艺参数选择得当，高压喷射灌浆在各种松散地层均可采用。以烟台市夹河地下水库工程为例，该工程采用高喷灌浆技术半圆相向对喷、双排摆喷菱形结构的新施工方案，成功在夹河卵砾石层中构筑了地下水库截渗坝工程。该技术具有可灌性、可控性好，接头连接可靠，平面布置灵活，适应地层广，深度较大，对施工场地要求不高等特点。

2. 高压喷射灌浆作用

水泥浆为高压喷射灌浆的主要浆液，压力值通常保持在 10 ～ 30 MPa，其对于地层的作用可分为以下几方面。

①冲切掺搅作用。原地层介质因为受到了高压喷射流的冲击、强烈扰动与切割，会让地层中的缝隙都被浆液扩散充填，同时还会搅和掺混一部分土石颗粒，其在硬化以后会有凝结体形成，因此也就会对地层的组分、结构等进行改变，从而实现防渗加固目的。

②升扬置换作用。压缩空气除了能够维持射流的能量，并且还能形成孔内空气扬水效果，在孔口处扬出受到冲击切割下来的地层碎屑与细颗粒等，而剩下替代它们空出来部分的则是浆液，因此有置换作用。

③挤压渗透作用。高压喷射流的距离越远，其射出的强度就越弱，到末端后虽然不能冲切地层，但是仍然能起到一些挤压的作用，并且对地层来说，喷射之后的静压浆液还会形成渗透凝结层，从而能提升抗渗性能。

3. 防渗性能

高压喷射流会切割土层，被切割下来的土体会与浆液搅拌混合，进而固结，形成防渗板墙。不同地层及施工方式形成的防渗结构体的渗透系数稍有差别，一般说来其渗透系数小于 10cm/s。

4. 施工程序与工艺

高压喷射灌浆时，其施工过程基本可分为以下几点。

①造孔。造孔的地点应为软弱透水的地层，并使用泥浆固壁或是套管法等方式保证最后能够成孔。目前来说，用到最多的应该就是立轴式液压回转钻机。

②下喷射管。为了可以在孔内之下下入喷射管，可以通过泥浆固壁的钻孔，直达孔底，并且通过跟管钻进的孔，可以将密度较大的塑性泥浆在拔管之前就注入进套管中，一边拔一边注，同时要注意在套管拔出之前应确保孔口与液面是持平的，之后再将喷射管下到孔底处，保证喷射灌浆成墙的关键就是要使喷嘴与将要喷射的方向准确对上。

③喷射灌浆。按照设计的技术要求、喷射方法等，在喷射管中要送入水、气、浆等，等到有浆液冒出再按照预先设定好的速度从上至下一边转动一边喷射，直到与设计高度保持一致。

四、灌注桩工程

灌注桩是先用机械或人工成孔，然后再下钢筋笼并灌注混凝土形成的基桩。其主要作用是提高地基承载力、侧向支撑等。

根据承载性状其可分为摩擦型桩、端承摩擦桩、端承型桩及摩擦端承桩；根据使用功能其分为竖向抗压桩、竖向抗拔桩、水平受荷桩、复合受荷桩；根据成孔形式其主要分为冲击成孔灌注桩、冲抓成孔灌注桩、回转钻成孔灌注桩、潜水钻成孔灌注桩和人工挖扩成孔灌注桩等。

（一）灌注桩的适应地层

①冲击成孔灌注桩：可以应用在黏性土、黄土、人工杂填土层与粉质黏土之中，尤其是在漂石层、砂砾石层、岩层以及坚硬土层中特别适用，但是淤泥及淤泥质土最好不要使用。

②冲抓成孔灌注桩：适用于一般较松软黏土、粉质黏土、沙土、砂砾层及软质岩层。

③回转钻成孔灌注桩：适用于地下水位较高的软、硬土层，如淤泥、黏性土、沙土、软质岩层。

④潜水钻成孔灌注桩：适用于地下水位较高的软、硬土层，如淤泥、淤泥质土、黏土、粉质黏土、沙土、砂夹卵石及风化页岩层中，但不得用于漂石。

⑤人工扩挖成孔灌注桩：适用于地下水位较低的软、硬土层，如淤泥、淤泥质土、黏土、粉质黏土、沙土、砂夹卵石及风化页岩层中。

（二）桩型的选择

选择桩型与工艺时所考虑到的内容一般体现在荷载性质、建筑结构类型、穿越土层、桩的使用功能、施工设备与环境、制作材料的供应条件等方面，最适合的就是选择安全适用且经济合理的桩型和成桩工艺。在对基桩进行排列时，最好是让桩群承载力的长期荷载重心与其合理点相重合，同时让桩基受到水平力等，以产生较大的截面模量。

（三）设计原则

桩基采用以概率理论为基础的极限状态设计法，测量桩基的可靠度需要使用可靠指标度，使用的计算公式为分项系数表达的极限状态设计表达式。

1. 设计等级

按照功能特征、建筑规模、场地地基、适应差异变形的度、建筑物体型的复杂性及因为桩基问题对正常使用的影响和建筑会受到的破坏等问题，桩基设计可以分成以下三个设计等级。

①甲级，即非常重要的建筑，如高度在百米以上且30层以上的建筑；层数差距超过10层、体型较为复杂的高低层连体建筑；20层以上的框架，即类似核心筒结构的建筑，还有对于差异沉降有着一定特殊要求的建筑；对相邻工程有很大影响的建筑。

②乙级：甲级和丙级以外的建筑。

③丙级：有着较为简单的场地与地基条件，均匀分布着荷载的、7层及以下的建筑。

2. 桩基承载能力计算

对桩基的水平承载力与竖向承载力进行计算时，人们应当充分运用桩基的使用功能与受力特征，同时还要计算桩身及承台结构的承载力，通过局部的压屈验算来计算钢管桩。当软弱下卧层存在于桩端平面时，应该先计算软弱下卧层的承载力，还要计算那些抗浮且抗拔的基桩、群桩的抗拔承载力，对于设立在抗震设防区的桩基承载力也同样需进行计算。

（四）灌注桩设计

1. 桩体

首先是配筋率，桩身的直径是300～2 000 mm时，配筋率在正截面的取值可以是 0.65 % ～ 0.2 %。人们通过计算对受荷载很大的桩、嵌岩端承桩及抗拔桩的配筋率进行确定时，所得到的值应该比规定值要大。

然后是配筋长度：①端承型桩及基桩在坡地岸边的，应当沿着桩身等变截面、截面通长配筋；②摩擦型桩的桩径不小于 600 mm 的配筋长度应当小于 2/3 的桩长，而在水平荷载对其有影响的情况下，配筋长度要尽可能大于 4/*a*，其中 *a* 即桩的水平变形系数；③受到负摩阻力的桩，以及因为成桩后才开挖基坑随地基土回弹的桩，它们的配筋长度应该也最终达到稳定土层，且进入深度要为桩身直径的 2 ～ 3 倍。

箍筋应该是螺旋式的，其应当具备不小于 6 mm 的直径。受到水平荷载力比较大的、对水平地震能够承受的桩基，在将主筋作用考虑进去和对桩身受到的压力承载力进行计算时，其应当加密自身箍筋，且间距要小于 1cm。当钢筋笼的长度在 4 m 以上时，每 2 m 就应该有一道大于 12 mm 直径的焊接加劲箍筋。

2. 承台

桩基承台需要满足的构造要求基本就是抗剪切、抗冲切与抗弯承载力等，还要满足以下要求：独立柱下桩基承台宽度最小的也要大于 500 mm，并且桩的直径或是边长应当也要大于边桩中心到承台边缘之间的距离。对墙下条形的承台梁来说，其边缘到桩外边缘间的距离应尽可能大于 75 mm，承台的最小厚度也要大于 3 cm。

桩和承台间的连接构造所符合的规定为以下几点。

①在承台内应当锚入混凝土桩顶的纵向主筋，并且其进入长度应当大于 35 倍的纵向主筋直径；②对所有大直径的灌注桩来说，采用一柱一桩的规格时应当将桩与柱，或是承台设置为直接连接。

两个承台间的连接构造所符合的规定应为以下几点。

①使用一柱一桩时，设置联系梁应该设定在两个主轴方向上。当桩和柱之间的截面直径比较大时，可以没有联系梁。

②两桩桩基设置联系梁的承台应当选择其短向。

③当柱下桩基的承台有抗震设防的要求时，设置联系梁最好选择沿着两个主轴方向进行。

④联系梁的顶面应当同承台顶面是一个标高。

⑤应当按照计算结果确定联系梁配筋，且梁上下部分的配筋最好要有 2 根以上具有 12mm 直径的钢筋。

（五）钢筋笼制作与安装

1. 一般要求

①钢筋的种类、钢号、直径应符合设计要求。钢筋的材质应进行物理力学性能或化学成分的分析试验。

②制作前应除锈、调直（螺旋筋除外）。主筋应尽量用整根钢筋。焊接的钢材应做可焊性和焊接质量的试验。

③当钢筋笼全长超过 10 m 时，宜分段制作。分段后的主筋接头应互相错开，同截面内的接头数目不多于主筋总根数的 50 %，两个接头的间距应大于 50 cm。接头可采用搭接、绑条或坡口焊接。加强筋与主筋间采用点焊连接，箍筋与主筋间采用绑扎方法。

2. 钢筋笼的制作

制作钢筋笼的设备与工具有电焊机、钢筋切割机、钢筋圈制作台和钢筋笼成型支架等。钢筋笼的制作程序如下：①按照设计，确定箍筋用料长度，将钢筋成批切割好备用；②钢筋笼主筋保护层厚度一般为 6 ～ 8 cm，绑扎或焊接钢筋混凝土预制块，焊接环筋，环的直径不小于 10 mm，焊在主筋外侧；③制作好的钢筋笼在平整的地面上放置时应防止变形；④按图纸尺寸和焊接质量要求检查钢筋笼（内径应比导管接头外径大 100 mm 以上），不合格者不得使用。

3. 钢筋笼的安装

钢筋笼安装用大型吊车起吊，对准桩孔中心放入孔内。如桩孔较深，钢筋笼应分段加工，在孔口处进行对接。在焊接时采用单面的焊缝，应当尽量饱满且不能有咬边夹渣的情况出现。孔口处应当设置好钢筋笼的桩位中心定位，从而对钢筋笼的垂直度加以保证。

下放的钢筋笼应当避免与孔壁发生碰撞。如果在下放时钢筋笼受到限制，就应该将其原因先查清楚，不能在没有弄懂的情况下胡乱施工。在进行了一系列的安装之后，有关人员会全面地检查和验收钢筋笼的位置、焊缝质量、垂直度等，只有在一切程序都合格之后才能进行混凝土灌注的工作。

（六）灌注桩质量控制

桩位、桩径、桩长、桩斜、桩边浮渣厚度、桩底沉渣厚度、钢筋笼、混凝土强度等参数，以及是否存在蜂窝、断裂、空洞与断桩夹泥等内容都属于灌注桩的质量范围。

1. 控制桩位

因为在施工现场中泥泞是比较多的，所以在定好桩位之后是没有办法长期进行保存的，并且在埋设了护筒之后也还需要对桩位进行进一步校对。为了保证桩位质量，可以使用比较精密的测量，也就是通过经纬仪来定向，而定位则使用钢皮尺测距的方法，并且在埋设护筒时还应进行复测。护筒中心在被焊制的坐标架校正时应该保持与桩位中心的一致。

2. 控制桩径

按照地层情况的不同，钻头直径的选择也要合理，这对控制桩径起到了重要作用。钻黏性土层时，钻头直径要比钻孔直径小，而随着土层含砂量不断增加，钻头直径应比孔径还要更小一点。为了避免发生因为坍塌掉块而超径的情况，在砂卵石和砂层等松散地区可以合理使用泥浆进行加固。

3. 控制桩长

在施工过程中，施工人员需要搞清楚护筒口高程和各项设计的高程，并且在换算时要确保正确。锥形钻头在土层中钻进时，它的起始点应当是非常准确的，并且在调整时应该遵循不同的土质情况进行相应调整。

4. 控制混凝土强度

在试配混凝土时应时刻遵循设计的配合比，做到快速的保养检测，并且还应在必要时调整混凝土的配合比，对水泥、石、砂的质量进行严格规范把控。在灌注时，施工人员要时常对混凝土的配合比进行观察分析，测试坍落度，同时还可以加一些适当的添加剂，加水量要减少，从而节约水泥，并且这对混凝土的强度也是一种提升。

第二节　土石方工程施工技术

一、开挖方法

（一）人工挖运

我国在实施水利工程的建设过程中，在一些不方便用机械化施工的地方就会采取人工挖运，这一方法其实是普遍存在的。人工挖运时，挖土用铁锹、镐等工具，运土用筐、手推车、架子车等工具。

在人工对渠道进行挖掘的同时，应当由中心向外分散，先深后宽的分层下挖，挖到边坡处就可以按照边坡比例进行，形成台阶状，等到与设计要求相符时再削挖。除此之外，在情况允许时，应当尽量做到挖填平衡。等到必须弃土的时候，就应先对堆土区进行规划，遵循先挖远倒、后挖近倒、先平后高的原则。

受地下水影响的渠道应设排水沟，排水沟要本着上游照顾下游，下游服从上游的原则设置，即向下游放水的时间和流量，应照顾下游的排水条件；同时下游服从上游的需要。一般下游应先开工，并不得阻碍上游水量排泄。人工开挖主要有两种方式：一次到底法和分层下挖法。

（二）机械开挖

机械开挖多使用单斗式挖掘机。只有一个铲土斗存在的挖掘机械就是单斗式挖掘机，且此类机械都是由动力装置、行走装置与工作装置这三部分构成的。其中，动力装置可分为两类，即电动机与内燃机；行走装置可分为三类，即轮胎式、履带式与步行式，而经常会被人们用到的是履带式，因为其在地面上产生的压力是很小的，可以在较软的地面上向前开行，但弊端就是移动的速度会比较缓慢；工作装置就可分为四类，即正向铲、反向铲、抓铲与拉铲，通常应用最为广泛的是前两类，且可以对工作装置进行液压操纵、钢索操纵，小型的正向铲与反向铲一般为液压操纵，而大、中型的正向铲通常都是钢索操纵的。

1. 正向铲挖掘机

正向铲挖掘机十分适合挖掘停机面以上的土方，但也可以对停机面下方一定深度的土方进行挖掘，其工作面高度一般不宜小于1.5m，过低或正向铲挖掘机挖停机面以下的土方生产率较低，工程中正向铲的斗容量常用1～4m^3。

挖土机的每一个工作循环中都包含了四个过程，分别是挖掘、回转、卸土与返回，并且其每斗的铲土量、每斗作业的延续时间都是由其生产率所决定的。为了提高挖土机的生产率，不仅工作面的高度应满足一次铲土就能装满土斗的要求，同时还要考虑运土机械、开挖方式之间的配合问题，尽可能使回转角度缩小，并且每个循环中的延续时间也应该适当缩短。

正向铲的挖土方式一般有正向掌子挖土与侧向掌子挖土两种，而挖土机的工作性能与运输方式决定了掌子的轮廓尺寸等参数。正向掌子通常会在开挖基坑时使用，同时也尽可能使用最宽的工作面，从而使汽车便于倒车和运土。

侧向掌子通常会在开挖料场、渠道土方及土丘时使用，一般在挖掘机的侧面停靠车子，从而使其平行于挖掘机的开行路线，使挖卸土的回转角度较小，省去汽车倒车与转弯的时间，可提高挖土机生产率。

在进行大型的土方开挖工程时，经常是首先使用正向掌子开道，将整个土场分成比较小的开挖区，使开挖的前线增加，之后再用侧向掌子继续开挖，这样一来就可以有效提升生产率。

2. 反向铲挖掘机

目前，工程中常用液压反铲。其在开挖停机面下的土方时是最适用的，如渠道、基坑与管沟等土方，最大挖土深度为 4 ～ 6 m，经济挖土深度为 1.5 ～ 3 m。但其也可开挖停机面以上的土方。常用反铲斗容量有 0.5 m^3、1 m^3、1.6 m^3 等数种。

反向挖土的方式一般是两种，一是在沟端安置挖掘机，使其倒退着开挖，该方式也被称为沟端开行；二是在沟侧安置挖掘机，并且行进方向垂直于开挖方向，该方式也被称为沟侧开行。前者的挖土深度、宽度都是大于后者的，但是后者却能把土丢弃在离沟边比较远的地方。

3. 拉铲挖掘机

常用拉铲的斗容量为 0.5 m^3、1 m^3、2 m^3、4 m^3 等数种。拉铲一般用于挖掘停机面以下的土方，最适于开挖水下土方及含水量大的土方。

拉铲的臂杆一般会比较长，因此可以通过回转钢索而把铲斗扔到稍远位置，以增大挖掘半径、卸载高度与卸土半径。最为基本的拉铲开挖方式可以分为两种，即沟端开行与沟侧开行。其中，前者的开挖深度相对较大，但是其有着比较小的卸土距离与开挖宽度。

二、明挖施工

（一）明挖施工程序

水利枢纽工程通常是由电站、坝和通航建筑物等单项工程项目所构成的。人们要想对土石方工程的施工程序进行安排，那么就应先对分部工程、施工区段进行划分。

首先，通常情况下分部工程都是按照建筑物进行划分的，如电站和大坝等；而施工区段则应按照施工要求、施工特性来进行划分，比如船闸就可分为上引航道与下引航道。除了形态特征以外，区段划分主要还体现在施工要求方面，比如在施工要求上，船闸与引航道就不同。

因此，从施工程序方面出发，施工时应当先对船闸基础进行挖掘，之后再进行行道挖掘。在施工区段的施工程度安排阶段，基本有以下几点原则。

①工种较多，应当尽早地安排需要长时间施工的区段进行施工，而施工相对简单，工种也少，同时还不影响整个工程的部分，就可适当延后。

②工种少，但能控制整个工程、部位的区段应该预先进行施工。

③本身不能算作是主要区段，但是如果先对其进行施工就能给主要区段甚至是整个工程带来便利条件，又或是能明显体现经济效益的区段，也应当提早一部分或是整体提前施工。

④对其他的区段、部分等没有影响，同时也不会对工期区段有重大影响的区段，应当将其作为调节施工强度的区段，通常将其放在两个施工高峰之间。

（二）明挖施工进度

人们要按照各区段的高程、位置工作条件、工作场面大小的不同，对将会达到的施工强度进行估算，由此才能对各部分的施工时间进行计算，才能最终得出各区段与各部分的施工进度计划。

另外，可以较粗略估算的是那些有着较大施工场面、较长施工时间、便捷的施工条件且强度也算不上大的区段，而那些有着较差施工条件、短暂的施工时间及强度相对较强的区段，人们就可以从部位、高程等方面出发，对其可能会需要的施工时间及将达到的施工强度进行分析；最终再按照各分部、区段及施工程序所用施工时间，对土石方工程的进度做详细计划。

各区段的施工程序与各分部工程、施工强度与施工的起止时间都可以反映出土石方工程的施工进度。从事实上来说，它们也对机械设备数量、施工方式及机械规格型号等进行了确定。此外，除了以上讲述的，在对施工进度进行安排期间人们还要对以下条件进行考虑。

①若将整个工程的施工总进度作为标准，土石方工程的施工进度应当与其保持一致，并且在完成时也要按照工程的总进度要求进行，如果某一部分的完成时间的确不能与总体规定时间相同，那么就对总进度加以修改。

②对气候条件要进行考虑，尤其是在土料施工的阶段，人们要考虑施工是否会因为雨季或冬季的冰冻而发生变化；还要考虑如果发生变化，这一阶段是要采取防护措施还是选择停工。

③对水文条件也要进行考虑，尤其是水位在山区河流的枯水期、洪水期的变化还是相差很大的。一些部位应当对枯水期低水位的施工加以利用，减少建筑围堰、水下施工等工作，这在一定程度上也节省了施工费用。

（三）明挖施工方案选择

在选择土石方工程的施工方案时，人们应当同时考虑到施工要求、施工条件与经济效果等方面，主要可分为以下因素。

①土质情况。选择方案时分清土质类别尤为重要，比如岩石、非黏性土和黏性土，还有块体大小、风化破碎及密实程度等。

②工程质量要求。施工对象是工程质量要求的主要决定者，比如开挖、填筑其他重要建筑物时，人们应该对质量进行严格把控。

③机械设备条件，主要指的是设备供应、维修能力和条件，取得的难易程度及机械在运转时的可靠程度等。当需要施工的时间较短或是小型工程时，为了减少机械的购置费用，可以使用原本就有的设备代替。但是旧的机械可能存在故障多和完好率低的弊端，因此工作效率也就可能大幅降低。机械数量的配置也应当比本身需要的量多，属于一种补偿。但是对那种施工期限较长和工程数量过于多的大型工程来说，就应该使用一些技术性能好的新型机械，虽然购置费用也会提高，但新机械可以提升生产率，完好率也高，这样就能确保工程可以顺利进行。

④经济指标。在施工方法与其他要求都能满足时，人们通常选择所花费用最低的方案。某些情况下，为了能够提前发电，在对比了各种经济条件后，也可以使用费用较高但工期短的方案。

（四）开挖方法

1. 钻孔爆破法

钻爆法指在开挖岩石时采用装药、钻孔和爆破等方法。该方法在最早的时候是用锤击凿孔、人工把钎等方式将单个药包逐个引爆，由此发展到使用多臂钻车或是凿岩台车钻孔，以及预裂爆破和应用毫秒爆破等技术。另外，在施工之前对掘进方式进行选择时，人们应当先对断面大小、地质条件、工期要求、支付方式和施工设备等进行考虑，主要的钻孔爆破法有以下几种。

（1）全断面掘进法

该方法一次钻孔爆破就将断面整个开挖成型，隧洞高度较大时可实现全面推进，另外还可以分成上下两个部分，弄成台阶的形式同时实行爆破及掘进。在施工条件、地质条件都许可时，应当最先采用全断面掘进法。

（2）导洞法

其是先将断面的其中一部分挖开当成导洞，然后再慢慢将隧洞挖开，直到挖开整个断面的方法。这种方法主要是以中小型的机械为主的，一般在隧洞有较大断面且使用全断面开挖存在困难的情况下使用。另外，在挖导洞时可以增加开挖爆破的自由面，这样将有助于打探水文地质与隧洞地质的情况，同时也为洞内的排水与通风创造了条件。开挖导洞之后，扩挖的手段可在全部挖完导洞之后实施，还可以和开挖导洞一起共同作业。

（3）分部开挖法

分部开挖法就是在围岩稳定性不高且需要支护的状态下，在对大断面的隧洞进行挖掘时，先将其中的一部分断面挖开并做好支护，之后再一步步地扩大开挖的方法。在使用钻爆法时一般会从第一需钻孔开始，在经过了一系列工序之后再进行第二需钻孔，形成循环的隧洞开挖作业。另外，作业循环时间应当尽量压缩，从而使掘进的速度变得更快。

2. 掘进机法

进行全断面开挖的专业设备即掘进机，是将岩石放在大直径转动刀盘上进行滚切、挤压将其弄碎的设备。1952 年，美国的罗宾斯公司生产了第一台掘进机，其较快发展则是在20世纪70年代以后。掘进机在开挖大断面中硬岩隧洞时，一般情况下平均的掘进速度为每个月 350 ～ 400m。相较于钻爆法掘进速度来说，隧洞掘进机开挖的用工会更少，速度也更快，施工相对安全，能形成完整的开挖面且造价低。但是其也存在一定的局限性，比如机体过大导致运输困难，只能在长洞中开挖，且其直径是不能更改的，适应岩性与地质条件变化的能力较差。

3. 新奥地利隧洞施工法

新奥地利隧洞施工法简称新奥法，在 20 世纪 50 年代被发明，并于 1963 年正式命名，且这种一整套的工程技术方法可运用在隧洞的设计、施工与管理等方面。其特点为采用现代岩石力学理论，并对围岩的自身承载能力做了充分考虑，将围岩、衬砌看作是一个整体；要在施工过程的现场进行测量，并且通过测量的资料指导施工与修订设计；在开挖阶段使用掘进机开挖，或是使用光面爆破与预裂爆破等技术，且在适时支护时使用喷射混凝土与锚杆。

4. 盾构法

这种施工方法是对盾构加以利用，使其在破碎岩层中或是软质地基中掘进隧洞。盾构实际上是一种有护罩的专用设备。该方法是在 19 世纪初被发明出来的，是在英国伦敦的泰晤士河水底隧道开挖时首先使用的。

三、砌石工程

（一）干砌石施工

1. 施工方法

（1）花缝砌筑法

该方法一般在干砌片石上使用，是在砌筑时，按照石块的原本形状，让其尖对拐、拐对尖这样互相联系而砌成，一般砌石是不分层的。这种砌法也是存在一定弊端的，那就是底部会过于空虚，很容易因为水流淘刷而变形，经常存在翘口、重缝等毛病。其优点则是表面会较为平整，因此可以用在有着较小流速、不用承受风浪淘刷的渠道护坡等工程中。

（2）平缝砌筑法

该方法一般在干砌块石的施工方面比较适用。砌筑时，人们会使石块的宽面竖向垂直于坡面，并且必须要先将石块在砌筑之前进行试放，发现不合适的地方应当用小锤子进行修整，尽量避免塞进小片石。该砌法在横向是有通缝存在的，而竖向方面的直缝则一定要错开。

2. 封边

干砌块石的整体稳定离不开块石之间的摩擦力。如果砌体发生局部变形或是发生移动，那么整体就会遭到破坏。砌体最容易损坏的地方就是边口，因此最重要的工作就是封边。在对护坡的水下部分进行封边时，经常会使用双层干砌封边，然后把边外的部分通过黏土回填夯实，除此以外封边还可以使用到浆砌石。而一些重力式的墙身顶部，如挡土墙与闸翼墙等，基本都直接用混凝土封边。

3. 干砌石砌筑要点

干砌石会产生施工缺陷的主要原因是施工人员工作马虎、砌筑的技术不纯熟、测量放样错漏及施工管理不善等。其缺陷则直接表现为底部空虚、缝口不紧、飞缝、重缝、翘口、悬石、轮廓的尺寸走样和严重蜂窝等。

在干砌石的施工过程中，一定要注意以下几点。

①施工前一定要做好基础的清理工作。

②对于干砌石在工作中受到浪击与水流冲刷作用的部位，为使空隙最小，需要采用竖立砌法砌筑。

③对于重力式挡土墙，在施工过程中，切忌砌好里面之后再外砌石面，且

中间充填乱石，这样会导致中间留有空隙。

④形成的最终墙体需要将干砌石设在露出面，且注意要分布均匀。

⑤将基础定为干砌石时，通常会选择呈阶梯状展现，底层选用的应该是比较大的大块石，而上层阶梯最少应当压住下方石块宽度的 1/3。

⑥护坡干砌石应当按照从坡脚出发自下而上的方向排列。

⑦为确保砌体坚固，砌体缝口要紧实，空隙之间也应该填满小石。

（二）浆砌石施工

1. *砌筑工艺*

①准备铺筑面。在砌石开始前，要提出已经开挖成形的岩基面上松散的岩块，岩石表面光滑的则需要人工凿毛，清除一切泥沙、碎片与岩屑等杂物，再按照设计处理好土壤地基。临时施工缝要在砌筑恢复之前就进行冲洗和凿毛等处理；水平施工缝则要首先凿掉已经凝固的浮浆再进行新层块石砌筑，在一系列冲洗与清扫之后，让新旧砌体能紧密地结合在一起。

②选料。砌筑的石料应当没有裂缝且质地均匀，几乎不存在风化现象，并且没有坚硬的杂质石料掺在其中。若是想将石料用在严寒地区，其还应该有抗冻性。

③铺（坐）浆。因为砌筑面是参差不齐的，所以对于块石砌体一定要逐块安砌和坐浆，同时还应当保证坐浆密实，避免出现空洞现象。

④安放石料。在坐浆面放上洗干净的湿润石料，并在石面上用铁锤轻击，直到坐浆溢出。应严格把控石料间的砌缝宽度，在砌筑使用水泥砂浆期间，块石的灰缝厚度通常是 2 ～ 4cm，而在用小石混凝土砌筑时，通常使用的灰缝厚度是所用骨料粒径的 2 ～ 2.5 倍。

2. *砌筑方法*

（1）基础砌筑

在地基验收合格之后才能进行基础的施工。在砌筑之前应当先对基槽的标高与尺寸进行检查，杂物也要全部清除掉，随后再放出基础的边线和轴线。对于土质基础，砌筑前应先将基础夯实，并在基础面上铺上一层 3 ～ 5 cm 厚的稠砂浆，然后安放石块。

第一层石块在砌的过程中应当让其基地坐浆。第一层的石块要比平常的大，因为这样受力会好一些，也有利于后期错缝。第一层的石块基本上是大面朝下放稳的，要让石面能在基底上平放，防止其在基础上不够稳固。砌在各个转角上的石块应比较方正，也就是所谓的角石，其两边应当准确对上准线；等到砌好角石后，就是砌里边和外边的石块，也就是面石；最后就是中间部分所砌的石块，其被称为腹石。

接着就是砌第二层石块，在每砌一层石块的时候都应该先将砂浆铺好，要恰好铺在离外边大概 4.5 cm 的距离，且要厚一些。在往砂浆上砌石块时要掌握好压的深度。第一层基础和转角、交接处，选择的块石应当较大。

（2）挡土墙

为挡土墙砌筑块石时，中部厚度要大于 20 cm，并且每砌起 3 ～ 4 层就算作是一分层高度，每到一个分层就找平一次，而外露面的灰缝厚度应当是小于 4 cm 的。这两个分层之间高度的错缝也要大于 8 cm。

3. 勾缝与分缝

（1）勾缝

之所以石砌体表面要进行勾缝，主要是因为砌体的整体性需要加强，并且要加强砌体的抗渗能力，使外观变得美观。按照形式来说，勾缝可以分成凹缝、凸缝、平缝三种。在水工建筑物中，一般采用平缝。

其基本程序是在砂浆砌体还没有凝固前将灰缝沿着砌缝剔深 20 ～ 30 mm，由此形成缝槽，勾缝等到砂浆凝固和砌体完成之后再进行就可以了。另外，勾缝使用的砂浆最好是细砂的水泥砂浆，其稠度也应该刚刚好，不然很容易使表面看起来不平滑。应当避免使用火山灰质的水泥，原因是水泥的干缩性就会更大，勾缝很容易产生开裂的情况。

（2）伸缩缝

浆砌体产生裂缝的原因常常是砌体的热胀冷缩、地基的不均匀沉陷。为了防止这一情况发生，通常要在与建筑物接头的地方将伸缩缝安设好，再将已经设计规定好的尺寸、厚度和不同的材料做成缝板。

四、土石方施工质量控制

（一）表土及岸坡清理

1. 项目分类

①主控项目。表土及岸坡清理施工工序主控项目分为表土清理，不良地质土的处理，地质坑、孔处理。

②一般项目。表土及岸坡清理施工工序一般项目分为清理范围和土质岸边坡度。

2. 检查方法及数量

①主控项目。通过观察、查阅施工记录（录像或摄影资料收集备查）等方法，进行全数检查。

②一般项目。清理范围采用量测方法，每边线测点不少于 5 点，且点间距不大于 20 m；土质岸边坡度采用量测方法，每 10 延米量测一点，而高边坡需测定断面，每 20 延米测一个断面；质量验收评定标准。

（二）软基或土质岸坡开挖

1. 项目分类

①主控项目。软基或土质岸坡开挖施工工序主控项目分为保护层开挖、建基面处理、渗水处理。

②一般项目。软基或土质岸坡开挖施工工序一般项目为基坑断面尺寸和开挖面平整度。

2. 检查方法及数量

①主控项目。采用观察测量与查阅施工记录等方法进行全数检查。

②一般项目。采用观察、测量、查阅施工记录等方法，将横断面的控制用在检测点处，其断面应有小于 20 m 的间距，各个横断面的点数间距不大于 2 m，局部突出或凹陷部位应增设检测点。

3. 质量验收评定标准

①保护层开挖。开挖保护层方式应该与设计要求相一致，在与建基面相接近时，最好采用人工挖除或小型机具的办法，并且建基面以下的原地基是尽量保持不动的。

②建基面处理。保证岸坡开挖面与构筑物地基平顺。在软基、土质岸坡接触到土质构筑物时，连接它们的应该是斜面部分，如无急剧变坡、台阶和反坡等。

③渗水处理。应当妥善安排构筑物基础区和岸坡的渗水，且建基面要保持清洁没有积水。

④基坑断面尺寸及开挖面平整度。长、宽要小于 10 m，符合设计要求，允许偏差为 -10 ～ 20 cm；长或宽大于 10 m，符合设计要求，允许偏差为 -20 ～ 30 cm。

五、防洪工程维护

（一）堤防工程维修

1. 堤顶维修的要求

①损坏了的堤肩土质边埂最好使用有适中含水量的黏性土修复，修复时也要遵循原来的标准原则。

②严重受损的土质堤顶面层结构修复时应当遵循压实、补土、刮平和撒土等原标准。

③不充足的堤顶高程修复时也要遵循原高程标准，使用的土料也要一致。

④硬化堤顶遭到损害，修复的施工方法也与原结构相同；

⑤堤顶硬化的土质堤防，因为逐渐沉陷的堤身会使其与堤顶脱离，因此可以将硬化的顶面拆除、夯实和补平，修复时也主要用相同材料。

2. 堤防隐患处理的要求

①堤身隐患应视其具体情况，采用开挖回填、充填灌浆等方法处理。

②位置明确，埋藏较浅的堤身隐患，最好的处理方式就是开挖回填，并且应符合以下要求：一是挖出洞穴内的隐患松土，之后将填土分层夯实，这样有利于堤身原状恢复；二是隐患存在于临水侧时最好的回填材料就是黏性土料，隐患位于背水侧时最好的回填材料为砂性土料。

③范围不明确且埋藏较深的洞穴、裂缝等堤身隐患宜采用充填灌浆处理。

④对以下两类堤基隐患，应探明性质并采取相应的处理措施，并应符合相关标准的规定：一是堤基中的暗沟、故河道、塌陷区、动物巢穴、墓坑、窑洞、坑塘、井窑、房基、杂填土等；二是堤防背水坡或堤后地面出现过渗漏和管涌或流土险情的透水堤基与多层堤基。

3. 充填灌浆的要求

①应记录好灌浆过程。灌浆的时长、孔位、吃浆的压力、灌浆过程出现的现象及浆液的浓度等都要进行详细记录，并且施工人员要在每天结束工作之后整理和分析当天的记录资料，必要的图表还要绘制出来。

②泥浆土料。成浆率较高的土料是浆液的首选，该类土料一般稳定性很好、收缩性较小且为重粉质壤土。土料中的粉粒含量为 40 % ～ 70 %，粉粒砂粒小于 10 % 为宜。在隐患严重或裂缝较宽、吸浆量大的堤段可适当选用中粉质壤土或少量砂壤土。在灌浆期间，可以按照其自身需求将适量的水玻璃、膨润土和水泥等外加剂加入泥浆之中，其用量可通过试验确定。

③锥孔布设。锥孔布设应当为多排梅花形，孔距要尽量保持为 1.5 ～ 2 m，行距为 1m 左右，隐患处及其附近则为锥孔的布置处。对于隐患比较多且松散的强渗透性堤防，可以在布孔时按照顺序来安排然后慢慢加密。

④造孔。造孔时可以使用全液压式打锥机。在造孔之前，应该先将孔位处的杂物和杂草都清除干净。孔深宜超过临背水堤脚连线 0.5 ～ 1 m。对肉眼可看出的裂缝进行处理时，孔深要比缝深还要深 1 ～ 2 m。

⑤灌浆。灌浆最好平行推进，孔口的压力也要控制在最大的允许压力内。灌浆的顺序应该是首先灌边孔之后再灌中孔，并且浆液也不应维持同样的稠度，应该先稀后浓，按照吃浆的大小可以重复灌浆。

⑥封孔收尾。封孔要选择浓浆，并且还要再对缩浆空孔进行复封。工作完成后要用清水冲干净输浆管，并将会用到的设备和工器具等都入仓进行整理。

（二）河道整治工程维修

1. 坝体维修的要求

①土心出现大雨淋沟、陷坑，最好的修理方式就是开挖回填，将已经松动的土体挖走，从下到上回填夯实。

②若土心产生了裂缝，人们在修理时要对裂缝的特征进行观察，如果是冰冻裂缝、表面干缩和有着小于 1 m 缝深的龟纹裂缝，最好采用灌堵缝口的方法，而对于没有滑动性质的深层裂缝，最合适的方式就是使用上部开挖回填结合下部灌浆进行处理。

③土心滑坡则要按照产生滑坡的具体情况和原因选择处理方式是改修缓坡还是开挖回填，同时其要符合开挖回填和改修缓坡的规定。

2. 护脚维修的要求

①护脚平台或是坡面在水面以上发生凹陷时，应当将抛石排整到原设计断面。在进行排整时要在外面安设大石而里面安设小石，将其排挤密实。

②探测的护脚坡度比稳定护脚、坡度要陡，且在水面以下走失时，应当加固石笼或是抛散石，有航运条件时可采用船只抛投。完成后应检查抛石位置是否符合要求。

③抛散石护坡在修理护脚时，可以直接在护坡处抛卸散石，或是在护坡的滑槽上放置并进行人工调整，抛石结束后损坏的护坡应整平。修理砌石护坡和护脚时，应防止石料砸坏护坡。

④若海堤堤岸防护工程的混凝土、桩式护脚或是钢筋混凝土块护脚等都因为风暴潮的冲刷而遭受到了破坏，补设时也要按照原设计进行。

3. 风浪冲刷抢护的要求

（1）土工织物或复合土工膜防浪的铺设要求

①先将铺设范围内的堤坡杂物清除。

②铺设范围应是堤坡遭受风浪冲击的范围。

③土工织物或复合土工膜的上沿宜用木桩固定，表面宜用铜丝或绳坠块石的方法固定。

（2）挂柳防浪的要求

①选干枝的直径要大于 0.1 m，树冠则要大于 1 m。

②为防止其浮起要将重物系在树杈上，用绳子在干枝根部悬挂重物。

③打桩要选择在堤顶临水侧，同时要按照坍塌的情况和流势等来确定悬挂和桩距的深度。

（3）土袋防浪的要求

①当水深较小或是在水上部分时，应当适量削平堤坡，之后再铺设软草滤层与土工织物。

②摆放土袋的范围要按照风浪的冲击范围进行确定，袋口方向与堤坡是相一致的，且相互叠压。

③存在较陡堤坡时，可以在最底下那层土袋的前方打桩防止滑落。

（三）滑坡处理

1. 滑坡的类型和产生原因

按照滑动面不同的形状来看，土坝滑坡可以分成三类，即直线滑坡、折线滑坡与弧形滑坡；而按照性质也可分为三类，即塑流性滑坡、剪切性滑坡和液化性滑坡；从滑坡发生的不同部位来看可分为两类，即上游滑坡与下游滑坡。一般产生滑坡的原因主要有以下几种。

（1）勘测设计方面的原因

某些设计指标选择过高，坝坡设计过陡，或对土石坝抗震问题考虑不足；坝基内有高压缩性软土层、淤泥层，强度较低，勘测时没有查明，设计时也未做任何处理；下游排水设备设计不当，使下游坝坡大面积散浸等。

（2）施工方面的原因

为了追赶速度，施工时的土料碾压没有能够达到标准，且存在较低的干密度或是较高的含水量，施工孔隙压力较大；冬季雨季施工时未能将适当的防护措施安排好，从而对坝体的施工质量都产生了影响；心墙坝坝壳土料未压实，水库蓄水后产生大量湿陷等。

（3）运用管理方面的原因

如果在运用水库时水位突然降低，那么土坝就不能及时地排出土体孔隙内的水分，从而导致渗透压力加大；坝后堵塞了排水设备，抬高了浸润线；白蚁等害虫害兽打洞，形成渗流通道；在土石坝附近爆破或在坝坡上堆放重物；在持续暴雨和风浪淘刷下，或者在地震和强烈振动作用下也会产生滑坡。

2. 土石坝滑坡的预防和处理

（1）滑坡的抢护

发现有滑坡征兆时，应分析原因，采取临时性的局部紧急措施，及时进行抢护。滑坡的主要抢护措施有以下几种。

①对于因水库水位骤降而引起的上游坝坡滑坡，可立即停止放水，并在上游坝坡脚抛掷沙袋或砂石料，作为临时性的压重和固脚。若坝面已出现裂缝，在坝体具备充足挡水能力的前提之下，可以使用坝体上部削土减载的方法，增强其稳定性。

②对于因渗漏而引起的下游坝坡滑坡，可尽可能降低水库水位，减小渗漏。或在上游坝坡抛土防渗，在下游滑坡体及其附近坝坡上设置导渗排水沟，降低坝体浸润线。当坝体滑动裂缝已达较深部位时，则应在滑动体下部及坝脚处用砂石料压坡固脚或修筑土料戗台。另外，还要做好裂缝防护，避免雨水入渗，导走坝外地面径流，防止冰冻、干缩等。

（2）滑坡的处理

当滑坡已经形成且坍塌终止，或经抢护已处于稳定状态时，人们应根据滑坡的原因、状况，已采取的抢护办法等，确定合理、有效的措施，进行永久性处理。滑坡处理应在水库低水位时进行，处理的原则是“上堵下排，上部减载，下部压重”。

①对于因坝体土料碾压不实、浸润线过高而引起的下游滑坡，可在上游修建黏土斜墙，或在坝体内修建混凝土防渗墙防渗，下游采取压坡、导渗和放缓坝坡等措施。

②对于因坝体土料含水量较大、施工速度较快、孔隙水压力过大而引起的滑坡，可加强排水、加重固脚和放缓坝坡。当上游滑坡发生这一情况时，最好的方式就是降低库水位，之后在滑动体的坡脚抛筑透水压重体，最后再在它的上面进行填土培厚坝脚，将坝坡放缓。如果实在没办法将库水位降低，那么就利用船在水上抛石或抛沙袋，压坡固脚。

③对于因坝体内存在软弱土层而引起的滑坡，主要采取放缓坝坡并在坝脚

处设置排水压重的办法。

④引起护坡的方式有很多，对于因为坝基内部存在的淤泥层、软黏土层、容易液化的均匀细砂层或者湿陷性黄土层引起的滑坡，可先在坝脚以外适当距离处修一道固脚齿槽，槽内填石块，然后清除坝坡脚至固脚齿槽间的软黏土等，铺填石块，与固脚齿槽相连，并在坝坡面上用土料填筑压重台。

六、特殊条件下的施工控制

（一）雨季土坝压实施工控制

土石坝填筑属于大面积的露天性作业，因为在施工过程中难免会有碰到雨天的情况，因此会给土壤含水量的控制工作带来很大困难，所以在雨水频发的地区，由于雨天频繁，土壤的含水量就会比其他地区高，那么在雨后如果不能及时上土就会导致工程进度因为雨季黏性土料填筑而受到影响。为了按时按质完工，并且还不增加成本，人们可以采取以下措施。

①对大坝断面进行合理的设计，尽可能地将防渗体断面缩小，以此来减少黏性土料的用量。

②如果遇到降雨的情况，那么在坝上的黏性土料填筑工作应当立刻停止，并使用气胎辗压。为了方便将雨水排走，坝上的填筑面应当尽量倾斜向上游。

③碰到必要情况时，要将人工防雨措施用在坝面与土料储料场上，比如使用塑料薄膜或是大的防雨布。为了保持高速度施工，在抢进度赶拦洪期间和防渗体填筑面积并不算大时，多雨地区可以考虑雨篷作业。雨篷就是通常我们所见的那种简单屋架式，在其上方覆盖塑料或帆布，但是在篷内的填土不太方便碾压，因为篷架升高是十分麻烦的，所以就可以使用缆索悬挂式吊棚。

④雨季施工最重要的就是让坝面附近在没有下雨期间能够储备质量合格且数量充足的土料，方便下雨施工时使用。

⑤大坝防渗体应该选用一些合理的非黏性土料，同时采取相应措施，这样将非常有可能在雨天也能继续施工。

（二）冬季施工控制

在冬季的寒冷气温中，土料随时会发生冻结的情况，这会使其物理力学性质发生变化，将严重影响土石坝在冬季的施工。但实际上只要技术措施运用正确，那么就能够确保填筑的质量。

土料在降温冷却过程中，其中的水分不是一遇冷空气就转变为冰的，土料开始结冰的温度总是低于0℃，即土料的冻结有所谓过冷现象。土料的过冷持续时间等特性与土料的含水量、种类和冷却强度的变化有密切联系。在负温还算正常的情况下，土料中的水分是能够保持不结冰状态的。其含水量分别比4%～5%的砂砾细料及塑限土要低，同时因为相互作用的水分子颗粒，土的过冷现象其实是相当明显的。

土料发生冻结时，由于水汽从温度较高处向温度较低处移动，所以会产生水分转移。水分转移和聚集的结果是在土的冻结层中形成冰晶体和裂缝。冰在土料中决定着冻土的性质，使其强度增大，不易压实。当其融化后，则使土料的强度和稳定性大为降低，或呈松散状态。但土料的含水量接近或低于塑限冻结时，上述现象不甚显著，压实后经过冻融，其力学性质变化也较小。砂砾细料含水量为4％～5％时，冻结时仍呈松散状态，超过此值后则冻成硬块，不易压实。

因此，在冬季对碾压式土石坝进行施工时，只要措施得当就能在一定程度上防止土料冻结，这样一来，就会使土料的含水量和冻融现象不会受到太大的影响，施工的进度也不会被耽搁，施工的质量也因此有了保证。另外，土石坝在冬季施工的主要目的就是为了避免冻结料场中的土料，可采取的措施有以下几种。

①使用冬季施工的专用料区。在砂砾粒非常容易被压实和粗粒含量比较多的地区，夏、秋季节的备料期间，常常会让地下水位降低或是用明沟截流，以此来降低砂砾料中细料的含水量；而对于黏性土最好选择含水量与塑限十分接近、运距时间短且地势较高的料区，如果遇到有较大的含水量的情况，那么其处理一定要赶在冬季之前，以满足防冻的要求，并且料区在选择时应尽可能在向阳背风处。

②翻松料场的表土进行保温。在冬季结冰之前，应该先将料区的表土翻松，同时还要将其破碎成小块，然后整平，这样一来空气就会进入松土的孔隙之中，让表层土的导热性降低，就不会冻结下部的土料了。如某工地在料区表面铺30cm厚的松土，气温到-12℃左右时，下部土温仍保持在4～13℃。

③覆盖融热材料进行保温。可以利用稻草、树叶、木屑等材料覆盖在土库或是土区的表面，由此就形成了一个蓄热的保温层，土料也就不会冻结。

④覆盖冰雪进行蓄热保温。在料场的表面可以使用自然雪与人工铺雪，这是因为雪的导热性相对较低，所以可以基本保证土料不会被冻结。还可以用半米左右高度的土埂将料场四周围起来，在场内每隔1.5 m就打一根支撑木桩，等到冬季就在土埂中填满水，在结冰到10～15 cm的厚度时，就排走冰层下

面的水，由此就形成了一个效果很好的空气隔热保温层，这也是不让土料冻结的一个好办法。

冬季施工时，对较低气温下土料填筑工作的基本要求如下：①黏性土的含水量不应超过塑限，防渗体的土料含水量不应大于90%的塑限，但也不宜低于塑限的2 %，而砂砾料（粒径小于5 mm的细料）的含水量应小于4 %；②压实时土料平均温度，一般应保持正温，实践证明土料温度低于0℃时压实效果将降低，甚至难以压实。

第三节　土坝工程施工技术

一、土石料场的规划

（一）对时间的规划

人们在对时间进行规划时，首先就要对施工的强度与坝体的填筑部分会发生的变化进行考虑。随着不断变化的季节和坝前蓄水情况，同样在发生变化的还有料场的工作条件。因此，在规划用料时应当尽量让稍近的料场提供上坝强度高时使用的土料，而稍远的料场就提供上坝强度低时使用的土料，并且保持运输任务均衡平等。可以先用的应是离土料很近且上游容易被淹的料场，后用的应是离土料较远且下游不容易被淹的料场；旱季用的是含水量较高的料场，而雨季则用含水量较低的料场。另外，还要规划时间与空间，不然很可能会出现差错。

（二）对空间的规划

对空间进行规划实际指的就是要恰当地选择料场的高程与位置，并且还要使其合理布置。上坝运土石料的距离应当尽量短一些，因为这样高程上可以较为方便地让重车下坡，也可以减少运输机械功率的消耗。近料场不应该因为取料就对上坝的运输及防渗稳定产生影响，也不应该因为过于陡峭的道路坡度而造成运输事故。因此在坝的左右岸、上下游都应该有料场存在，这样可以有效地减少施工干扰，同时也能随时供应用料，使其坝体能均衡上升。在用料期间，高料高用、低料低用是其最基本的原则，如果低料场需要且高料场储量富余的情况下，是可以高料低用的。另外，料场的位置还会便于开采设备与排水的通畅布置，并且石料厂与重要的构筑物、建筑物等要保持防爆和防震的安全距离。

（三）对质与量的规划

对于料场规划来说，规划料场的质与量可以说是最基本的要求，同时也是取舍料场的重要因素之一。对料场的使用进行选择、规划时，应当先全面地试验与勘探料场的地质成因、储量、埋深和各物质力学指标等内容，同时设计深度加深会影响勘探进度。用料规划在施工组织设计中除了要满足其总储量对坝体的总放量，而且还要满足各阶段施工的最大上坝强度要求。同时土石坝料场在规划时的另一个重要原则就是要料尽其用，对于永久的、临时的建筑物开挖渣料要进行充分使用，因此为了保证渣料能被充分利用起来，还可以加强一些必要的施工技术组织措施。

对主要料场与备用料场的规划也是在规划料场时人们需要考虑的一点。主要料场的特点就是运距近、质好且量大，可以常年开采。当主要料场的库区水位被抬高或是被淹没，又或是因为土料太湿及其他原因，则可以使用备用料场，以确保坝体不会中断填筑。

当对料场的实际开采总量进行规划时，则人们需要对料场的天然容量、查勘的精度和坝体的压实容量等进行规划，同时还要考虑坝面清理、开挖运输与返工削坡的损失会有多大。除此以外，施工的总体布置与料场的选择之间也存在必然联系，在布置时应当按照运输的强度、方式等对运输线路的装饰面和规划等进行研究。同时，还要保证料场内装饰面的间距是合理的，不然道路会因为间距太小而反复搬迁，这样对工效的影响会非常大。

二、压实机械及其压实方法

不同的压实机械设备会产生不同的压实作用外力，其类型可基本分为三种，即碾压、振动和夯击。根据压实作用力来划分，通常有碾压、夯击、振动压实三种机具。随着工程机械的发展，又有振动和碾压同时作用的振动碾，产生振动和夯击作用的振动夯等。常用的压实机具有以下几种。

（一）羊脚碾及其压实方法

羊脚碾与平碾是存在差别的，碾压滚筒的表面会有截头圆锥体交错排列，形状就如同羊脚一样。其在钢铁空心滚筒的侧面还设置有加载孔，用来按照设计要求进行加载，其使用的物料有砂砾石与铸铁块等。羊脚长度会因为碾滚的重量而变化，如果羊脚过长那么表面积就会过大，其压实阻力也会由此增加，并且还会减轻羊脚端部的接触应力，从而对压实效果产生影响。碾重增加了，那么牵引机械的牵引力也会随之增加，当羊角碾的羊脚插进土里，除了会压实羊脚端部的土料，并且还会挤压侧向的土料，由此形成压实均匀的效果。同时在进行压实期间，表层土会因为羊脚而发生翻松，使其不用刨毛就能保证与涂料层结合。

羊脚碾和其他碾压机械的开行方式相类似，基本分为圈转套压法与进退错距法。前者对开行的要求是工作面应稍大一些，从而方便多碾滚的组合碾压，生产效率高是其优点所在，而弊端则在于碾压过程中很容易发生超压。后者的操作是非常简单的，需要一系列的工序进行协调，这样也有助于分段流水作业，保证压实质量。目前，国内多采用进退错距法。

（二）振动碾

这种压实机械是振动与碾压相结合而成的，带动它的是柴油机，同时柴油机还连接着机身上有偏心块的轴进行旋转，从而让碾滚被动的发生高频振动，而土体内接收到的是振动通过压力波形式传过来的。在振动状态下，非黏性土料的土料之间会快速地降低其中的内摩擦力，并且因为颗粒大小不均匀，所以颗粒质量的不同还会致使惯性力也存在问题，从而有相对位移出现，使得粗颗粒之间的空隙被细颗粒填满。除此之外，对于黏性土颗粒来说，它们之间的力主要应该是黏结力，并且这些土粒基本都是较均匀的，因此它们并不会像非黏性土一样在振动后获得压实效果。

振动碾在振动后，其压实深度的影响通常会大于一般的碾压机械，一般在1m以上，并且相较于振动器和振动夯，其碾压面积较大，因此才会有较高的生产率。只有振动碾的压实效果好了，才能逐渐提高非黏性土料的相对密度，降低坝体的沉陷量并增强其稳定效果，这样才能大大地改善土工建筑物的抗震性能。因此，只要是土工建筑物有防震要求的，就必须统一使用振动碾。

（三）夯板及其压实方法

可以在没有土斗的挖掘机的臂杆上吊装的即为夯板，且夯板上升是借助卷扬机操纵绳索系统才得以实现的。索具会在土料被夯击时得到放松，由此夯板可自由下落夯击土料，这种方式的生产效率将是非常高的。夯板可夯实那种大颗粒的填料，其比碾压机械的破碎率要大得多。为了使夯实效果提升，并且适应夯实土料的特性，在对略微受冻或是黏性土料进行夯击时，可将羊脚装在夯板之上，也就说所谓的羊脚夯。

夯板的尺寸与铺土厚度 h 密切相关。在夯击作用下，土层沿垂直方向应力的分布随夯板短边 b 的尺寸而变化。当 $b=h$ 时，底层应力与表层应力之比为 0.965；当 b=2 时，底层应力与表层应力比为 0.473。若夯板尺寸不变，表层和底层的应力差值随铺土厚度增加而增加。差值越大，压实后的土层竖向密度越不均匀。故选择夯板尺寸时，应尽可能使夯板的短边尺寸接近或略大于铺土厚度。

夯板工作时，机身在压实地段中部进行后退移动，随着夯板臂杆回转，土料被夯实的夯迹呈扇形。为避免漏夯，夯迹与夯迹之间要套夯，其重叠宽度为 10～15cm，夯迹排与排之间也要搭接相同的宽度。为充分发挥夯板的工作效率，避免前后排套压过多，夯板的工作转角在 80°～90° 范围内为宜。

三、土石坝施工的质量控制要点

施工质量检查和控制是土石坝安全运行的重要保证，它应贯穿于土石坝施工的各环节与全过程。

（一）料场的质量检查和控制

对于检查与控制含水量的工作来说，其中非常重要的工作就是在土料场对土料的土块大小、土质情况、含水量及杂质含量等是否合乎规定的检查。

如果土料的含水量在检查之后测定是偏高的，那么人们首先就应采取防雨措施，并对料场的排水环境进行改善；其次就是翻晒处理含水量高的土料，或者是用对掌子面轮换的方法，降低土料含水量到规定范围之内后再继续开挖。如果上述这些方法都不能达到目的的话，那么就可以考虑使用机械烘干法。

如果是含水量偏低的情况，那么应当考虑在有着黏性土料的料场加水。如轮换取土、灌水浸渍及分块筑畦埂等方法均属于料场加水的方法。对于地形相差较大的情况，可以进行喷灌机喷洒，此法易于掌握，并且可以节约用水。

在对石料厂进行检查时，人们应观察其风化程度、石质及爆落块料级配的形状和大小等是不是满足上坝的需求，一旦不合格则应对其进行尽快处理。

（二）坝面的质量检查和控制

坝面作业的检查中，最基本的检查内容就是黏性土含水量、填土块度、铺土厚度、压实之后的干容重及含水量大小等，而其中最为关键的就是检测黏性土的含水量。为便于现场质量控制，及时掌握填土压实情况，技术人员可绘制干容重及含水量质量管理图。

按照地形、坝料特征等因素影响，在防渗体与施工的特征部位之中，人们会对某些固定的取样断面进行选定，将具有代表性的试样选择出来从而进行室内物理力学性能试验，这也是作为根据存在于核对设计、工程管理之中的。另外，还需要检查的就是坝基、坝面、坝肩接合部和各个土料的过渡带等内容。对于施工中发现的各种可疑问题还要重点进行抽查，比如上坝土料的含水量与土质并不合乎要求，碾压或是超压的遍数太多，铺土中有坑洼部分及厚度不均匀等问题，发生这些情况时要及时返工。

在过渡层、反滤层及坝壳等处进行非黏性土填筑时，人们主要是应对其压实参数进行控制，施工人员如果发现与要求有不符合的情况应当快速对其修正。在条形反滤层中，取样断面每 50m 就会设置一个，且每层取样在取样断面中需要超过 4 个，同时在断面的各个部位进行均匀分布，每层取样位置还要是相互对应的。另外，还应该全面检查反滤层铺填的厚度、填料的质量、有没有杂物混入及颗粒的级配等。通过分析这些颗粒，技术人员要对每层颗粒的不均匀系数、反滤层的层面系数等与设计要求是否相符的问题进行查明，若发现不符合就需要重新进行铺填。

对比堆石体的质量检查，土坝的堆石棱体与其是大致相同的，都是对上坝石料的风化程度、质量、石块的重量与形状及有没有离析架空现象发生在堆筑过程中的检查，并且对堆石级配等是否与规范相符合也是需要检查的。应当将沉降管分层埋设在坝体中，并且还要定期检测施工中的坝体沉陷情况，技术人员还要绘制时间上沉陷的变化过程线。

另外，人们还应该及时整理反滤料、填筑土料与堆石等质量检查记录，同时对其编号存档，且对数据库也要进行编制。这不仅是作为依据表现在施工过程的全面质量管理之中的，同时也是运行坝体之后长期分析和观测事故的证明。

四、土石坝的扩建增容

随着经济的快速发展和人民生活水平提高，水资源短缺的矛盾越来越突出，因此许多水库的扩建增容被摆上了议事日程。

（一）土石坝扩建加高的一般形式

土石坝加高的形式随原坝体结构的不同而异。一般情况下，当加高的高度不大时，常用“戴帽”的形式，原坝轴线位置不变；当加高的高度大，用“戴帽”的形式不能满足其稳定要求时，常从坝后培厚加高，原坝轴线下移，特殊情况下，也可以从坝前培厚加高。

（二）施工特点

土石坝扩建加高工程有以下施工特点：①与新建工程一样进行坝基及两岸坝头处理，并要进行坝体结合处理；②由于库内已经蓄水，应尽可能不影响水库的正常运用，一般只能从下游侧一个方向来料，进料线路及上坝强度均受到影响；③由于坝体较高，施工场地狭窄，施工布置受到很大限制；④坝顶部分拆除后，不宜长期暴露；⑤必须确保安全度汛。

（三）施工技术要求与技术措施

1. 坝基处理

①拆除在施工范围内的建筑物及原有的排水体。

②坝基加宽部分需拆除的人工填筑层及堆置的弃料要全部清除并挖至砂砾层顶面，其表层干容重不低于原坝基的自然干容重。

③两坝肩的清理与新建工程相同。

2. 原坝顶拆除及坝体填筑

①拆除原坝顶防浪墙、灯座及路面等建筑时，一般采用松动爆破开挖，人工或挖土机装汽车运出。

②为防止原心墙发生干缩裂缝，坝顶可预留 0.5 m 厚的保护层，心墙临空面应全部覆盖，并加强表层养护工作，防止暴晒、雨淋和冻融破坏。随着新填筑体上升，逐层对原心墙进行刨毛洒水，改善其与新填土体的结合条件。

③原砂壳拆除的砂砾料，如符合设计标准，可直接用于铺筑新坝体，否则可按代替料使用。

④大坝填筑要尽可能保证土、砂、石平衡上升，按不同的料物及运距，配置一定比例的挖运机械，满足大坝平衡上升填筑强度的要求。

⑤防渗体雨季施工时，需采取相应的雨季填筑措施，填筑面应有适当的排水坡度。

3. 坝体观测设备的恢复和补设

为了监视土石坝的工作状况及其变化，保证其加高前后观测资料的连续性，各种观测设备必须及时恢复与补设。特别是浸润线观测管，既要照顾到原有测压管布置状况（对原管必须进行检查和鉴定，确定哪些管需要报废重设，哪些管需要保留加高），又要考虑需要增设必要的观测断面，重新布孔和施工。

第四节　混凝土工程施工技术

一、混凝土的分类及性能

（一）分类

1. 按胶凝材料分

①有机胶凝材料混凝土。这种混凝土基本包含了树脂混凝土、聚合物水泥混凝土、沥青混凝土及聚合物浸渍混凝土。

②无机胶凝材料混凝土。该混凝土则包含了硫黄混凝土、石膏混凝土、硅酸盐混凝土、石灰硅质胶凝材料混凝土、镁质水泥混凝土和金属混凝土等。

2. 按表观密度分

按照表观的密度进行划分的话，混凝土可分成三种，即重混凝土、轻质混凝土与普通混凝土。

（1）重混凝土

制成重混凝土的材料为特别密实与非常重的骨料，其表面密度应不小于 2 500 kg/m^3，比如钢屑混凝土和重晶石混凝土等，X 射线、γ 射线不能透过，常由重晶石和铁矿石配制而成。

（2）轻质混凝土

这种混凝土的表观密度不应大于 1 950 kg/m^3。可分为以下三种。①轻骨料混凝土，基本包含了火山渣、浮石、膨胀矿渣及膨胀珍珠岩等；②多孔混凝土，制成该混凝土的主要材料是水泥砂浆、水泥浆及稳定的泡沫，另外水泥与水、发气剂等所制成的即加气混凝土；③大孔混凝土，该混凝土之中并没有细骨料存在，一般就是以软石、碎石及重矿渣作为骨料的。除此之外，轻骨料大孔混凝土都是将浮石、陶粒、矿渣及碎砖等作为骨料的。

（3）普通混凝土

我们在日常建筑中经常见到的混凝土就是普通混凝土，其主要骨料为砂和石子，属于十分常见的混凝土品种。

3. 按掺合料分

混凝土按掺合料可分为矿渣混凝土、硅灰混凝土、纤维混凝土和粉煤灰混凝土等。

此外，混凝土还可按抗压强度分为低强度混凝土、中强度混凝土和高强度混凝土；按每立方米水泥用量又可分为贫混凝土和富混凝土等。

（二）性能

1. 和易性

这种性能属于混凝土性能中非常重要的一种，包含了三个方面，即流动性、保水性与黏聚性。其对于拌和物的流动性、稠度、可塑性及抗分层离析泌水等性能都进行了综合表示。对拌和物和易性的表示、测定的指标与方法有很多，我国主要用通过维勃仪测定的时间以及截锥坍落筒所测出的坍落度来表示。

2. 变形

在荷载、温湿度作用之下，混凝土会发生变形的情况，主要包含了塑性变形、弹性变形、温度变形与收缩变形等。短期荷载作用之下的混凝土，表示弹性变形的方式通常为弹性模量。在荷载的长期作用下，不变的是应力，而应变则会因为持续增加而转化为徐变；而若是在应变不变的情况下，那么应力的不断减少将表现为松弛。

硬化混凝土发生变形的状况主要是有两方面原因，即环境因素与外加荷载因素。因此，变形过程在荷载作用之下一般为弹性变形与非弹性变形；收缩变形与膨胀变形则属于非荷载作用下的变形；复合作用下的变形包括徐变。

3. 耐久性

耐久性即在使用过程中，混凝土对各破坏因素作用进行抵抗的能力。耐久性在混凝土中属于一个十分重要的性能，对混凝土工程的寿命也起了决定性作用。

在通常情况下，混凝土的耐久性是非常好的。但对于寒冷地区来说，尤其是工程部位在水位变化中，还有冻融的交替在饱水状态下反复作用时，混凝土非常容易被损坏，因此混凝土的性能要求之一就是应当具有抗冻性，而混凝土在不透水的工程中则需要有很好的耐蚀性与抗渗性。破坏混凝土耐久性的因素主要有以下几方面。

①从冰冻到融解的循环作用，这在破坏作用中也是最为常见的，并且经常会有人为了表示混凝土的耐久性而去使用抗冻性。在混凝土之中，冻融循环时有内应力产生，从而使得裂缝越来越大、结构过于疏松，直至表层整体崩溃。

②环境水的作用，该作用包含了含盐水、酸性水的侵蚀作用及浸融淡水的作用。其中，要是混凝土被快速地破坏，发生了腐蚀作用，那就是在一定条件下的氯盐、硫酸盐和酸类溶液等发生了剧烈作用。破坏环境水作用的变化主要有两种：第一种是组分减少，也就是混凝土中直接溶解或是在分解之后才溶解的某些组分；第二种是组分增加，也就是在混凝土中掺入一些物质之后所产生的物理、化学变化，还有新的产物生成。而上述增减组分会使混凝土的体积产生不稳定状况。

③风化作用，其中包含了冷热和干湿这几种循环作用。在一些地区出现的湿度、温度变幅大和变化快，还同时具有其他破坏因素的情况下，风化作用经常会让混凝土加速自身崩溃。

④锈蚀钢筋的作用。钢筋在混凝土之中会体积增大，因为其会在电化学的作用下生锈胀坏混凝土，从而使钢筋裸露后又产生一次新的锈蚀，这样无限制的恶性循环会严重破坏钢筋与混凝土，这也是钢筋混凝土结构破坏的主要原因。

想要对混凝土的耐久性进行提升，那么就要先从作用力与抵抗力两方面出发。增加抵抗力可以使破坏的作用力达到延缓、抑制的效果，因此提升混凝土的密实性、强度是可以改善耐久性的。又因为混凝土的缝和孔等是破坏因素进入的主要途径，因此抗冻性和抗渗性与混凝土性能是紧密相连的。此外，想要提高混凝土的耐久性，通过削弱作用力对环境进行改善也是一种有效的方式。

耐久性这一性能是长期存在的。因此，应当在测试与评价时尽量准确。可以采用的方法为快速模拟试验，就是对在一个或是少数几个的破坏因素作用下发生变化的一种或几种性能进行测试，但是这种测试与对比的方法还是不够理想的，并且也还没有一个相对统一的评价标准，同时在机制的破坏和相似规律方面人们也还没有进行相对深入的研究，因此混凝土的耐久性到现在也还是不能被预测的。

二、混凝土的组成材料

（一）水泥的分类及生产工艺

1. 按用途及性能分类

按照性能与用途可将水泥分为以下几种：①通用水泥，指的是土木建筑工程通常情况下所使用的水泥，主要包含了已经规定的六大类，即硅酸盐水泥、粉煤灰硅酸盐水泥、火山灰质硅酸盐水泥、复合硅酸盐水泥、矿渣硅酸盐水泥与普通硅酸盐水泥；②专用水泥，即有着专门作用的水泥；③特性水泥，指的就是有突出性能的水泥。

2. 按主要技术特性分类

将水泥按照主要技术特性可分为以下五种：①快硬性水泥，主要由两类构成，即快硬和特快硬；②抗硫酸盐水泥，由两类构成，即高抗硫酸盐腐蚀与抗硫酸盐腐蚀；③水化热水泥，也由两类构成，即低热水泥与中热水泥；④膨胀水泥，主要由膨胀水泥、自应力水泥构成；⑤耐高温水泥。

3. 生产工艺

在水泥的生产中，硅酸盐类水泥的生产工艺可以说是非常具有代表性的，其主要原料是石灰石和黏土，它们经过破碎和磨细等工艺被制作成了生料，然后再被投入水泥窑中进行煅烧，煅烧后形成的熟料又加入一定量的石膏磨细制成水泥。水泥生产根据生料制备方法不同，可分为干法与湿法两种。

①干法生产。该方法就是同时烘干、粉磨原料，或者是在烘干后将其磨成生粉，之后在干法窑内煅烧成熟料。还有一种方法就是将适量的水加入生料粉中，从而支撑生料球，之后再将其送入立波尔窑中煅烧成熟料，这样的方法即为半干法。

而如今将新工艺生产的水泥在窑外进行分解的方法属于新兴的干法水泥生产线。其生产核心就是悬浮预热器与窑外的分解技术，其是对新型原料、节能粉磨技术和装备及燃烧均化的使用，是通过计算机级集散来对其进行全线控制的，进一步实现了水泥生产过程的自动化、环保、高效与低消耗。这种新型干法水泥生产技术发展起来是在20世纪的50年代，1976年中国的第一套悬浮预热、预分解窑投入生产。

②湿法生产。该方法就是将水加入原料中，再粉磨成生料浆，之后放入湿法窑煅烧成熟料的方法。此外还有另一种方法，那就是对湿法制备的生料浆进行脱水，再将生料块放入窑中煅烧成熟料，该方法被称为半湿法。

总而言之，热耗低属于干法生产的优点，而车间扬尘大、生料的成分不均和电耗大等是其弊端所在。操作简单、产品质量好、生料的成分容易控制、车间扬尘少则属于湿法生产的优点，其弊端为热耗高。

（二）粗骨料

在混凝土中，砂、石起骨架作用，称为骨料或集料，其中粒径大于5mm

的骨料称为粗骨料。普通混凝土常用的粗骨料有碎石及卵石两种。碎石是天然岩石、卵石或矿山废石经机械破碎和筛分制成的，粒径大于 5 mm 的岩石颗粒。卵石是由自然风化、水流搬运和分选、堆积而成的，粒径大于 5 mm 的岩石颗粒。混凝土使用粗骨料的技术要求有以下几方面。

1. 颗粒级配及最大粒径

粗骨料中公称粒级的上限被称为最大粒径。当骨料粒径增大时，其表面积减小，混凝土的水泥用量也减少，故在满足技术要求的前提下，粗骨料的最大粒径应尽量选大一些。在钢筋混凝土工程中，粗骨料的粒径是小于混凝土钢筋截面的最小尺寸，同时还要小于钢筋最小净距的 3/4。对于混凝土实心板，其最大粒径不宜大于板厚的 1/3，且不得超过 40 mm。泵送混凝土用的碎石，不应大于输送管内径的 1/3，卵石不应大于输送管内径的 2/5。

2. 有害杂质

粗骨料中所含的泥块、淤泥、细屑、硫酸盐、硫化物和有机物都是有害杂质，其含量应符合国家标准《建设用卵石、碎石》（GB/T 14685—2011）的规定。另外，粗骨料中严禁混入煅烧过的白云石或石灰石块。

3. 针、片状颗粒

粗骨料中针、片状颗粒过多会使混凝土的和易性变差，强度降低，故粗骨料的针、片状颗粒含量应控制在一定范围内。

（三）细骨料

细骨料是与粗骨料相对的建筑材料，是混凝土中起骨架或填充作用的粒状松散材料，直径相对较小。

相关规范对细骨料的品质要求如下。

①细骨料应质地坚硬、清洁、级配良好。

②在开采细骨料期间，人们应当按照开采的一定数量，或是定期去进行碱活性检验，如果一旦发现有潜在危险存在，应当立即采取措施并对其进行验证。

③稳定的细骨料含水率是必不可少的，必要时应采取加速脱水措施。

1. 泥和泥块的含量

含泥量是指骨料中粒径小于 0.075 mm 的细尘屑、淤泥、黏土的含量。砂、石中的泥和泥块限制应符合《建设用砂》（GB/T 14684—2011）的要求。

2. 有害杂质

《建设用砂》和《建设用卵石、碎石》中强调骨料中不应有草根、树叶、树枝、煤块和矿渣等杂物。

细骨料和水泥之间的黏结及混凝土拌和物的流动性等变化都与其表面特征、颗粒形状分不开联系。山砂的颗粒具有棱角，表面粗糙，含泥量和有机物杂质较多，与水泥的结合性差。河砂、湖砂因长期受到水流作用，颗粒多呈现圆形，比较洁净且使用广泛，一般工程都采用这种砂。

（四）外加剂

混凝土外加剂是在搅拌混凝土过程中掺入，占水泥质量 5% 以下的物质，能对混凝土性能的化学物质有相对明显的改善。外加剂有见效快、投资少和有明显技术经济效益的特点。

科学技术始终在不断进步当中，人们也开始在混凝土中越来越多地使用到外加剂，外加剂已成为混凝土除四种基本组分以外的第五种重要组分。

1. 萘系高效减水剂

这是一种经过化工合成的、非引气型的高效减水剂，萘磺酸盐甲醛缩合物是其化学名称，并且其能够很好地分散水泥粒子。另外，它还可以运用在大流态混凝土配制及存在高强、早强要求的预制构件与现浇混凝土上，对改善与提升混凝土的各种性能都有很好的作用。

我国使用最广且生产量最大的高效减水剂就是萘系减水剂，其具有不引气、减水率较高且影响凝结时间的程度小、能较好适应水泥等特点，并且相对而言，价格方面也比较便宜。但如果只在混凝土中加入萘系减水剂的话，就很容易损失坍落度，该减水剂还需要多做一些改进。

2. 脂肪族高效减水剂

脂肪族高效减水剂是丙酮磺化合成的羰基焦醛，憎水基主链为脂肪族烃类，属于绿色高效减水剂的一种，并不会对人体的健康与环境造成损害。同时，其在适应程度方面，对水泥是十分友善的，同时还能明显地看出增强混凝土的效果，并且坍落度的损失也相对较小。其还被广泛地运用在缓凝、防冻、配置泵送剂和引气等各种个性化减水剂之中。

三、模板工程

模板安装与拆卸是模板施工工程的重要环节，在进行模板工程施工的时候应该重点对其进行控制。另外，人们还应当对施工原料的性能、品质进行全面的掌握，明确模板施工的要求。

（一）概述

模板工程是水利水电工程施工中的基础性工程，与水利水电工程建设质量直接挂钩，因此在施工时人们必须对模板工程施工加以重视，并进行全面的控制。模板工程中最重要，也是最关键的部分是它在混凝土施工工程中的运用。模板的选择、安装及拆卸是模板工程施工中最主要的三个环节，对混凝土施工质量的影响也最为深刻。曾有调查显示，模板工程施工费用在整个混凝土工程施工费用中所占比例为 30% 左右。模板工程施工要求技术工人能够熟练掌握板材结构和特性，了解各类板材的施工优势，严格并科学地控制拆模时间。材料用量、工期掌握、质量控制都是模板工程施工中十分重要的施工要求。

模板系统一般由模板及模板支撑系统这两个部分组成。模板是混凝土的容器，控制混凝土浇筑与成型；模板支撑系统则起到稳定模板的作用，避免模板变形影响混凝土质量，并将模板中的混凝土固定在需要的位置上。在实际施工过程中，模板选择、安装与拆卸是施工中难度较高的控制部分。

（二）模板工程施工中的常见问题

模板工程施工中常见的问题主要有以下几类：①板材选择不符合标准，板材质量不合格，影响了混凝土的凝结和成型；②模板安装没有按照相关的图纸标准进行，结构安装有问题，安装不到位及模板稳定性弱；③模板拆卸时间选择不恰当，拆卸过程中影响了混凝土的质量，模板拆卸之前准备与检查工作不全面。模板工程施工出现的上述问题一直影响着模板工程施工质量控制与工期管理，并给后期水利工程的使用和维护保养留下了隐患，影响了水利工程的质量。

（三）模板工程施工工艺技术

模板工程的施工工艺技术分类可从板材、安装、拆卸等几个方面来进行说明。在实际施工过程中，只要能够对主要的几个工艺技术进行掌握和控制，就能够以较高的品质完成模板工程施工。

1. 模板要求与设计

模板工程施工对模板特性有着较高的要求，首先应当保障模板具有较高的耐久性和稳定性，能够应对复杂的施工环境，不会被气象条件及施工中的磕碰所影响。最重要的是，模板必须保证在混凝土浇筑完成之后，自身的尺寸不会发生较大的变化，影响混凝土浇筑质量和成型。在混凝土施工过程中，恶劣的天气、多变的空气条件及混凝土本身的变化都会对模板产生影响，因此要求模板板材必须是低活性的，不会与空气、水、混凝土材料产生锈蚀和腐蚀等反应。由于模板是重复使用的，所以还要求模板具有较强的适应性，能够应用于各类混凝土施工中。模板板材的形状特点、外观尺寸对混凝土浇筑有着较大的影响，因此模板选择是模板工程施工的第一要素。模板的设计则按照施工要求和混凝土浇筑状况进行，模板设计与现场地形勘察是分不开的，模板设置要求符合地形勘测，模板结构稳定，便于模板安装与拆除，还要便于开展混凝土浇筑工作。

2. 模板分类

模板按照外观形状和板材材料、使用原理可以分为不同的种类。一般按照板材外观形状分类，模板分为曲面模板和平面模板两种类型，不同类型的模板可用于不同类型的混凝土施工。例如，曲面模板一般用于隧道、廊道等曲面混凝土浇筑的施工当中。而按照板材材料进行分类，模板则可以被分为很多种类型，如由木料制成则为木模板，由钢材制成则为钢模板。

按照使用原理进行分类，模板可分为承重模板和侧面模板两种类型。侧面模板按照支撑方式和使用特点可以被划分为更多类型的模板，不同的模板使用原理和使用对象也各有差异。一般来讲，模板都是重复使用的，但是某些用于特殊部位的模板却是一次性的，如用于特殊施工部位的固定式侧面模板。拆移式、滑动式和移动式侧面模板一般都是可以重复利用的。滑动式侧面模板可以进行整体移动，能够用于连续性和大跨度的混凝土浇筑，而拆移式侧面模板则不能够进行整体移动。

3. 模板安装

模板安装的关键在于技术工人对模板设计图纸的掌握程度及技艺的熟练程度。模板安装必须保障钢筋绑扎和混凝土浇筑工作的协调性和配合性，避免各类工程在施工发生矛盾和冲突。在模板安装中应当注意以下几点。

①模板投入使用后必须对其进行校正，校正次数在两次及以上，多次校正能够保障模板的方位及大小的准确度，保障后续施工顺利进行。

②保障模板接洽点之间的稳固性，避免出现较为明显的接洽点缺陷，尤其要重视混凝土振捣位置的稳定性和可靠性，充分保障混凝土振捣的准确性，使振捣顺利进行，从而有效避免振捣不善引起的混凝土裂缝问题。

③严格控制模板支撑结构的安装过程，保障其具备强大的抗冲击能力。在施工过程中，工序复杂、施工类目繁多，这些因素不可避免地给模板造成了冲击力，因此模板需要具备较强的抗冲击力。一般人们会在模板支撑柱下方设置垫板以增加受力面积，减少支撑柱摇晃。

4. 模板拆卸

①模板的拆卸必须严格按照施工设计进行。拆卸前需要做好充足的准备工作。首先对混凝土进行严格的检查，查看其凝固程度是否符合拆卸要求，然后对模板结构进行全方位的检查，确定使用何种拆卸方式。一般来讲，模板的拆卸都会使用块状拆卸法进行。块状拆卸的优势在于它符合混凝土成型的特点，不容易对混凝土表面和结构造成损害，块状拆卸的难度比较低，拆卸速度也更快。拆卸前必须准备好拆卸所使用的工具和机械，保障拆卸器具所有功能能够正常使用。拆卸中，首先对螺栓等连接件进行拆卸，然后对模板进行松弛处理，以方便整体拆卸工作的进行。

②对于拱形模板，应当先拆除支撑柱下方位置的木楔，这样可以有效防止拱架快速下滑造成施工事故。

四、混凝土拌和与浇筑

（一）混凝土原料质量

在施工期间，相关工作人员应当认真详细地记录好混凝土工程的报表与施工记录，这是作为主要依据体现在监理工作队伍和施工作业实际中的。检查的主要内容包括，每一块体、构件逐月的混凝土浇筑数量；各块体、构件在浇筑计划中实施浇筑的起始与结束时间；各个原材料的质量检验成果、原材料品种；作业记录，内容为混凝土的养护、保温与表面保护；在浇筑期间的气温及浇筑混凝土的温度；混凝土在不同部位的等级、配合比。

（二）混凝土原料的拌和

混凝土原料拌和过程中，以下两方面问题是需要人们重点关注的。第一，拌和混凝土通常都是人工进行的，且拌和的质量要满足规范要求；第二，因为并不恰当的混凝土拌和、配料，或者是混凝土的拌和时间没有控制好，这将会在一定程度上影响混凝土工程施工整体的质量。

（三）混凝土原料的运输入仓

在混凝土原料拌和成功之后，应让其快速地到达浇筑地点，这样就能够有效避免运输过程中发生严重泌水、漏浆和分离的状况，并且在到达施工现场后，为了保证混凝土的整体质量，则就要采取溜筒入仓的方式。

（四）混凝土的原料浇筑

①在对岩基面进行浇筑施工时，应当先将水冲洗模板放在第一层混凝土被浇筑之前，这一做法是为了使模板能始终保持湿润状态。接着再将 2 ～ 3cm 厚的水泥砂浆铺上去，使混凝土的浇筑强度与砂浆的铺设面积相适应，保证砂浆在铺设后能让岩基很好地结合混凝土。

②在分层进行浇筑的时候，可以人工用插钎在混凝土浇筑中进行插捣，而其他的浇筑方式则使用 50 型插入式振动棒振捣。

③应当尽可能地维持混凝土浇筑的连续性，并且可以按照试验来确定混凝土浇筑的间歇时间，如果超过则按照工作缝来进行处理。

④对混凝土浇筑厚度的确定，需要人们考虑多方面因素，如运输、气温与振捣强度等。混凝土浇筑层厚度在通常情况下应该严格保持在 30 cm 之内。

五、混凝土养护

混凝土养护是实现混凝土设计性能的重要基础，为确保这一目标实现，应当按照现场环境的湿度、温度，现场的条件，结构部位，制品和构件的情况及混凝土性能的要求等各个因素来对混凝土进行养护。除此之外，还应与热工的计算结果相结合，对一种或是多种养护的合理方法进行选择，从而保证混凝土在湿控与温控方面是符合要求的。

（一）自然养护

传统意义上的洒水养护即为自然养护，其方法可分为两种，即喷雾养护与表面流水养护。二滩工程的经验体现了对于混凝土的流水养护，除了可以降低其表面温度，还能有效避免干裂。水利水电工程一般成本较高，地处偏僻且供水、取水等非常不便，而水工建筑物的基本特点为大体积、壁薄、表面积大、直立面过多及水分容易蒸发等。同时在实际应用中，表面流水与喷雾养护这两方面都很难保证混凝土在养护期间内能够始终保持湿润的状态，并且最终一定会达到养护要求。在用水较为方便的地区、容易洒水进行养护的部位都很适合进行喷雾养护，并且在使用该方式进行养护时，应当让它的水呈现出雾状形态，不能变成水流；而使用流水养护时，则要保证其水流速度不能太大，不能让水流冲刷混凝土表面，避免有剥损情况发生。

在混凝土体积较大时，应当对混凝土表面、内部及表面和外界的温差进行控制，也就是说混凝土的内外应当时刻保持好适合的温度梯度，其中非常重要的一点就是 24 h 不间断的养护，因为在实际的施工过程中，若是不能满足洒水养护的次数，那么其养护就将很容易被中断。按照之前经验来讲，在养护大体积混凝土的过程之中，不均匀或是强制冷却降温措施，其成本是非常高的，一旦有管理不善的情况发生，那么就会导致贯穿性裂缝。

（二）覆盖养护

混凝土中最为常用的保温、保湿养护方法即为覆盖养护，通常就是在混凝土表面覆盖上塑料薄膜、草袋和麻袋等进行养护。但是覆盖材料在风比较大的时候是非常不容易被固定住的，因此就会产生很多问题，比如覆盖时会出现接缝不严密和破损的问题，对于外形是直立面、坡面和弧形的结构，覆盖养护是不合适的。

另外，覆盖养护还应结合其他的一些养护方法，比如在不适合搭建暖棚且风沙较大的仓面，可以将暖气排管安置在覆盖保温被下面并且应该将完好无损的覆盖材料盖在混凝土敞露的表面，直到完全盖住位置，之后再对其进行固定，对覆盖材料加以保持。

除此以外，覆盖养护在保温方面的效果也是十分明显的，气温骤降时，其骤降的幅度为没有进行保温的表面降温量的 88 % 左右，而加上两袋草袋之后则变为了 45 %。可以看出，在表面进行适量的覆盖保温，可以让外界与混凝土之间的热交换降低，并且这也是混凝土结构温控防裂的必要措施。

（三）养护剂养护

这一养护方法就是在混凝土的表面涂刷或是喷洒上水泥混凝土的养护剂，从而使混凝土的表面形成一种不会透水的高分子溶液或者养护薄膜。混凝土体表面上的这层高分子溶液或是乳液在进行挥发时会凝结成不透水膜，并且积蓄起了里边的部分蒸发水和水化热，方便接下来的自养。因为膜的使用时间是很长的，所以在养护混凝土方面也相对稳定些。在进行喷刷时，人们应当时刻观察有没有水在混凝土的表面，确定没有水迹时再将养护剂喷刷上去。在这层膜被拆之后，其使用模板的部分应当及时地实行养护喷刷的工作，因为如果太晚那么混凝土的水分就会被蒸发完了，而如果太早则混凝土的表面就会被腐蚀，这对养护的最终效果是非常不利的。使用养护剂的方法、选择怎样的养护剂及涂刷的时间等要求应当按照产品的说明进行确定，同时还要注意，有色养护剂不能被用在混凝土表面。

养护剂养护的这种方式在难以进行覆盖养护、洒水养护的地方是非常适用的。但是，施工要求在养护剂养护方面就会有所提高，以防止漏喷、漏刷和涂刷不均匀现象发生。

六、大体积水工混凝土施工

（一）大体积混凝土的定义

最小的断面尺寸也要大于 1m 的混凝土结构就是大体积混凝土，它不仅尺寸很大，而且需要使用一定的技术对其温度的差值进行妥善处理，同时也要合理解决温度应力，并且还要对存在裂缝的混凝土结构进行一定的控制。

另外，大体积混凝土还有混凝土量大、结构厚实、施工的技术条件高、工程条件复杂及结构物很容易促使温度变形等特点。除了在最小断面、内外温度等方面大体积混凝土存在一定规定，其他限制的地方就是平面尺寸。

（二）具体的施工方式

1. 选择合适的混凝土配合比

某工程由于施工时间紧，材料消耗大，混凝土一次连续浇筑施工的工作量也比较大，所以选择以商品混凝土为主，其配合比以混凝土公司实验室经过试验后得到的数据为主。

通常，混凝土的坍落度在 130 ～ 150 mm，掺砂率则最好在 5 % ～ 40 %，送混凝土时的水灰比需控制在 0.3 ～ 0.5，水泥的最小用量则应在大于或等于 300 kg/m 的情况下才能满足其需要。在选择水泥时，应当使用质量合格的矿渣硅酸盐水泥，并且水泥要提前一周进行入库存储，防止水泥因为某些问题而受潮。

另外，粗骨料的最好选择是碎卵石，24 mm 应为最大直径，其中应不包含泥团，密度应当不小于 2.55 /m^3；而细骨料最好是河砂，这些河砂的含泥量要小于3 %且没有泥团存在。其中，掺入膨胀剂的含量为水泥用量的3.5 %。Ⅱ级粉煤灰可作为混合料，其细度为7.7 %～8.2 %，烧失量为4 %～4.5 %，SO_2含量不大于1.3 %，同时因为其存在较差的矿渣水泥保水性，因此水泥被粉煤灰所取代的用量应为15 %。

2. 相关方面情况

①运输与配送混凝土。对搅拌站的情况进行检查，主要观察在施工需求方面，汽车的数量及每小时混凝土的输出量能否对其进行满足，同时还要合理制定相应的供货合同。在研究了各混凝土的搅拌情况后，可以得到一定的底板混凝土浇筑要求。

②因为底板混凝土属于抗渗混凝土，所以其外加剂应使用UEA膨胀剂。

③为了满足外墙的防水需要，外墙需要设置出水平施工缝，且吊模部分的浇筑需要在底板浇筑振捣密实之后再进行，同时应当连续不断地对每段混凝土进行浇筑，并与振捣棒的振动相结合。

④场地检查、准备设施与检测工具等，这些准备测试在施工之前就要有所预备，并且还要为夜间照明提供相应设施。

（三）控制浇筑工艺及质量的途径

1. 工艺流程

工艺的具体流程基本分为前期的施工准备，混凝土的运输、浇筑、振捣、找平及维护等。

2. 混凝土浇筑

在对底板混凝土进行浇筑时，应当严格按照标准的浇筑顺序进行。在浇带上需要固定设置好施工缝，并且还要保持外墙的吊模部分，让其始终高于底板面32cm，并在此将水平缝设置好，而且这里需要等到底板浇筑振捣密实之后，再接着进行之后的浇筑工作。在浇筑过程中需要保持浇筑持续进行，并且要结合振捣棒的实际振动长度，分排完成浇筑工作，防止形成施工冷缝。

3. 混凝土振捣

振捣在施工过程中是需要通过机械才能完成的，因为泵送混凝土有流动性较强和坍落度大等特点，所以在进行浇筑时应采用斜面分两层布料施工法，同时混凝土的表面还要确保在振捣时能够形成浮浆，直到没有气泡和下沉之后才能全部停止。因为在基梁的交叉部位有相对集中的钢筋，所以人们要特别注意振捣的过程。如果是在交叉部位面积小的地方，就将振捣棒插在附近；如果是有较大交叉部位的地方，则需要将一定间隔安设在钢筋绑扎的过程之中，并且保留插棒孔。

4. 混凝土养护

对于大体积混凝土的施工来说，养护是一项非常重要的工作，其目的就为了保证合理温度和湿度，只有这样才能控制住混凝土的内外温差，使混凝土能够继续正常使用。一般情况下，会在一层塑料薄膜后再在大面积底板的二层放草包进行保温与保湿养护。在这样的养护过程中，人们会按照条件做相应的调整，比如混凝土的降温速率与内外温差等。另外，维护时间也可以在与工程实际进行结合后适当地增加。

5. 布置测温点

承台混凝土的浇筑量体积是相对比较大的，因此一般都是在冬季对地下室混凝土进行浇筑，且在测温时也要按照施工的要求使用电子测温仪。在混凝土初凝之后，要继续每隔两小时就进行一次测温，并同时记录好具体的温度测量数据。同时，为了有效地控制温差，技术人员还要分析好数据之后再编制相关的施工方案。

第五节　混凝土重力坝施工技术

一、混凝土重力坝施工程序及方法

（一）混凝土重力坝施工工艺流程

关于混凝土施工工艺流程，其结构如图 2-1 所示。

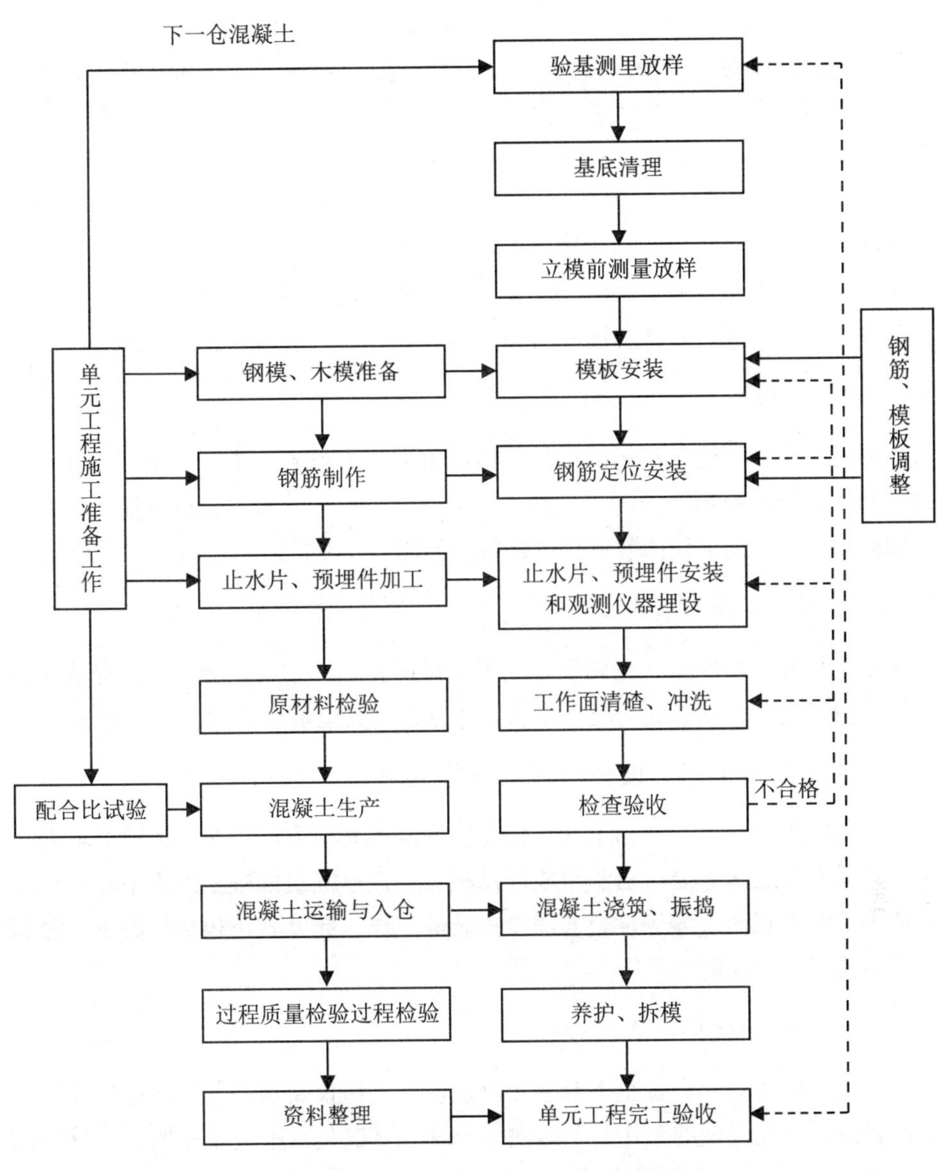

图 2–1　混凝土工程施工工艺流程图

（二）混凝土重力坝施工准备工作

1. 钢模、木模准备

在混凝土重力坝施工之前，人们要依据混凝土结构物具有的特点，综合考虑施工单位要求和施工所需材料、设备及工艺条件，以此来选择混凝土重力坝施工模板。通常情况下，最为常用的模板就是钢模、木模。

首先，在面对大面积表面为直立面部位的施工状况时，主要采用的模板有两种：第一，是悬臂大块模板；第二，是大块钢模板。其中，大块钢模板面积并不是越大越好的，而是要控制在 10 m^2 内。

其次，在面对结构复杂的表面施工状况时，主要使用的是木模板。此外，并缝灌浆的接触面使用的是键槽模板和灌浆盒。

在正式展开施工前，大块钢模板、木模板及键槽模板，要提前在模板加工厂制作，然后再运输到施工场地的仓面附近。

2. 钢筋制作

混凝土重力坝施工所需的钢筋要由熟练的工人以施工图纸为依据，在专门的钢筋加工场按照钢筋的不同分类进行生产，然后剔除掉不合格钢筋，将合格的钢筋用汽车运到工作面附近存放，留以待用。

3. 止水片、预埋件加工

止水片和预埋件要在金属制作加工厂按照相关规章要求分批制作完成，并在标识做好之后，以仓面的施工需求为依据，将其运输至工地，以供备用。

（三）混凝土重力坝仓面施工准备工作

仓面施工准备工作泛指单元工程仓面开浇混凝土之前所必须的所有前期工作。具体准备工作主要包括测量放样及检查，以已浇筑混凝土面为中心的处理和清理工作，观测仪器等设施的埋设安装等工作，此外其还包括相关施工需材料的质检、验收及记录工作。

1. 验基测量放样

测量放样所需的设备主要有激光测量仪、经纬仪及水准仪。在进行仓面施工准备前，首先要做的工作是验基测量放样；其次是对上道工序的质量进行检查，评判质量如何，即检查上道工序是否满足设计和施工规范提出的客观要求。验基测量放样的主要目的在于保证施工准备工作顺利开展。

2. 基面清理

基础岩面清理是指清理岩面之上的杂质和松散半破碎的碎片。这一过程中，人们可以利用高压水枪来达到更好的人工清理效果。在对岩面沟槽进行清理时，清理深度要是沟槽宽度的 3 倍以上。在某种状况下，工程师出于某种目的，而特别指出清理的方式方法时，工作人员要依照工程师的指示行事。

浇筑混凝土前，首先要观察基础表面是否有积水、淤泥、松动岩块及油渍等，若是一切正常，则铺 2 ～ 2.5 cm 厚的砂浆层，在铺设完成之后，再浇筑混凝土。其中，砂浆相较于混凝土，在强度上要高出一个等级，注意在砂浆初凝前就要完成混凝土的铺筑。其次对于易风化的岩石基础，要在其上预留 20 ～ 30 cm 厚的空间，并对这一空间不做任何处理。在做立模、扎钢筋等环节施工前，要通过人工撬挖和清理的方式进行处理，同时还可以辅以高压水进行冲洗，直至干净为止。最后，针对已浇混凝土面的处理。人们一般通过高压水枪冲毛的方式来将老混凝土面冲毛，最终完成的效果，不仅要满足“无乳皮”的要求，还要能满足“成毛面”的规范要求。

3. 模板安装

在进行模板安装时，人们要以测量放样提供的尺寸控制点为依据。关于模板的安装除了要具有一定的强度、刚度及稳定性之外，还要使混凝土浇筑后结构物之间的相互位置及它们的形状，是完全符合设计要求的，也就是说，在对模板进行安装的过程中，为了防止模板发生倾覆和变形，人们要保证临时固定设施的设置是完全足够的。

在进行模板安装前，要结合需施工场所的具体情况，实施相对应的处理方法。若是施工现场的表面存在杂物，就要对其进行清理；若是有变形了的模板，这时就要对其进行校正。一般通过在模板表面涂脱模剂的方式来使模板的表面保持光洁平整。以下来叙述钢模面板、木模板面的保护。

首先，钢模面板的处理。对钢模面板要做防锈保护处理，主要是通过矿物油类的涂刷来实现这一目标。人们要注意不得使用可能会对混凝土产生污染的相关油剂，同时要注意所使用的油剂不能对钢筋混凝土的质量产生负面影响。

其次，木模板面的处理。一般通过对钢筋混凝土烤涂保护涂料的方式来对木模板面进行保护，而烤涂保护涂料主要有石蜡等。

在完成保护的步骤之后，要对钢模面板和木模面板以使用部位为划分依据进行分类编号，然后对它们进行妥善保管。关于模板拼接，为避免发生漏浆，要格外注意模板拼接的紧密性。

此外，在浇筑过程中，相关管理单位还要加强对模板的保护力度，通过派人值班巡视的方式，来实现这一目的。在大体积混凝土模板的安装方面，是允许偏差的存在的，因此，在施工过程中，一方面，要做到严格遵守相关规定；另一方面，结构混凝土的模板及钢筋混凝土梁柱的模板在具体安装时是允许存在偏差的，但也要符合相关规定。

4. 止水片和预埋件安装

首先，止水、伸缩缝设施安装。在施工至这一环节时，第一步要先进行测量放样，第二步才是安装，在这一过程中为避免设施发生变形和撕裂，要利用钢筋支架来对其进行固定。

其次，埋设件安装。埋设件主要包括排水管、灌浆管、电气及金属结构设备等。

5. 钢筋定位安装

钢筋在专门的工场制作完毕之后，还要通过检查验收的方式来排除掉不合格的钢筋加工成品，要检查的内容包括钢筋成品的种类、钢号、直径及弯曲形式和数量等内容。钢筋的质量不仅要能全部符合施工图纸的要求，还要能符合施工规范要求。当这两项要求全部符合标准时，就要将合格成品运送至仓面，或是直接用于安装，或是等待进行安装。不合格的钢筋加工成品是不能运用到施工当中的。

首先，加工好的钢筋合格成品，这些成品要以工作仓面的名称、单元编号及钢筋编号为分类依据，对其进行分类捆扎放置，通过挂牌标识的方式，帮助人们进行识别。一般通过汽车运输的方式将成品运送到施工工作面附近。在进行安装时，通过门机或其他起重设备的辅助，将钢筋提升至施工仓面。此外，用于建设墙、板、柱及护面层的钢筋，对其要进行场外绑扎，然后再通过汽车起重机将其提升至施工现场，进行现场整体吊装施工。

其次，在钢筋安装前要以施工详图所示尺寸、位置为依据，对图纸相对应部位的施工具体数据进行测量放样，然后人们根据测量而得出的测量点、放定点，进行定点、定位安装，这一步骤又分为以下几个环节。第一，在骨架支撑钢筋搭设完成之后，以受力钢筋和分布钢筋的布局走向为出发点，并且按照一定的先后顺序，将钢筋穿插到相应位置。第二，要先对底层或前后左右相邻部位进行混凝土浇筑。露出的钢筋接头要经过处理之后才能进行新的钢筋安装，在进行这一环节时，人们要通过特制的扳手对钢筋进行调直校正。

此外，在钢筋定位安装的过程中，人们还要注意不管是钢筋的安装位置、间距，还是钢筋的保护层和各部位的尺寸，都要严格按照设计图纸进行生产。同时，在架设完钢筋架之后，要妥善保护，并且安排相关人员通过值班的方式，进行检查维护。

6. 仓面施工准备

（1）钢筋调整

钢筋调整是指在初步架设完钢筋之后，先安排作业班组进行自检，依据检查的具体情况，重新调整钢网中的架立筋，并对其进行加固，以此来保证装好的钢筋刚度和稳定性是恰到好处的。

（2）模板复核

在模板初步安装完成之后，测量人员要对模板进行复核，复核的内容包括模板的位置、尺寸、标高及顺直平整度。

（3）工作面清渣、冲洗

其是指混凝土层面的处理工作。展开来讲就是在混凝土收仓后的 20 ～ 36 h，要利用高压水冲毛机来对混凝土层面进行处理，即对混凝土层面进行冲毛。混凝土的部分层面，是不能使用高压水机进行冲毛处理的，这时就要通过人工凿麻的方法制造毛面，然后再通过高压水对混凝土层面进行清洗，直至表面干净。另外，还需注意的是仓面在浇筑混凝土前，要始终保持湿润状态。

（4）检查验收

检查验收是指完成所有仓面施工准备的工序，施工单位完成“三检”并确定合格之后，在混凝土开浇前 8 h，或者是在隐蔽工程开始的前 12 h，通过书面形式，以一定的格式，告知给监理工程师，使他们可以对施工仓面，展开检查和验收工作。其中，书面的内容主要包括检查地点、内容、时间，同时其中还要附加施工单位的自检记录及与施工相关的检查资料。只有在仓面经监理工程师完成检查，确定合格，并在检查记录上签字后，才可以进行下一步骤，即进行混凝土浇筑。

（四）混凝土重力坝施工拌和

首先，在施工现场，拌制混凝土浇筑所需的材料时，施工单位在进行配料和拌制时要严格按照实验室出具的相关配料单，并且这种配料单要经监理人批准。施工单位不能对配料单进行擅自更改，若是施工现场的客观条件发生变化，有必要对配料单中的相关参数进行修正时，在修正具体实施前，实验室要出具修正指示，并且该修正需要监理工程师的同意。

其次，其中的拌和程序和时间要以实验来进行确定，并且纯拌和时间要不少于有关规定。

最后，若是出现混凝土拌和及配料不当的情况，或者是出现由于拌和时间过长而导致部分混凝土出现报废的情况，这时要对这些混凝土进行弃置处理，将其放置于指定的场地。

（五）混凝土重力坝施工运输入仓

运输混凝土的设备是混凝土罐车，对混凝土进行碾压，并将其送至入仓的工具是自卸汽车。

为避免混凝土骨料分离、漏浆及严重泌水现象发生，首先要由常态混凝土汽车将混凝土卸入卧式液压自卸吊罐，并在此之后，由门机和长臂反铲进行吊运入仓。在运输入仓的过程中，人们需注意两个方面。一方面，从搅拌机出来的混凝土料，其运输至仓面的整个过程必须在 30 min 内完成；另一方面，为防止混凝土发生骨料与砂浆分离，在入仓过程中，三级配混凝土，即骨料粒径小于 80 mm 混凝土，在垂直落距方面，要不大于 2 m。

（六）混凝土重力坝施工浇筑振捣

1. 浇筑

在浇筑的过程中，人们要以设计分层分块要求为依据，进行错缝立模浇筑。通常情况下，在对混凝土进行浇捣的过程中，可采用的方法主要有两种：一是平仓铺料法浇捣；二是台阶浇筑法浇捣。而在选择哪一种方法时，人们要综合考虑混凝土具有的入仓能力、仓面面积及混凝土初凝时间来进行确定。

2. 振捣

在振捣混凝土的施工步骤中，主要采用两种设备：一是高频振捣器，这一设备主要用于大体积混凝土的振实；二是软轴振捣器，这一设备主要用于钢筋密集的小浇筑部位，或者是用于墙体堰面振实。

在振捣过程中，可采用的方法有梅花型插点法。在这一过程中，振点的距离要在 50 cm 内，并且要严防漏振。在振捣的实际过程中，振捣器从新铺混凝土层，由上至下插入已振实的混凝土中，深度为混凝土下 10 cm。在这一过程中，要严格控制振捣时间，通常情况下，同一位置的振捣要停留 30 s 以内，但是这一时间控制并不是一成不变的，工程师可以根据施工现场的具体施工情况来具体选择。

在实施振捣的过程中，振捣器不仅要避免与模板直接接触，还要避免与预埋件或钢筋止水带直接接触。在具体浇筑的过程中，若是混凝土的表面泌水较多，这时就要进行及时清除，并且要保证模板完整，不得在其上开孔，或者是使浇筑面上有水流动。

（七）混凝土重力坝施工养护

在完成每层混凝土的浇筑之后，每隔 12 ～ 18 h 就要通过淋水养护的方式，使混凝土保持完全和持续的潮湿。

首先，以气候条件为依据，若是处于干燥、炎热的气候下，就要延长混凝土的养护时间，至少要在 28 天以上。

其次，在对大体积混凝土的水平施工缝进行养护时，相关人员要养护到浇筑上层混凝土为止。

再次，在进行薄膜养护时，主要采用的养护方式是涂刷养护剂，其目的是在混凝土表面形成保水薄膜，但是要注意涂料不能对混凝土的质量产生影响。

最后，在工程最终验收移交前，人们不能忽视以混凝土结构物为中心的必要保护，其目的是保护混凝土构筑物的完整性。

（八）混凝土重力坝施工模板拆除

关于模板拆除的时限，首先，若是对不承重的侧模进行拆除，应在混凝土表面和棱角不会由于拆模的行为而产生损伤时，才可以进行拆除。其次，若是拆除墩墙和柱，应在混凝土的强度为 3.5 MPa 及其以上数值时，方可进行拆除。最后，若拆除底模，应在混凝土的强度达到相关规范的要求之后才可以拆除。

（九）混凝土重力坝施工面层修整

存在于混凝土表面的缺陷，都要以相应的措施进行修整。

首先，小面积的表面缺陷。在对这一缺陷进行修整时，整个修整过程必须要在 30 min 内完成，若是混凝土的表面需要磨削修整，那么就要在 24 h 内完成。

其次，面积较大的缺陷。在对其进行修整时，要利用水泥砂浆和混凝土进行修补，但是相较原混凝土强度，修补用的水泥砂浆和混凝土在强度方面要高上一个级别，并且必须在一定期限内完成，即混凝土浇筑后 7 天。

最后，高速过流面及抗冲磨部位表面存在的缺陷。进行修补时，要利用环氧树脂拌制的砂浆，并且在施工过程中，要以周边相同的颜色和纹理为依据，对修补部位进行轻轻磨削或修补。

二、混凝土重力坝施工温控措施

在高温季节，以混凝土施工为中心的控温措施显得尤为重要。人们要以施工图纸中的规定为依据，一方面，控制混凝土的浇筑温度；另一方面，控制混凝土的最高温升。在这一过程中可采用的控温措施主要有以下几个方面的内容。

（一）降低混凝土浇筑温度的措施

第一，对混凝土出机口温度进行控制，使其维持在设计要求的温度以内，可以通过对砂石骨料使用隔热措施，还有加冷水拌和来实现这一目的。

第二，安装模板和绑扎钢筋的施工步骤要尽量在白天进行。而在完成验仓后，混凝土浇筑的时间要尽量在早晚和夜间，或者是温度比较低的时候。

（二）降低混凝土的水化热温升的措施

第一，施工过程中选用中热水泥。所谓的中热水泥就是指一种在质量方面较为稳定，并且具有水化热较低特征的水泥。

第二，对浇筑层最大高度和间歇时间进行控制。大体积混凝土的浇筑工作要严格遵守相关合同文件技术条款对最大高度和最小间歇时间提出要求，若是监理人另有指示，则以监理人的指示为准。混凝土浇筑层的最大高度和最小间歇时间如表 2-1 所示。

表 2–1　混凝土浇筑层的最大高度和最小间歇时间

浇筑部位	浇筑层最大高度 /m	最小间歇时间 / 天
大体积混凝土	6	5
强约束区，老混凝土（28 天以上）	1.5	7
弱约束区，老混凝土（28 天以上）	3	5
厚度不超过 5 m 的墩、墙	6	3
有闸门、拦污栅导轨的闸墩	6	5
支撑板、梁或排架的混凝土浇筑柱或墙	6	5
所有其他混凝土	6	3

第三，对混凝土骨料级配进行改善。这一措施的实施前提是不影响图纸对混凝土的质量要求，包括混凝土强度、耐久性及易性。人们可以通过添加优质掺和料及高性能外加剂来适当减少工程中水泥的用量，这一措施概括来讲，就是在高温条件下，通过延长混凝土的初凝时间来促使混凝土的绝热温升，以满足施工的相关规范要求。

第四，为保证混凝土浇筑块拥有更好的散热，在基础和老混凝土约束部位进行浇筑时，层高一般为 1 ～ 2 m，同时上下层浇筑间歇时间则通常为 5 ～ 7 天。此外，在高温季节，在条件允许的部位进行散热时，可以采用表面流水冷却的方法。

（三）通水冷却降温的措施

一般以通水冷却降温的措施来对大仓面部位进行降温，埋管应在混凝土浇筑开始后再进行通水，而通水的时间一般为 10 ～ 15 天。此外，混凝土温度与水温之间的数值差不能超过 25 ℃，并且在冷却时，要注意使混凝土降温幅度，保持在 1 ℃以内。在冷却过程中，水流的方向并不是始终如一的，而是需要每天改变一次的，其目的是帮助混凝土块体均匀冷却。

工程中的管材选择，要经由监理人批准。在具备了合格的管材之后，要以设计图纸为依据，在浇筑前铺设的混凝土面上，相关施工人员应按放样的控制线进行埋设。在这一过程中，第一，要求管中心水平距为 1.5 m；第二，要求每埋设一层，间隔为 1.5 m；第三，单根循环水管长度不能超过 300 m。然后，用预埋铁件连接牢固，其目的是防止浇筑过程中铁件发生移位。埋设过程中，人们除了要检查接头是否牢固之外，还要在管路覆盖前进行通水检查，并且在浇筑过程中要避免接头脱落及管路堵塞问题发生。

冷却管要在完成混凝土铺料后再进行通水，水的流速要控制在 0.6 m/s 左右；通水流量要控制在 1.2 m^3/h；水流方向要每 24 h 调换一次，只有这样才能使大体积混凝土块体实现均匀冷却。另外，混凝土温度与水温之差要控制在 25 ℃内，而关于混凝土的降温幅度要保持在 1 ℃以内。

（四）低温及雨季施工的措施

1. 低温（冬季）施工措施

《水工混凝土施工规范》（SL 677—2014）对达成低温施工的条件进行了认定，即日平均气温连续稳定在 5 ℃以下的条件下，或者是最低气温连续稳定在 -3 ℃的条件下，这时则需实施低温季节混凝土施工保护措施。这样做是为了避免混凝土由于过大的温度差和强度及耐久性降低，导致其表面产生裂缝，具体的低温施工措施主要有以下几个方面的内容。

（1）合理安排施工进度

有必要留出混凝土浇筑缓冲时间，混凝土浇筑尽量不要在极端气温条件下进行。在浇筑过程中要对混凝土的机口温度进行控制和调节，并且尽量减少波动，从而保证浇筑温度均匀。

（2）改进混凝土施工环境

在环境方面，要求统一仓号。在进行混凝土浇筑的过程中，最佳的方式就是采取连筑，并且分层浇筑的混凝土之间的时间间隔不多于 5 天。

混凝土的分层要保持在 3 m 左右，这样做可以减少混凝土的散热面。为防止已浇筑混凝土表面在气温影响下，由于内外温差过大而发生裂缝的现象，可以利用彩涤聚乙烯隔热板保温材料对混凝土进行覆盖处理。

混凝土运输时要对相关运输车辆进行保温处理，如利用车辆自身底部排放废气来实现保温。同时，还要使运、吊、平仓及振捣混土的速度在保证质量的前提下，不断加快，从而使混凝土暴露时间减少。

另外，浇筑要尽量安排在上午 9 点至下午 6 点前，总之就是要尽量避免在较低温时段进行浇筑。

（3）加强天气预报和浇筑温度测量

施工单位要及时与当地气象部门沟通，做好监测与预报，减少寒潮及气温骤降对施工带来的影响。在具体的混凝土施工过程中，一方面，要加强混凝土出机口温度，或者是加强入仓温度监测，并注重记录每一环节相关数据；另一方面，检测过程中产生的各种温度数据，包括混凝土浇筑温度及混凝土内部温度的测量结果，要及时报送监理工程师。

（4）温度监测

人们要以施工图纸和监理工程师指示为依据，对施工场地的指定部位进行温度检测，检测的方式有：在混凝土中埋设电阻式温度计，或是通过热点偶测量混凝土温度。相关负责检测温度的人员要将每周的温度测量记录及时报送给监理工程师，其中的报送内容主要有气温、混凝土出机口温度及混凝土施工温度等。

（5）混凝土浇筑完毕后

施工部位的外露表面要及时进行保温处理。在对新老混凝土接合处和边角处进行保温处理时，它们的面保温层厚度要是其他部位面保温层厚度的两倍以上，此外保温层的搭接长度要不小于 30 cm。

2. 雨季施工措施

在夏季多雨，或是在雨季进行的混凝土施工，要以具体情况为出发点，采用如下措施。

第一，加强对天气预报的关注。施工单位要通过这种方式来对各种天气及气温状况，做及时了解，并以此为依据，做好各项施工预防措施。

第二，若是在降雨的情况下进行浇筑，施工单位要依据雨水的大小及具体情况采取不同的应对措施。

首先，若是在小雨天进行浇筑，可采用的措施：适当减少混凝土拌和用水量，同时出机口混凝土的坍落度也要适当减少，并且在有必要的情况下，对混凝土的水胶比做适当的缩小处理；要做好仓内排水，防止周围雨水流入仓内；做好以接头部位为代表的新浇筑混凝土面保护工作。

其次，在中雨以上的雨天中的施工。一方面，不得新开混凝土浇筑仓面；另一方面，不得在雨天展开有抗冲耐磨的混凝土施工。同时，有抹面要求的混凝土施工也是不允许的。

最后，若是在浇筑过程中遇到大雨甚至是暴雨天气，要立即停止进料，并且对已入仓混凝土在进行振捣密实处理后要遮盖好。在雨后，相关人员要及时排除仓内积水，并立即对受雨水冲刷的部位开展相对应的处理工作。例如，若是施工部位的混凝土还能重塑，这时就要通过加铺混凝土继续浇筑，若是无法继续浇筑，就按施工缝处理。

第三，关于施工场地的防雨措施。一是要在砂石料仓设置排水沟；二是要选用全封闭式混凝土运输皮带机；三是运输车辆要设有挡雨篷；四是浇筑仓面要准备好足够的防雨彩条布。

第四，要重视施工道路养护，若是遇到降雨天气，就要及时对路面进行排水，这样做有助于防止路面受到冲蚀破坏。

第六节　水闸及堰坝施工技术

一、水闸施工技术

（一）涵闸与水闸

1. 涵闸

涵闸是一种控制水位调节流量，具有挡水、泄水双重作用的低水头水工建筑物。涵闸包括：涵洞和水闸两种不同的建筑工程，其主要区别在于结构形式的不同。涵洞一般过水断面小，泄水能力小，泄水道为暗管，结构简单，基础要求比较低；水闸一般是开敞式的，孔径大，泄水能力大，结构较复杂，基础要求高。涵洞按结构分有箱式、盖板式、拱式、管式和空顶式等。水闸按闸门形状和启闭方式分有直升式、弧形式等。按照涵闸的功用水闸分为进水闸、节制闸、排水闸、挡潮闸、分洪闸等。涵闸在防洪、灌溉、排涝，挡潮、发电等水利水电工程中占有重要的地位，尤其在河流中下游平原和滨海地区，得到了广泛的应用。

2. 水闸的组成

（1）水闸的类型

水闸按其所承担的任务可以分为进水闸（取水闸）、节制闸、冲砂闸、分洪闸、排水闸、挡潮闸等。水闸按照结构形式分为开敞式和涵洞式。

国内已建成的其他类型水闸还有水力自控翻板闸、橡胶水闸、灌注桩水闸、装配式水闸等。

（2）水闸的组成

水闸主要分为三个组成部分，即上游连接段、闸室段及下游连接段。

首先，上游连接段。这一阶段的主要作用是对水流进行引导，使其能够平顺、均匀地进入闸室。上游连接段一方面可以减缓水流对闸前河床及两岸产生的有害冲刷，另一方面能够使由两岸渗流给水闸带来的不利影响减少。通常情况下，上游连接段主要由铺盖、上游翼墙、上游护底及防冲齿墙等部分组成。

其次，闸室段。其是水闸的主体部分，主要起到两个方面的作用：一是挡水；二是调节水流。闸室段的主要组成部分为底板、闸墩、闸门、胸墙及交通桥等。

最后，下游连接段。这一部分的作用是解决流经闸基和两岸的渗流问题，即对渗流进行消能、防冲及安全排出。下游连接段的主要组成部分为消力池、海漫、下游防冲槽及下游翼墙等。

（二）水闸设计

1. 设计标准

水闸管护范围为水闸工程各组成部分和下游防冲槽以下 100 m 的渠道及渠堤坡脚外 25 m 范围。若现状管理范围大于以上范围，则维持现状不变。水闸建设与加固应为管理单位创造必要的生活工作条件，主要包括管理场所的生产、生活设施和庭院建设。其设计标准如下。

①办公用房按定员编制人数建设，人均建筑面积 9 ～ 12 m^2；办公辅助用房（调度、计算、通信、资料室等）按使用功能和管理操作要求确定建筑面积；生产和辅助生产的车间、仓库、车库等场所应根据生产能力及仓储规模和防汛任务等确定建筑面积。

②职工宿舍、文化福利设施（包括食堂、文化室等）按定员编制人数建设，人均 35 ～ 37 m^2。

③管理单位庭院的围墙、院内道路、照明及绿化美化等。在这一工作中，设计人员要以规划建筑布局为依据，对庭院建筑的场地面积进行确定。按照规定，生产、生活区人均绿化面积要不少于 5 m^2，人均公共绿化地面积要不少于 10 m^2。

④位于城镇建立后方基地的相关闸管单位，要对建房面积进行统筹安排，在有必要的情况下，可以适当增加建筑面积和占地面积。

⑤对靠近城郊和游览区的水闸管理单位，在展开工作时，要结合当地在旅游、生态环境建设方面的特点展开绿化。

2. 水闸工程等级划分

（1）工程等别及建筑物级别

第一，在对平原区水闸枢纽工程等别进行划分时，人们除了要综合考虑水闸最大过闸流量之外，还要结合水闸防护对象的重要性进行考虑。对有着巨大规模的水闸枢纽工程，或者是在国民经济中占有特殊地位的相关水闸枢纽工程，在对其进行等别确定时，要经论证后报主管部门进行批准。

第二，对水闸枢纽中的水工建筑物进行建设时，不仅要综合考虑其所属枢纽工程等别，还要在这一建筑物的作用和重要性的基础上划分级别。

（2）洪水标准

在确定平原区水闸的洪水标准时，人们要以河流流域所在地防洪规划规定的相关防洪任务为出发点，围绕着防洪目标这一中心，并对其远景发展要求进行综合考虑。挡潮闸的设计潮水标准，如表 2-2 所示。

表 2–2　挡潮闸设计潮水标准

挡潮闸级别	1	2	3	4	5
设计潮水位重现期 / 年	≥ 100	100 ～ 50	50 ～ 20	20 ～ 10	10

4、5 级临时性建筑物的洪水标准。首先，要以建筑物的结构类别规定幅度为基础；其次，要综合考虑风险度，并对其展开综合分析。若是某些重要工程发生严重失事，这时人们就要考虑遭遇超标准洪水的应急措施。

3. 闸址选择

（1）闸址选择的注意事项

第一，在进行闸址选择时，除了要考虑水闸建成后的防汛抢险条件之外，还要考虑工程管理维修等条件。

第二，在进行闸址选择时，不仅要考虑材料的来源，还要对对外交通、施工导流及基坑排水等条件进行综合考虑。

第三，适合建设水闸的地点通常具有地形较为开阔、岸坡较为稳定、岩土较为坚实、地下水水位较低等特点。

第四，水闸选址。首先，要以水闸具有的功能、特点及运用要求为出发点。其次，要对可选择的地址的地形、地质、水流、潮汐、管理、周围环境等因素进行综合考虑，并进行充分比较之后，再选定。

第五，在闸址进行选择时，还应综合考虑下列要求。首先，要尽量少占用土地及拆迁房屋，并且要充分利用周围的公用设施，包括已有公路、航运、动力及通信等。其次，除了要有助于绿化、净化、美化环境及生态环境保护之外，还要有助于综合经营开展。

（2）不同类型的闸址选址

第一，泄水闸选址。泄水闸适宜建在地势低洼，并且能够促进顺利出水的地区，如位于涝区和容泄区旁的老堤堤线上。

第二，挡潮闸闸址。其建设的适宜地点主要是潮汐河口附近，并且在闸址泓滩冲淤变化方面较小，上游河道要具备能够进行蓄水容积的地点。

第三，进水闸、分水闸及分洪闸闸址。它们既适合建设于河岸基本稳定的顺直河段，又适合建设在弯道凹岸顶点稍偏下游处。最不适合分洪闸的建设选址主要有两个：一是被保护重要城镇的下游堤段；二是险工堤段。

第四，节制闸或泄洪闸建设选址。它们最为适宜的建设地点是河道顺直，并且河势相对稳定的河段，经技术和经济比较后可将水闸建设于弯曲河段，在新开河道上，通过裁弯取直的方式人们便可创造出一个适合建设水闸的地址。

（3）不同建闸地址与周围建筑物的距离

第一，若是建闸的地址选择在平原河网地区交叉河口附近，这时选定的闸址要与交叉河口有较远距离。

第二，若是建闸的地址选择在多支流汇合口下游河道，这时在选定的闸址与汇合口之间要具有一定的距离。

第三，若是建闸的地址选择在铁路桥，或者是位于一级或二级公路桥附近，闸址要与这两种建筑设施具有一定的距离。

4. 总体布置

（1）枢纽布置

在对水闸枢纽的布置进行确定时，一方面，要以闸址地形、地质及水流等条件为依据；另一方面，要综合考虑水闸枢纽中各建筑物具有的特点、运用要求及功能来进行确定。

此外，枢纽布置除了要紧凑合理，协调美观之外，还要做到在组成整体效益方面使有机联合体最大化。

（2）闸室布置

水闸闸室布置，首先要以泄水条件、水闸挡水及运行要求为出发点；其次人们要对闸室的地形、地质等因素进行综合考虑；最后要保证闸室在结构方面做到安全可靠，在布置方面做到紧凑合理，在施工运用方面做到方便灵活，在经济方面更要做到美观。

人们要综合考虑挡水和泄水两种运用情况确定水闸闸顶高程。

首先，在挡水时，相对应的闸顶高程要不低于三个方面数值之和，它们分别是水闸正常蓄水位、相应安全超高值、波浪计算高度。

其次，在泄水时，相对应的闸顶高程要不低于两个方面数值之和，即设计洪水位和相应安全超高值。

最后，位于防洪堤上的水闸的闸顶高程要高于防洪堤的堤顶高程。此外，在确定闸顶高程时，还需考虑的因素包括，不同地点客观条件给水闸带来的影响；在软弱地基，发生闸基沉降的影响；在多泥沙河流，由上游和下游河道发生变化，可能会使水位发生变化的影响，这种变化主要表现为水位升高或降低。

此外，要考虑防洪堤上水闸两侧堤顶发生加高而带来的影响。同时，针对上游防渗铺盖，人们要通过混凝土结构来做适当布置。

（3）防渗排水布置

关于水闸防渗排水的布置，人们要综合考虑的因素有闸基地质条件及水闸上游和下游水位差等。在布置的过程中，还要综合分析，以确定与闸室紧密相关的内容，包括消能防冲及两岸连接布置。

（4）消能防冲布置

水闸消能防冲布置要综合考虑的因素有水力条件、闸基地质情况及闸门控制运用方式等，并要对这些内容进行综合分析确定。

（5）两岸连接布置

第一，若是水闸两岸的地基是坚实或中等坚实的强度，则水闸的岸墙和翼墙结构可以是扶壁式结构，也可以是重力式结构。

第二，在水闸两岸连接处，适合采用的连接布置是直墙式结构。在水闸上、下游的水位差不大的状态下，也可以使用斜坡式结构，但是在具体设计过程中，设计人员不仅要考虑防渗、防冲问题，还要考虑防冻等问题。

第三，若是水闸两岸的地基建在松软地基上，可使用空箱式水闸结构。不管是岸墙与边闸墩的结合，还是岸墙与边闸墩的结合分离，在进行确定时，人们都要综合考虑闸室结构和地基条件等方面的因素。

第四，选定水闸的过闸水位差。一方面，要以上游淹没影响为依据；另一方面，除了要综合考虑允许的过闸单宽流量之外，还要对水闸工程造价等因素进行综合考虑。通常情况下，平原区水闸的过闸水位差可采用 0.1 ～ 0.3 m。

第五，水闸两岸连接要能使岸坡稳定得到保证，要能使水闸进水及出水流条件得到改善，要能使水闸泄流能力和消能防冲能力得到提升，要能充分满足侧向防渗需要，要能使闸室底板边荷载的影响得到减轻，并且应有助于环境绿化。此外，两岸连接的布置要与闸室的布置相适应。

第六，选定水闸的过闸单宽流量。首先，要以下游河床地质条件为依据。其次，除了要考虑上、下游水位差之外，还要考虑下游尾水深度。再次，除了要考虑闸室总宽度之外，还要对其与河道宽度的比值进行考虑。最后，除了要考虑闸的结构构造特点的因素之外，还要考虑下游消能防冲设施等因素。

第七，设置岸墙的闸室两侧。首先，若是在闸墩中间设缝分段的条件下，岸墙与边闸墩二者不宜建在一起，而是要分开。其次，若是在闸底板上设缝分段，则岸墙既可以具备岸墙的功用，还可以作为边闸墩，此处适宜的结构是空箱式结构。最后，若是闸孔孔数较少，并且没有永久缝的非开敞式闸室结构时，岸墙也可以由边闸墩代替。

5. 防渗排水设计

水闸的防渗排水设计要以闸基地质情况为依据，而水闸的防渗排水设计不仅要综合考虑闸基和两侧轮廓线布置，还要考虑上游和下游水位条件等。关于防渗排水的设计，其应包括的内容有渗透压力计算、滤层设计及防渗帷幕等。

6. 观测设计

第一，水闸的观测设计。其内容应包括设置观测项目、拟定观测方法及布置观测设施等。

第二，水闸的观测点的布置及观测要求要在充分衡量过工程具体情况之后，再行进行确定。

第三，在水闸运行期间，相关人员若是发现异常情况就要结合具体情况对某些观测项目进行有针对性的加强观测。

第四，在对重要的大型水闸进行观测时，可采用自动化观测手段。

第五，围绕着水闸下流态及冲刷和淤积情况进行的观测，可使用在闸上游和下游设置固定断面的方式，并且在有必要的情况下，可以定期对水下地形进行测量。

第六，在对水闸的上、下游水位进行观测时，可采用设置自动水位计的方法进行观测。要选择水闸上游和下游水流平顺，较小或几乎不受风浪和泄流影响的地点进行观测。

第七，对水闸闸底的扬压力进行观测时，可采用埋设测压管及渗压计的方式进行观测。若是水位变化频繁，在这种状况下展开的闸底扬压力观测时使用渗压计较好。

第八，在对水闸的过闸流量进行观测时，可利用定期测定的水位流量关系曲线来进行推求。在有必要的情况下，要选取大型水闸中的适当地点，并将其设置为测流断面的观测点。

第九，在进行水闸观测设施的布置时，其要满足有助于观察，使观察更加方便直观的要求；要满足对水闸工程的工作状况进行全面反映的要求；并且不仅要满足具有良好的交通的要求，还要满足具有良好照明条件的要求；要重视保护设施的设置工作。

第十，水闸的沉降观测点在设置时可采用埋设沉降标点的方法，适宜设置观测点的地点是闸墩、岸墙及翼墙顶部的端点和中点。具体施工流程是，首先将标点埋设在底板面层，然后在竣工之后进行防水处理，并将其再引接到上述结构的顶部。

第十一，在对水闸的水平位移进行观测时，可采用设置沉降标点的方法。观测水平位移测点适合设置在已设置的视准线上，并且宜与沉降测点共用同一标点。而水平位移的测量共需两次，分别是工程竣工之前和之后，并且在实际观测的过程中要结合工程运行情况。

第十二，水闸的一般性观测项目要建立在工程规模、等级、地基条件及工程施工等因素的基础之上。同时，在有必要的情况下，人们还可以设置一个有针对性的专门性观测项目。当发现水闸产生裂缝时，就要对裂缝及其周围情况进行检查。若是沿海地区的水闸，或者是在水闸周围有污染源时，技术人员除了要检查混凝土碳化情况之外，还要对钢结构锈蚀情况进行检查。

（三）水闸闸室施工

1. 底板施工

（1）平底板施工

闸室地基处理工作完成后，软基应立即按设计要求浇筑 8 ～ 10 cm 的素混凝土垫层，以保护地基和找平。垫层达到一定强度后要进行扎筋、立模和清仓工作。

底板施工中，混凝土的入仓方式有很多，如可以用汽车进行水平运输，用起重机进行垂直运输入仓和泵送混凝土入仓。采用这些方法需要起重机械、混凝土泵等大型机械，但不需在仓面搭设脚手架。在中小型工程中，采用架子车，手推车或机动翻斗车等小型运输工具直接入仓时，需在仓面搭设脚手架。

底板的上游和下游一般都设有齿墙。因此浇筑混凝土时，可分成两个作业组分层浇筑。先由两个作业组共同浇筑下游齿墙，待齿墙浇平后，第一组由下游向上游进行浇筑，第二组去浇上游齿墙，当第一组浇到底板中部时，第二组的上游齿墙一般已基本浇平，然后将第二组转到下游浇筑第二坯，当第二坯浇到底板中部时，第一组已达到上游底板边缘，这时第一组再转回浇第三坯，如此连续进行，可缩短每坯的间隔时间，因而可以避免冷缝产生，提高工程质量，加快施工进度。

（2）反拱底板施工

因为反拱底板对地基的不均匀沉陷有着敏感的反应，这意味着在进行反拱底板的施工时，其具体程序述说起来主要有以下两种。

第一，先浇闸墩及岸墙，然后再浇反拱底板。这一程序的详细过程是当闸墩岸墙由于自重沉降一段时间后，待其发展至基本稳定，再浇反拱底板，最终改善底板的受力状态。

第二，同时浇筑反拱底板、闸墩及岸墙底板。在对地基较好的水闸施工时，适合使用这一施工方法。这种方法的缺点：不利于反拱底板的受力。这种方法的优点：有助于保证建筑的整体性，削减了不必要的施工程序，从而相应的加快了施工进度。

2. 闸墩施工

关于闸墩的特点是，高度较大、厚度较小、门槽处钢筋密、预埋件较多、闸墩相对位置要求相对严格。结合这些特点我们可以得知，其在施工过程中较为主要的问题：一是闸墩的立模的问题；二是混凝土浇筑的问题。

（1）闸墩模板安装

第一，“铁板螺栓、对拉撑木”的模板安装。在施工的过程中，为使闸墩混凝土一次浇筑就能达到相关设计高程的要求，闸墩模板必须要具有足够的强度和刚度，这决定了适合用于闸墩模板安装的方法是立模支撑方法，即“铁板螺栓、对拉撑木”的方法。滑模施工经过长时间的发展，技术日趋成熟，闸墩混凝土浇筑开始广泛采用滑模施工。

第二，翻模施工。随着钢模板的应用越来越广泛，施工人员基于滑模的施工特点，经实践逐渐形成了翻模施工法，这一方法被广泛用于闸墩施工的过程中。

（2）清仓工作

在立好闸墩模板之后就要进入清仓的工作步骤。人们利用压力水来对模板内侧和闸墩底部进行冲洗，这一过程中产生的污水主要由底层模板上的预留孔流出。将模板中的堵塞小孔清理完毕之后，就可以展开混凝土浇筑。

对闸墩混凝土进行的浇筑工作主要是为解决好两个方面的问题：第一，使每块地板上的闸墩混凝土实现均衡上升；第二，在完成流态混凝土入仓的同时，完成混凝土铺筑。

3. 止水施工

若是地基发生不均匀沉降和伸缩变形的现象，为应对好这种变化，在水闸设计中要设置包括沉陷缝与温度缝在内的结构缝。水闸闸室的所有防渗范围内的缝除了都要设有止水设施之外，还要求所有缝内均应有填料，填料通常为沥青油毡或沥青杉木板、沥青芦苇等。止水设施主要分为两种类型：第一，水平止水；第二，垂直止水。其具体内容如下。

（1）水平止水

水平止水大多利用塑料止水带或橡皮止水带，近年来广泛采用塑料止水带。它止水性能好，抗拉强度高，韧性好，适应变形能力强，耐久且易黏结，价格便宜。

水平止水施工简单，有两种方法：一是先将止水带的一端埋入先浇块的混凝土中，拆模后安装填料，再浇另一侧混凝土；二是先将填料及止水带的一端安装在先浇块模板内侧，混凝土浇好拆模后，止水带嵌入混凝土中，填料被贴在混凝土表面，随后再浇后浇块混凝土。

（2）垂直止水

垂直止水多用金属止水片，重要部分用紫铜片，一般可用铝片，镀锌或镀铜铁皮。重要结构一般要求止水片与沥青井联合使用。沥青井用预制混凝土块砌筑，用水泥砂浆胶结，2 ～ 3 m 可分为一段，与混凝土的接触面应凿毛，以利接合，沥青要在后浇块浇筑前随预制块的接长分段灌注。井内灌注的是沥青胶，其沥青、水泥和石棉粉的配合比为 2 ∶ 2 ∶ 1。沥青井内沥青的加热方式有蒸汽管加热和电加热两种，多采用电加热。

（四）水闸运用

1. 闸门启闭前的准备工作

首先，闸门的检查内容。第一，对闸门的开度进行检查，即检查闸门是否在原定位置；第二，对闸门的周围进行检查，观察有无漂泊物卡阻，观察门体是否发生了歪斜，观察门槽是否发生了堵塞；第三，若是在冰冻地区，在启闭闸门前，还要对闸门的活动部分进行检查，着重观察是否有冻结现象。

其次，启闭设备的检查内容。第一，对启闭闸门的电源或动力进行检查，确定其是否发生了故障；第二，对电动机进行检查，确定其是否正常工作，相序是否正确；第三，对电机安全进行检查，观察其是否做好了保护设施，仪表是否发生了故障和破坏；第四，要对机电转动设备的润滑油进行检查，观察其是否充足，尤其是高速部位要观察油量是否符合规定要求；第五，对牵引设备进行检查，观察其是否在正常运行；第六，对液压启闭机进行检查，着重油泵、阀、滤油器的检查。同时，还要观察油箱的油量是否充足，还有设备的管道、油缸部位是否发生了漏油。

最后，其他方面的检查。一方面，要对上下游的行水状况进行检查，观察是否有影响行水的因素，包括船只、漂浮物及其他障碍物等；另一方面，要对上下游水位、流量及流态进行观测。

2. 闸门的操作运用原则

首先，在动水情况下，相关工作闸门可以进行启闭，而只有在静水的情况下才可以启闭船闸的工作闸门。其次，通常在静水情况下才可启闭检修闸门。

（五）水闸裂缝

1. 水闸裂缝的处理

（1）闸底板和胸墙的裂缝处理

由于闸底板和胸墙在刚度方面比较小，这就导致它在适应地基变形方面的能力是比较差的，地基不均匀的沉陷极易对闸底板和胸墙产生影响，而产生裂缝。此外，闸底板和胸墙裂缝还会受到温差过大或者施工质量差等因素的影响，而发生裂缝。

在对由不均匀沉陷的原因而引起的裂缝进行修补之前，要先采取措施稳定地基，而稳定地基的措施主要有两种，分别是卸载和加固地基。前者是拆除交通桥，或者是清除掉边墩后的土之后，将其改为空箱结构。后者是对地基进行补强灌浆，以此来使地基的承载能力得到提高。

针对由混凝土强度不足的原因而产生的裂缝，对其主要采用的处理方式是补强处理。

（2）翼墙和浆砌块石护坡的裂缝处理

造成翼墙裂缝的原因主要有两个：第一，地基不均匀沉陷，处理这一类型的裂缝时，先要稳定地基，这一过程使用的方法是“减荷”，然后以裂缝为中心，对其进行修补处理；第二，墙后排水设备失效，处理这一类型的裂缝时，首先要先修复排水设施，其次再对裂缝进行修补。

此外，造成浆砌石护坡发生裂缝的原因多是填土不实，因此在发生严重裂缝时，要及时对其进行翻修。

（3）护坦的裂缝处理

护坦裂缝包括在温度应力过大时造成的裂缝，在其修补时可使用补强措施；由于底部排水失效而发生的裂缝，在其修补时首先要修复排水设备；由地基不均匀沉陷造成的裂缝，在对其进行处理时要先待地基稳定之后，再通过在裂缝上设止水的方式，将裂缝改为沉陷缝。

2. 闸门的防腐处理

（1）钢闸门的防腐处理

由于钢闸门常处于水中或干湿交替的地带，这意味着钢闸门极易发生腐蚀，也因此在此类环境中的钢闸门破坏速度相较于干燥环境下的钢闸门要快上很多，从而很容易发生事故。要想使钢闸门的使用年限得到延长，除了要保证安全运用之外，还要经常对其进行养护。而养护的具体措施主要有以下几个方面。

第一，涂料保护。涂料保护就是将油漆或其他涂料涂在结构表面而形成保护层。涂料的种类很多，成分复杂，主要由五大部分组成，如图 2-2 所示。

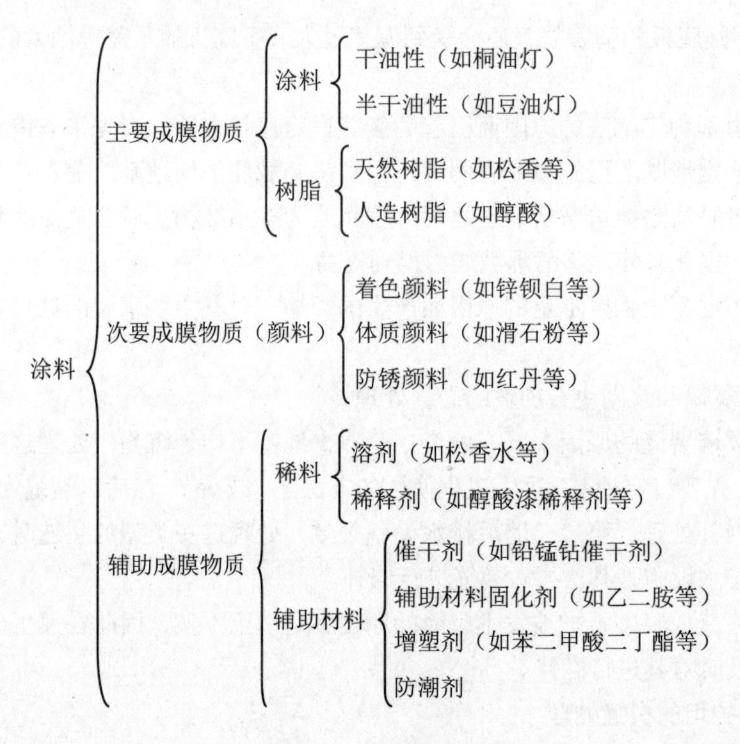

图 2–2　涂料的五大部分

涂料命名 = 成膜物质名称 + 颜料或颜色名称 + 基本名称。例如，醇酸沥青铝粉面漆、环氧树脂钼铬红底漆。

水工上常用的涂料主要有环氧二乙烯乙炔红丹底漆、环氧二乙烯乙炔铝粉面漆、醇酸沥青铝粉面漆、830 号沥青铝粉防锈漆、831 号黑棕船底防锈漆等。以上涂料一般应涂刷 3 ～ 4 遍，涂料保护的时间一般为 10 ～ 15 年。在几层漆中，底漆直接与结构表面接触，要求结合牢固；面漆因暴露于周围介质之中，要求有足够的硬度、耐水性及抗老化性等。

第二，喷镀保护。这一保护方式就是将活泼金属喷镀到钢闸门上，这里所指的活泼金属包括锌、铝等，使钢铁与外界隔离开来，从而实现对钢铁的保护。此外，这种保护方式还具有牺牲阳极、保护阴极的功能。喷镀的方式主要有两种，分别是电喷镀和气喷镀。气喷镀常用在水工上，在具体施工时，可使用的设备主要有乙炔系统及喷射系统等。

第三，外加电流阴极保护及涂料保护二者相结合。在这一保护方式中钢闸门被用作电解池的一个极，即阴极，而废旧钢铁等被用作另一辅助电极，即阳极。人们在阴极与阳极之间接上一个直流电源，并以输水的方式形成一个回路。此后，阳极的辅助材料，在电流的作用下，将会由于氧化作用，而被消耗，相应的，阴极在电流影响下，将会由于还原反应而得到保护。

3. 钢丝网水泥闸门的防腐处理

钢丝网水泥是一种新型水工结构材料，其主要由两个组成部分，即若干层重叠的钢丝网和高强度等级水泥砂浆。钢丝网水泥具有造价较低、重量较轻、弹性较好、强度较高、抗震性能较优秀及便于预制的特点。在对钢丝网水泥闸门进行防腐处理时，通常要达到使砂浆保护层完整无损的要求，因此一般采用涂料保护。

4. 木闸门的防腐处理

一些水利工程中的中小型闸门通常使用的是木闸门，这一类闸门长期处于阴暗潮湿或干湿交替的环境，极容易发霉和虫蛀，因此有必要对其进行防腐处理。

首先，用于木闸门防腐的常用防腐剂主要有硼铬合剂、硼酚合剂及铜铬合剂等。

其次，木闸门防腐的施工方法主要有涂刷法、浸泡法及热浸法等。

木闸门防腐有赖于防腐剂对微生物与菌类的毒杀作用，并且在对防腐剂进行处理前，要先将木材烤干，这样做有助于使防腐剂渗透到木材体内。经过防腐处理的木闸门，还要在表面刷涂各种油性调和漆、生桐油及沥青等，这样做不仅有助于彻底封闭木材空隙，还有助于将木材与外界隔离开来，从而杜绝腐蚀发生。

（六）水闸险情抢护

1. 涵闸与土堤结合部出险

（1）出险原因

首先，由于土料回填不实造成水闸险情。

其次，由于闸体存在承受荷载不均匀的问题，导致闸体发生不均匀沉陷、错缝及裂缝的现象，一旦遇到降雨，地面径流将会进入这些沉陷和裂缝中，并在其冲蚀的影响下，使闸体产生陷坑，或者是导致岸墙、护坡由于没有依托而开裂、塌陷，洪水顺裂缝造成集中入渗，这种状况严重时，将会在闸下游侧形成管涌、流土，从而使涵闸及堤防的安全受到影响。

（2）抢护原则与方法

堵塞漏洞的原则是临水堵塞漏洞进水口，同时背水反滤导渗。抢护渗水的原则是临河截渗、背河导渗。常用的抢护方法有以下几种。

首先，堵塞漏洞进口。在进行这一步骤时，可采用的方法主要有三种：一是布篷覆盖，这种方式适用的漏洞抢护地区是涵洞式水闸闸前堤坡；二是草捆或棉絮堵塞，这种方式适用于水深在 2.5 m 以内，漏洞口尺寸并不大的状况，抢护时首先要利用草捆或棉絮将漏洞堵塞起来，然后要在其上压盖土袋，以此来实现闭气；三是草泥袋网袋堵塞，这种方式适用于水深 2 m 以内且洞口不大的状况，在具体实施时，可将草泥装入尼龙网袋，然后再对漏洞以网袋进行堵塞。

其次，背河反滤导渗。在对这一情况进行抢护时，若是涵闸渗漏严重到下游堤坡出逸，这时为了防止险情扩大，并且防止以流土、管涌为代表的渗透破坏，有必要在出渗处通过导渗反滤措施对其进行处理。

①砂石反滤导渗。在渗水处按要求填筑反滤结构，并且滤水体汇集的水流可通过明沟流入涵闸下游排走。

②土工织物滤层。要在铺设前将坡面清除干净，平整好，同时要使土工织物与土面之间有一个良好的接触，并且在具体铺放时，要防止尖锐物体对织物造成破坏。织物幅与幅之间可采用搭接，搭接宽度一般不小于 0.2 m。为固定土工织物，每隔 2 m 左右用钉将织物固定在堤坡上。

③柴草反滤。在背水坡用柴草做反滤设施，第一层铺麦秸厚约 5 cm，第二层铺秸料（或苇帘等）厚约 20 cm，第三层铺细柳枝厚约 20 cm。铺放时注意秸料均以顺水流向铺放，以利排出渗水。为防止大风将柴草刮走，在柴草上要压一层土袋。

（3）中堵截渗

开膛堵漏。在临河堵塞与背河导渗反滤之后，为彻底截断渗流通道，可从堤顶偏下游侧的涵闸岸墙与土堤接合部开挖 3 ～ 5 m 的沟槽，开挖至渗流通道，用含水量较低的黏性土或灰土分层将沟槽回填并夯实（大水时此法应慎重使用）。

2. 涵闸滑动抢险

（1）出险原因

第一，当设计挡水位低于上游挡水位时，将会导致水平水压力、渗透压力及上浮力增大，同时也将会使抗滑摩阻力低于水平方向的滑动力，最终导致出险。

第二，由于防渗、止水设施发生破坏，导致渗径变短，并且使地基土壤发生渗透破坏、冲蚀的现象，同时使地基摩阻力发生降低，从而导致出险。

第三，涵闸其他附加荷载的实际值超出设计值，如发生地震，导致出险。

（2）抢护原则与方法

抢护的原则是增加摩阻力，减小滑动力，以稳固工程基础。常用的方法有以下几种。

第一，加载增加摩阻力。适用这一方法的情况是平面缓慢滑动的险情抢护。加载增加摩阻力的具体做法就是在水闸的闸墩部位和公路桥面部位加载重物，如堆放块石、土袋及钢铁等重物，具体的需加载量需根据稳定核算确定。在实施这一步骤时，要在地基许可的范围内进行加载，否则会造成地基大幅度沉陷。具体加载部位的加载量不能超过该构件允许的承载限度。一般不要向闸室内抛物增压，以免压坏闸底板或损坏闸门构件。险情解除后要及时卸载，进行善后处理。

第二，下游堆重阻滑。适用这一方法的情况是缓滑险情抢护，也就是混合滑动的险情抢护及圆弧滑动的险情抢护。下游堆重阻滑的具体做法是将重物，如土袋、块石等，堆放于水闸出现的滑动面下端，以此来避免滑动发生。而重物堆放位置和数量则要通过阻滑稳定计算来获得。

第三，下游蓄水平压。这一方法的具体措施是通过土袋或土将水闸下游一定范围筑成围堤，这样做的目的是壅高水位，在减小上下游水头差的同时，使部分水平推力得以抵消。围堤高度根据壅水需要而定。若水闸下游渠道上建有节制闸，并且在距离比较近的情况下，采用对壅高水位进行关闭的方式，同样可以起到同样的作用。

第四，圈堤围堵。其一般适用于闸前有较宽的滩地的情况，通常采用减少土方量的方法，为实现土方量减少的目的，首先要在临河侧堆筑土袋，其次在背水侧填筑土戗，最后在中间部位填土夯实。

3. 闸顶漫溢抢护

（1）出险原因

其出险原因主要有以下几个方面：一是设计洪水水位标准偏低；二是河道淤积严重；三是胸墙顶高程不足；四是洪水位超过闸门。

（2）抢护方法

由于涵洞式水闸是埋设于堤内的，因此其抢护方法与堤防的防漫溢措施是基本相同的，而开敞式水闸的防漫溢措施主要有以下几个方面。

第一，无胸墙开敞式水闸。若是在闸跨度不大的状况下，可通过焊一个平面钢架的方式防漫溢。首先，要将钢架吊入闸门槽内；其次，将其放置于关闭的闸门顶上，并且是紧靠闸门的下游侧；最后，在钢架前部的闸门顶部，将土袋分层叠放于其上。迎水面放置土工膜（布）或布篷挡水，宽度不足时可以搭接，搭接长不小于 0.2 m。亦可用 2 ～ 4 cm 厚的木板严密拼接紧靠在钢架上，在木板前放一排土袋作前戗，压紧木板防止漂浮。

第二，有胸墙开敞式水闸。这一方法就是在胸墙顶部堆放土袋，并将土工膜压放于迎水面上，以此来实现防水。上述堆放土袋应与两侧大堤衔接，共同抵御洪水。在堆放土袋时，为了防止闸顶漫溢抢筑的情况发生，要注意洪水位不能过高，若是洪水位超高过多，为保证闸的安全就要考虑采用抢筑围堤挡水的方法。

4. 闸基渗水、管涌抢险

（1）出险原因

若是水闸地下轮廓渗径不足，地基土壤允许比降小于渗透比降，并且在地基下埋藏有强透水层，河水与承压水二者相通，那么一旦土壤允许值小于闸下游出逸渗透比降，将会导致冒水冒砂、流土或管涌及冒水冒砂现象发生，从而形成渗漏通道。

（2）抢护原则与方法

抢护的原则：一是在上游进行截渗；二是在下游进行导渗；三是蓄水平压减小水位差。

抢护的具体措施主要有以下两种方法。

①闸上游落淤阻渗。首先，要关闭闸门。其次，要对渗漏进口处进行填堵，填堵这一行为主要是由潜水人员下水利用船载黏土袋来实现的。最后，通过加抛撒黏土落淤封闭来实现闸前落淤阻渗，或者用船在渗漏区抛填黏土形成铺盖层防止渗漏。

②在闸下游管涌或冒水冒砂区修筑反滤围井。下游围堤蓄水平压以减小上下游水头差。

（3）闸下游滤水导渗

当闸下游冒水冒砂面积较大或管涌成片时，在渗流破坏区可分层铺填中粗砂、石屑、碎石反滤层，下细上粗，每层厚 20 ～ 30 cm，上面压块石或土袋，如缺乏砂石料，亦可用秸料或细柳枝做成柴排（厚 15 ～ 30 cm），上铺草帘或苇席（厚 5 ～ 10 cm），再压块石或砂土袋，注意不要将柴草压得过紧，同时不可将水抽干再铺填滤料，以免使险情恶化。

二、堰坝施工技术

（一）堰坝工程施工导流

1. 导流方案

第一，采用左右岸分期导流。在这一工作中，要在导流的第一期围右岸，形成一期基坑，并且对左岸河道进行导流；要在导流的第二期围左岸，形成二期基坑，然后主要由右岸堰顶导流。在进行草袋围堰施工的过程中，主要采用的施工方式是人工施工。

第二，进水口外设围堰挡水。围堰型式及顶高程与堰坝的围堰是基本相同的。

2. 基坑排水

若是围堰未置于岩基上，将会导致流水量较多，工程基坑排水的施工方法，主要包括以下两个方面的内容。

第一，基坑开挖前的初期排水，这里的初期排水主要包括两个方面的内容，即围堰与基坑渗水及基坑积水。在初期排水时多使用水泵进行直接抽排。

第二，施工过程中的经常性排水。这里的经常性排水主要包括两个方面的内容，分别是流入基坑的雨水及渗入基坑的地下水。在经常性排水时，多使用水泵明排措施展开排水，这里的明排措施主要包括边沟、导流沟、集水井及基底和四周坑壁。在具体施工中，首先通过导流沟将水流引至集水井，然后利用水泵将其抽排至河里。在施工中有专人负责开挖边沟及导流沟，从而保持沟底始终低于基坑底。

（二）堰坝工程施工程序

1. 施工程序概述

堰坝施工的施工程序：基坑开挖—施工准备—围堰施工—C10 砼砌块石坝体—C20 砼面板、溢流面—石渣回填—翻板闸门安装—竣工清理。

2. 基坑开挖

其施工过程是先挖除开挖区的覆盖层，然后再进行石方开挖。首先，清除覆盖层；其次，具体测量放样；最后，以图纸要求为依据，确定各层开挖及出渣方案。

石方开挖的总原则是自上而下逐层开挖，即从岸坡开始进行直至坝基河床部位的开挖。

基础开挖的具体流程：覆盖层清除—测量放样—现场布孔—风钻造孔—装药—起爆—危岩处理—石渣装运。

3.C10 砼砌块石坝体

砼砌块石坝体中使用的石料主要来自附近采石场，并且是自行开采的块石。在进行这一施工时使用的运输设备是手扶拖拉机，石料运至下游的临时堆放场后，再由人工将其运至砌筑面，并展开人工砌筑施工。

4. 翻板闸门施工

在确定基准点数量时，人们要结合控制和度量埋件的空间位置。在施工中要注意材料的规格和性能必须要符合相关施工详图和规范对材料提出的要求。若是相关数据出现变更，变更要得到建设单位批准。

测量工要以安装基准放样图为依据，在一期砼面上埋设基准点和高程控制线。

基准点不仅要做到精确、牢固及使用方便，还要能保留至安装验收合格后。

第七节　管道工程施工技术

一、管道工程施工材料

随着经济的快速发展，水利工程建设进入高速发展阶段，许多项目中管道工程占有很大的比例，因此合理地进行管道设计不但能满足工程的实际需要，还能给工程带来有效的投资控制。目前管材的类型趋于多样化，主要有钢管、塑料（PVCU 管和 PE 管）、铸铁管、玻璃钢管及钢筋混凝土管等。

（一）钢管

钢管是经常被使用的管道。钢管的优点，管径可随时进行加工；可承受压力较高；接口形式较为灵活；钢管较为耐振动，渗漏小，管件节省；就钢管的管身而言，除了具有单位管长重量轻的特点之外，在管节方面也具有长而接口少的特点，并且渗漏小，节省管件。

钢管的缺点是易锈蚀、影响使用寿命，价格较为昂贵。因此，相关管理部门要充分做好钢管防腐绝缘处理工作。

此外，适用钢管的地形是较为复杂的，如可现场焊接，且运输方便的地形。

（二）塑料管

1. 塑料管材特性

塑料管的主要优点是表面较为光滑，输送流体阻力较小，同时耐蚀性能好、质量轻、成型方便、加工容易。其缺点是强度较低、耐热性差。

2. 塑料管材分类

塑料管主要分为两大类：一是热塑性塑料管，这一类塑料管材主要包括聚苯乙烯树脂（PS）及聚丁烯树脂（PB）等；二是热固性塑料管，这一类塑料管材主要包括不饱和聚酯树脂、环氧树脂等。

3. 常用塑料管性能及优缺点

（1）无规共聚聚丙烯管

无规共聚聚丙烯管（PPR）的生产全过程包括原料生产、制品加工及使用与废弃。这些过程既不会对人体产生负面影响，也不会对环境产生负面影响，可以说是同交联聚乙烯管材基本相同的绿色建材。

无规共聚聚丙烯管的优点：质量较轻、强度较好、使用寿命较长，同时这一类管材也比较耐腐蚀，而且这一类管材无毒卫生，并且耐热保温，不仅符合国家卫生标准要求，安装也较为简单可靠，同时它的弹性好，可防冻裂。

无规共聚聚丙烯管的缺点是抗紫外线性能差，这一类管材若是长期处于阳光直射之下，极易造成材料老化。

无规共聚聚丙烯管材料特性：可热熔连接，系统密封性好且安装便捷；在70 ℃的工作条件下可连续工作，寿命可达 50 年，短期工作温度可达 95 ℃；不结垢，流阻小；经济性好。

（2）聚乙烯管（PE）

聚乙烯由于其强度高、耐高温、抗腐蚀、无毒等特点，被广泛应用于给水管制造领域。因为它不会生锈，所以是替代部分普通铁制给水管的理想管材。PE 管的特点如下。

①对水质无污染。在加工生产 PE 管的过程中，由于全程不添加重金属盐稳定剂，这就使 PE 管在不具备毒性的同时，还无结垢层，不滋生细菌，避免了城市饮用水被二次污染的可能。

②耐腐蚀性能较好。PE 管除了会受到少数强氧化剂的影响而发生腐蚀之外，可耐多种化学介质的侵蚀。

③耐老化，使用寿命长。PE 管在额定温度、压力状况下可安全使用 50 年以上。

④内壁水流摩擦系数小及韧性好，输水时水头阻力损失小。PE 管的耐冲击强度较高，重物直接压过管道不会使管道破裂。

⑥连接方便可靠。PE 管电熔接口的强度比管材本体的强度要高出许多，并且其接缝不会受活载荷及土壤移动的影响而断开。

⑦施工简单。PE 管的管道质轻，焊接工艺较为简单，施工较为方便，并且工程综合造价较低。

这一管材在水利工程中的应用有城镇与农村自来水管道系统、城市及农村供水主干管和埋地管、园林绿化供水管网、污水排放用管材、农田水利灌溉工程、工程建设过程中的临时排水与导流工程等。

（3）高密度聚乙烯管（HDPE）

这一管材又称双壁波纹管，这一管材除了用料省、刚性高及弯曲性优良之外，还具有波纹状外壁、光滑内壁特征的特点。相较于同规格同强度的普通管，在用料方面，双壁管可省料约 40%，不仅具有高抗冲特性，还具有高抗压的特性。

基本特性：高密度聚乙烯是呈不透明白色蜡状的一种材料，其比重比水轻，通常情况下为 0.941 ～ 0.96，硬度比 LDPE 略硬，高密度聚乙烯材料不仅柔软还具有一定的韧性，并且还能伸长；密度聚乙烯材料除了无毒无味之外，还易燃，在燃烧时，若是离开火，则可以继续燃烧，并且在火焰的上端呈黄色，在火焰的下端则呈蓝色，这一材料在进行燃烧时，将会发生熔融，且有液体滴落的现象，其燃烧时的气味主要是石蜡燃烧的气味，并且无黑烟冒出。

主要优点：首先，不仅耐酸碱，还耐有机溶剂；其次，电绝缘性较为优良，若是在低温的状态下，还能保持一定的韧性；最后，其机械强度比 LDPE 要高许多，其机械强度主要包括表面硬度、拉伸强度及刚性等。

主要缺点：机械性能、透气性较差；除了易变形、老化之外，还易发脆，并且其脆性低于 PP，易应力开裂，同时表面硬度较低且易被刮伤；难印刷，印刷时需进行表面放电处理，不能电镀，表面无光泽。

（三）铸铁管

铸铁管的优点是具有较高的机械强度及承压能力，有较强的耐腐蚀性，接口方便，易于施工。其缺点在于不能承受较大的动荷载及质脆。铸铁管按制造材料分为普通灰口铸铁管和球墨铸铁管，较为常用的是球墨铸铁管。

球墨铸铁强度比普通铸铁强度高许多，球墨铸铁的性能比较接近中碳钢，但价格比钢材便宜得多。

球墨铸铁管是铸造铁水添加球化剂后，经过离心机高速离心铸造而成的低压力管材，一般应用管材直径可达 3 000 mm。其机械性能得到了较好的改善，具有铁的本质、钢的性能。其防腐性能优异，延展性能好，安装简易，主要用于输水、输气、输油等。

1. 球墨铸铁管分类

（1）给水铸铁管

第一，砂型离心铸铁直管。这一类型铸铁管的材质是灰口铸铁，这种管材适用于以水、煤气为代表的压力流体的输送工程。

第二，连续铸铁直管。这一类型铸铁管也就是连续铸造的灰口铸铁管，这种管材同样适用于压力流体的输送工程。

（2）排水铸铁管

普通排水铸铁承插管及其相关管件，即柔性抗震接口排水铸铁直管，在使用这种铸铁管时，主要采用橡胶圈来对其进行密封，并将螺栓拧紧。

排水铸铁管在内水压下，除了具有良好的挠曲性之外，还具有一定的伸缩性。这意味着排水铸铁管，一方面能适应较大的轴向位移，另一方面还能适应横向曲挠变形。此外，最适合使用排水铸铁管的地区就是地震区，其次就是高层建筑室内排水管。

2. 接口形式

承插式铸铁管刚性接口抗应变性能差，受外力作用时，无塔供水设备接口填料容易碎裂而渗水，尤其在弱地基、沉降不均匀地区和地震区，接口的破坏率较高。因此，应尽量采用柔性接口。

目前采用的柔性接口形式有滑入式橡胶圈接口、R 形橡胶圈接口、柔性机械式接口 A 型及柔性机械式接口 K 型。

（1）滑入式橡胶圈接口

橡胶圈与管材由供应厂方配套供应。在安装橡胶圈前，首先不仅要将承口内工作面清扫干净，还要清扫插口外工作面，直至干净为止；其次，要将橡胶圈嵌入承口凹槽内；最后，涂刷不影响橡胶圈质量的润滑剂，需要涂刷的部位有橡胶圈外露表面和插口工作面。

待供水设备插口端部倒角均匀接触到橡胶圈之后，再用专用工具将插口推入承口内，在这一过程中，插口应推入预先设定的标志处，并且除了要复查已安好的前一节之外，还要复查前两节接口推入深度。

（2）球墨铸铁管滑入式 T 型接口

我国的相关标准规定了输水用球墨铸铁管直管、管件、胶圈的技术性能，其接口形式均采用滑入式 T 型接口。

（3）机械式（压兰式）球墨铸铁管接口

球墨铸铁管机械接口形式分为 A 型和 K 型。其管材管件由球墨铸铁直管、压兰、螺栓及橡胶圈组成。

机械式接口密封性能良好，在展开试验的内水压力达到 2 MPa 时并不会发生渗漏现象，不管是轴向位移的指标，还是折角等指标，其都能充分满足，但其缺点是成本较高。

（四）玻璃钢管

这一管材又称玻璃纤维缠绕夹砂管，即 RPM 管。这一管材的增强材料主要是玻璃纤维及其制品，而钢管的主要原料是无机非金属颗粒材料，如石英砂、碳酸钙等。

玻璃钢管的长度有 6 m 和 12 m 两种。玻璃钢管的制作方法主要有三种：一是离心浇铸工艺；二是定长缠绕工艺；三是连续缠绕工艺。目前在水利工程中其已被多个领域采用，如距离输水、城市供水、输送污水等。

近年来，玻璃钢管在我国的使用越来越广泛，这一新型管道材料的优点如下。

第一，管道糙率较低，有助于降低工程造价。

第二，管道自重轻，有利于运输。

第三，玻璃钢管的材质较为卫生并且不会污染水质。

第四，这一管材的施工强度较低，并且耐腐蚀性能好。

玻璃钢管的缺点是，钢管承受外压的能力较差；施工技术要求较高；在生产中人工因素较多，同时在生产钢管的管道、管件和三通时，必须要严格遵守相关质量规定规范。钢管的特点主要有以下几个方面。

①耐腐蚀性好，并且不会对水质产生影响。相较传统管材其使用寿命长，玻璃钢管要长上许多，玻璃钢管的设计寿命通常在 50 年以上。

②耐热性、抗冻性好。玻璃钢管若是处于 −30 ℃状态下，这时其不仅具有

良好的韧性，还具有极高的强度，同时玻璃钢管若是在 50 ～ 80℃的范围内使用时，可支持长期使用。

③自重轻、强度高，运输安装方便。采用纤维缠绕生产的夹砂玻璃钢管道比重为 1.65 ～ 2，环向拉伸强度为 180 ～ 300 MPa，轴向拉伸强度为 60 ～ 150 MPa。

④摩擦阻力小，输水水头损失小。其内壁光滑，糙率和摩阻力很小，糙率系数可达 0.008 4，能显著减少沿程的流体压力损失，提高输水能力，耐磨性好。

（五）混凝土管

混凝土管主要分为四类：一是普通钢筋混凝土管；二是预应力混凝土管；三是素混凝土管；四是自应力钢筋混凝土管。

以管子接头形式为出发点，混凝土管可分为平口式管、承插式管和企口式管。其接口形式有水泥砂浆抹带接口、钢丝网水泥砂浆抹带接口、水泥砂浆承插和橡胶圈承插等。

混凝土管在抗渗性和耐久性方面较为优秀，不仅不会发生腐蚀及腐烂，还在其内壁中不会结垢。

混凝土管的缺点：其质地较脆，易碰损；铺设混凝土管时，沟底要平整，同时还要做管道基础及管座。

预应力钢筒混凝土管（PCCP）是一种复合型管材，主要有内衬式和嵌置式两种形式，其在水利工程中应用广泛。PCCP 管道的特点是，能够承受较高的内外荷载；安装方便，适用于各种地质条件下施工；使用寿命长；运行和维护费用低。

二、管道开槽法施工

管道工程多为地下铺设管道。挖槽是指为铺设地下管道进行的土方开挖工程。开挖的槽叫作沟槽或基槽，为建筑物、构筑物开挖的坑叫基坑。管道工程挖槽在施工中具有重要的意义，虽然施工条件比较复杂，工作量大，需要很强大的劳动力作为支持，但是鉴于管道工程挖槽的重要性，其是十分有必要的。

（一）沟槽的形式

1. 直槽

直槽的槽帮边坡基本是直坡，一般适用于地质情况好、深度较浅、工期短的小管径工程。直槽是沟槽的一种表现形式，在管道开槽法施工的过程中也比较常见。如果在地下水位以下采用直槽就一定要考虑支撑问题。

2. 梯形槽（大开槽）

梯形槽也被称为大开槽，使用这种大开槽断面，土质好的情况下，即便是槽底在地下水位以下，也可以在槽底挖排水沟，进行排水，确保槽帮土壤的稳定，进而确定整个工程的施工质量。

3. 混合槽

混合槽就是将直槽与大开槽组合而形成的多层开挖断面，混合槽适合深槽施工，在施工的过程中，上部槽尽量采用机械开挖，下部槽开挖需要考虑的因素比较多，如排水问题。

（二）开挖方法

1. 人工开挖

在小管径和土方量少或者是施工现场狭窄、地下障碍物比较多的情况下，不支持深槽作业，也不会轻易地使用机械挖土，而在底槽需要支撑又没有办法采用机械挖土时，一般会选择人工挖土。

人工挖土的主要施工工序为防线、开挖、修坡、清底等，一般会使用铁锹与镐等工具。挖槽在接近槽底时，要注意清底，不能超挖，一旦出现超挖就要根据规定进行回填，同时土方槽底高程偏差应在 ±20 mm 范围内，石方槽底高程偏差为 -20 ～ 200 mm。

沟槽开挖的过程中要注意施工安全，防止出现因工作面不合规定而造成的施工危险。

2. 机械开挖

推土机、单斗挖土机及装载机是目前在施工中主要使用的挖土机械。机械挖土的特点是效率高、速度快，并且工期占用较少。为了使机械施工的特点得以充分发挥，提高机械利用率，保证生产有序安全进行，首先施工前的准备工作要细致；其次在选择施工机械时，要结合具体情况做合理安排。在对沟槽（基坑）进行开挖时，较多会采用的施工方法有两种，一是机械开挖；二是人工清底。

机械挖槽时应保证槽底土壤不被扰动和破坏，要指定专人与司机配合，保质保量，安全生产。其他配合人员应熟悉机械挖土有关安全操作规程，掌握沟槽开挖断面尺寸，算出应挖深度，及时测量槽底高程和宽度，防止超挖和亏挖，要经常查看沟槽有无裂缝、坍塌迹象，注意机械工作安全。挖掘前，当机械司机释放喇叭信号后，其他人员应离开工作区，维护施工现场安全。工作结束后有关工作人员要指引机械开到安全地带，当指引机械工作和行动时，人们应注意机械上空线路及行车安全。

3. 雨期及冬季施工

（1）雨期施工

雨期施工时应尽量缩短开槽长度，速战速决。在进行雨期挖槽时，由于挖槽和堆土的施工过程会对原有排水系统产生破坏，导致排水不畅现象发生，因此工作人员不仅要布置好排除雨水的排水设施，还要布置好排除雨水的排水系统，从而防止雨水浸泡房屋和淹没农田及道路。

雨期挖槽应采取措施，防止雨水倒灌沟槽。

首先，在雨期挖槽时，由于某种特殊需要的存在，人们还要对雨水进行有计划的引流，即将雨水引入槽内，在这种状况下，要每隔 30 m 左右布置一处泄水口。

其次，为防止槽底土壤扰动，挖槽见底后应立即进行下一工序，否则槽底以上宜暂留 20 cm 不挖，作为保护层。雨期施工不宜靠近房屋、墙壁堆土。

（2）冬期施工

第一，人工挖冻土法。这一方法在施工时要通过人工的方式，利用大锤击打铁楔子，这样做可以打开冻结硬壳，并在冻土层中打入铁楔子，并且施工过程中还要实施安全措施，严禁掏洞挖土。

第二，机械挖冻土方法。若是冻土冻结深度在 25 cm 以内，这时主要由一般中型挖掘机进行开挖工作。若是冻土冻结深度在 40 cm 以上，这时主要通过在推土机后面装上松土器械的方式来将冻土层破开。

（三）下管

下管方法有人工下管法和机械下管法。具体选用哪种下管方式则应根据管子的重量和工程量的大小、施工环境、沟槽断面、工期要求及设备供应等情况综合考虑确定。

1. 人工下管法

人工下管应以施工方便、操作安全为原则，可根据工人操作的熟练程度、管子重量、管子长短、施工条件、沟槽深浅等因素综合考虑。其适用范围有管径小，自重轻；施工现场狭窄，不便于机械操作；工程量较小，机械供应有困难等情况。

（1）贯绳下管法

该方法适用于管径小于 30 cm 的混凝土管、缸瓦管。实际施工时，用带铁钩的粗白棕绳由管内穿出钩住管头，然后一边用人工控制白棕绳，一边滚管，将管子缓慢送入沟槽内。

（2）压绳下管法。

压绳下管法是人工下管法中最常用的一种方法，适用于中、小型管子，该方法较灵活，可作为分散下管法。具体操作是在沟槽上边打入两根撬棍，每根撬棍分别套住一根下管大绳，绳子一端用脚踩牢，用手拉住绳子另一端，听从一人号令，徐徐放松绳子，直至将管子放至沟槽底部。

当管子自重大，一根撬棍的摩擦力不能克服管子自重时，两边可各自多打入一根撬棍，以增大绳的摩擦阻力。

（3）集中压绳下管法。

此种方法适用于从固定位置往沟槽内下管，然后在沟槽内将管子运至稳管位置。其具体操作是在下管处埋入 1/2 立管长度，内填土方，将下管用两根大绳缠绕（一般绕一圈）在立管上，绳子一端固定，另一端由人工操作，利用绳子与立管之间的摩擦力控制下管速度。操作时注意两边放绳速度要均匀，防止管子倾斜。

（4）搭架法（吊链下管）

搭架法常用的有三脚架式和四脚架式。其操作过程如下：先在沟槽上铺上方木，将管子滚至方木上；用吊链将管子吊起，撤出原铺方木，操作吊链使管子徐徐下入沟底。下管用的大绳应质地坚固、不断股、不糟朽、无夹心。

2. 机械下管法

机械下管法不仅速度快，而且具有较高的安全性，能够减轻工人的劳动强度，在条件允许的情况下，应该尽量使用机械下管法。机械下管法的适用范围：管径大，自重大；沟槽深，工程量大；施工现场便于机械操作。机械下管法通常根据沟槽移动。因此，在开挖沟槽时，应该将土堆放在一侧，另一侧作为机械工作面和运输、堆放的场地，并且应该将管材堆放在下管机械臂的臂长范围内，减少二次搬运。

应该根据管子的重量选择起重机械，一般用履带式起重机和汽车起重机。使用机械下管法时，应设专人统一指挥。机械下管不应使用一点起吊，而采用两点起吊时吊绳应找好重心，平吊轻放。各点绳索受的重力 q 与管子自重 Q、吊绳的夹角 a 有关。

起重机禁止在斜坡之类的地方吊着管子回转，轮胎式起重机作业前应将支腿撑好，轮胎不应承担起吊的重量。支腿要距沟边 2 m 以上，必要时应垫木板。在起吊作业区内，不得有无关人员停留或通过。禁止人员在吊钩和被吊起的重物下停留、通过或站立。禁止在带点的架空线路下进行起吊作业，当架空线路在同一侧进行作业时，起重机臂杆和架空线之间应该保留一定的安全距离。

（四）稳管

所谓稳管，即将每节符合质量要求的管子根据设计要求稳在地基或基础上。稳管工作要同时进行对中和对高程两个环节。

1. 管轴线位置的控制

管轴线位置的控制，即所铺设的管线应该符合设计规定的坐标位置。管轴线位置的控制方法是，在稳管前由专业测量人员将管中心钉在坡度板上，稳定时由操作人员在坡度板的中心钉上挂上小线，线的位置即管轴线的位置。稳管具体操作方法有中心线法和边线法。

（1）中心线法

中心线法是在中心线上挂一个垂球，在管子内放置一块带有中心刻度的水平尺，当垂球线正好穿过水平尺的中心刻度时，说明管子已经对中。如果垂球线向水平尺的中心刻度左边偏离，这说明管子位置向右偏离中心线相等的一段距离，应该调整管子位置，直至居中为止。

（2）边线法

在管子同一侧钉一排边桩，其高度接近管中心处。在边桩上钉一小钉，其位置距中心垂线保持同一常数值。稳管时，在边桩的小钉上挂上边线，即边线是与中心垂线相距同一距离的水平线。在操作稳管时，应该让管子外皮和边线保持间距相同，以证明管道中心处位于设计轴线位置。边线法稳管操作简便，应用较为广泛

2. 管内底高程控制

当沟槽开挖接近设计标高时，测量人员应埋设坡度板，在坡度板上标出高程、桩号和中心钉等。坡度板的埋设间距：给水管道为 15 ～ 20 m，排水管道为 10 m。在管道平面和纵向折点及附属构筑物处应该根据需要增设坡度板。

相邻两块坡度板的高程钉到管内底的垂直距离应该保持常数，即两个高程钉的连线坡度和管内底坡度平行，该连线被称为坡度线。坡度线上任何一点到管内底的垂直距离为一常数，称为下反数。稳管时，用木制丁字形高程尺，上

面标出下反数刻度，将高程尺垂直放在管内底的中心位置，调整管子高程，让高程尺下反数的刻度和坡度线重合，这时管内底高程正确。

由于稳管的对中和对高程工作是同时进行的，所以应该根据管径大小确定2人或4人合作进行。稳好的管子应该用石块垫牢。

（五）沟槽回填

沟槽回填法由于沟壁的原状土与回填土的部分不是一个整体结构，所以整个沟槽的回填土对管顶有作用力。压力管道埋设在底下，通常不做人工基础，回填土虽然对密实度的要求较高，实际上要想达到这一要求并不容易。因此，在安装和输送介质的初期，管道一直处于沉降的不稳定状态。对土壤来说，这种沉降一般可以分为三个阶段：第一阶段，逐步压缩，让受干扰的沟底土壤受压；第二阶段，土壤在弹性限度内沉降；第三阶段，土壤受压产生超过其弹性限度的压实性沉降。

对于管道施工的工序而言，管道沉降分为五个过程：管子放入沟内，由于管材自重使沟底表层的土壤压缩，引起管道第一次沉降，如果管子入沟前没挖接头坑，在这一沉降过程中，当沟底土壤较密，承载能力较大，管道口径较小时，管和土的接触主要在承口部位；开挖接头坑，使管身与土壤接触或接触面积发生变化，引起第二次沉降；管道灌满水后，因管重变化引起第三次沉降；管沟回填土后引起第四次沉降；在土壤的沉降过程中，沉降不会因为沟槽内土壤回填而停止，其有一个很长的、缓慢的沉降过程，这就是第五次沉降。

管道沟槽的回填，尤其是管道胸腔土回填十分重要，在回填时人们应该注意避免受力集中，否则管道会因为受力集中而引起破裂、变形。

1. 回填土施工

回填土施工主要包括四个工序，即填土、摊平、夯实、检查。回填土的土质应该符合设计要求，以确保填方的稳定性与强度。

两侧胸腔应该同时分层填土摊平，夯实也应该同时以相同速度前进。从纵断面来看，管子上方土回填时，在薄土层和厚土层及未夯实土和已夯实土之间应该有一个较长的过渡地段，以避免管子受压不均发生开裂。

在管顶和胸腔上 50 cm 范围内夯土时，如果夯实力度过大，会导致沟壁或管壁开裂。因此，人们应该根据管沟的强度确定夯实机械。

每层土夯实后应该测定土壤密实度。回填后的土壤应该在沟槽上呈拱形，避免随着时间的推移导致地面下凹。

2. 冬期和雨期施工

（1）冬期施工

冬期施工时要最大程度缩短施工段落，并实行分层薄填，迅速夯实，铺土施工必须要在当天完成。在管道上方计划修筑路面时，要注意不能回填冻土；上方无修筑路面计划时，胸腔及管道顶以上 50 cm 范围内不得回填冻土，其上部回填冻土含量也不能超过填方总体积的 15 %，且冻土尺寸不得大于 10 cm。

在进行冬期施工时，不仅要以回填冻土含量、填土高度为出发点，还要以土壤种类为依据，来确定预留沉降度，并且其中心部分以高出地面 10 ～ 20 cm 为宜。

（2）雨期施工

雨期施工时，还土应边还土边碾压夯实，当日回填当日夯实。雨后还土时应先测土壤含水量，对过湿土应做处理。槽内有水时，应先排除；取土还土时，应避免形成地面水流向槽内的通道。

三、管道不开槽法施工

地下管道在穿越铁路、河流、土坝等重要建筑物和不适宜采用开槽法施工的建筑时，可选用不开槽法施工。其施工的特点为不需要拆除地上的建筑物，不影响地面交通，土方开挖量少，管道不必设置基础和管座，不受季节影响，有利于文明施工。

管道不开槽法施工种类较多，可归纳为掘进顶管法、不取土顶管法、盾构法和暗挖法等。暗挖法与隧洞施工有相似之处，在此主要介绍顶管法和盾构法。

（一）掘进顶管法

1. 人工取土顶管法

人工取土顶管法是依靠人工在管内端部挖掘土壤，然后在工作坑内借助顶进设备，把敷设的管子按设计中心和高程的要求顶入，并用小车将土从管中运出的方法，其适用于管径大于 800 mm 的管道顶进工程，应用较为广泛。

（1）顶管施工的准备工作。

工作坑是进行掘进顶管施工的主要场所，因此在进行这一施工时，不仅要具有足够的空间，还要有一定的工作面，这种方式在使下管间距和操作间距得到保证的同时，还能保证安装顶进设备的间距。

首先，在施工前，除了要对工作坑的位置、尺寸进行选定之外，还要对顶管后背进行验算。其中的后背主要分为两类，分别是浅覆土后背和深覆土后背，在进行具体计算时，人们需以挡土墙计算方法为依据进行计算。

其次，在进行顶管时，后背不应当破坏及产生不允许的压缩变形。

（2）挖土与运土

管前挖土除了是保证顶进质量的关键之外，还是保证地上构筑物安全的关键。能对顶进管位的准确性产生直接影响的因素，除了有开挖形状之外，还有管前挖土的方向。管子在顶进中的前进，有赖于已挖好的土壁，因此要严格控制管前周围的开挖工作。

管前挖出土要做到及时外运。在管径较大时，可利用双轮手来进行推车推运；在管径较小时，可利用双筒卷扬机牵引四轮小车来完成出土的工作。

（3）顶进

顶进是利用千斤顶在其后背不动的情况下将管子向前推进的过程。顶进的操作过程如下。

①安装好顶铁挤牢，这一过程是指在管前端已挖一定长度后，启动油泵然后再通过千斤顶进油，活塞伸出的工作步骤，从而将管子向前推一定距离。

②停止油泵，这一过程为打开控制闸—千斤顶回油—活塞回缩。

③添加顶铁，这就是重复上述操作，一直重复到需要安装下一节管子为止。

④卸下顶铁，下管，为使接口缝隙受力均匀，要在混凝土管接口处放一圈麻绳。

⑤在管内口处安装一个内涨圈作为临时性加固措施，防止顶进纠偏时错口，涨圈直径要小于管内径 5 ～ 8 cm，空隙用木楔背紧，涨圈用 7 ～ 8 mm 厚钢板焊制，宽 200 ～ 300 mm。

⑥重新装好顶铁，重复上述操作。在顶进过程中，要做好顶管测量及误差校正工作。

2. 机械取土顶管法

机械取土顶管与人工取土顶管除了掘进和管内运土不同外，其余部分大致相同。机械取土顶管是在被顶进管子前端安装机械钻进的挖土设备，配上皮带运土，可代替人工进行挖、运土。

（二）盾构法

盾构是用于地下不开槽法施工时进行地层开挖及衬砌拼装时起支护作用的施工设备，其基本由开挖系统、推进系统和衬砌拼装系统三部分组成。

1. 施工准备

盾构施工前工作人员应根据图纸和有关资料对施工现场进行详细勘察，对地上和地下障碍物、地形、土质、地下水和现场条件等方面进行了解，根据勘察结果，编制盾构施工方案。

盾构施工的准备工作还应包括测量定线、衬块预制、盾构机械组装、降低地下水位、土层加固及工作坑开挖等。

2. 盾构工作坑及始顶

盾构法施工也应当设置工作坑，作为盾构开始、中间和结束井。开始工作坑与顶管工作坑相同，其尺寸应满足盾构和顶进设备尺寸的要求。工作坑周壁应做支撑或者采用沉井或连续墙加固，防止坍塌，并在顶进装置背后做好牢固的后背。

盾构在工作坑导轨上至盾构完全进入土中的这一段距离一般借助外部千斤顶顶进，与顶管方法相同。

当盾构进入土中以后，在开始工作坑后背与盾构衬砌环之间各设置一个木环，其大小尺寸与衬砌环相等，在两个木环之间用圆木支撑，作为始顶段的盾构千斤顶的支撑结构。一般情况下，衬砌环长度为 30 ～ 50 m 时，才能起到后背作用，这时方可拆除工作坑内圆木支撑。顶段开始后即可起用盾构本身的千斤顶，将切削环的刃口切入土中，在切削环掩护下进行掘土，一面出土一面将衬砌块运入盾构内，待千斤顶回缩后对其空隙部分进行砌块拼装，再以衬砌环为后背，启动千斤顶，重复上述操作，盾构便不断前进。

3. 衬砌和灌浆

人们应按照设计要求确定砌块形状和尺寸及接缝方法，接口有平口、企口和螺栓连接。其中，企口接缝防水性能好，但拼装复杂；螺栓连接整体性好，刚度大。砌块接口要涂抹黏结剂，提高防水性能，常用的黏结剂有沥青玛脂、环氧胶泥等。砌块外壁与土壁间的间隙应用水泥砂浆或豆石混凝土浇筑。通常每隔 3 ～ 5 衬砌环便设一灌注孔环，此环上设有 4 ～ 10 个灌注孔，灌注孔的直径不小于 36 mm。灌浆作业应及时进行。灌入顺序自下而上，左右对称地进行。灌浆时应防止浆液漏入盾构内。砌块衬砌和缝隙注浆合称为一次衬砌。在一次衬砌合格后可进行二次衬砌。二次衬砌可浇筑豆石混凝土、喷射混凝土等。

第三章　水利工程测量技术

为了采集有科学研究价值的数据，并使人们准确掌握工程的进展及设施使用情况，在第一时间发现工程中潜在的风险，从而充分体现工程效益，近年来，水利工程加大了对工程观测技术方面的投入，其在工程建设和使用过程中发挥了巨大的作用。本章分为水利工程常用测量设备、水利工程施工放样、建筑物施工测量放样、水利工程监测技术四部分。

第一节　水利工程常用测量设备

水利工程的测量设备主要有水准仪、经纬仪、全站仪、GPS 测量仪等。

一、水准仪

高程测量是测绘地形图的基本工作之一，其在建筑施工时常常被用于测量地面的高程，一般情况下，为了使测量的高程更加精密，人们在进行水准测量时首选的仪器就是水准仪。

（一）水准仪操作要点

将水准仪从仪器箱中取出，然后安装在已经摆好的三脚架上，操作完成后，将其放在未知的两点 A 和 B 之间。接下来就是对水准仪进行调平，这一步主要是利用三个基座螺丝，当调整到气泡固定在中间位置时就意味着其已经完成了调平。之后就是对管水准器的调平，该项工作主要是利用水平制动手轮来完成的，当在水平镜内三角棱镜反射水平重合时，则管水准器已经调平。

全都调平以后，首先应将望远镜对准 A 的塔尺，对准之后，需要再一次对管水准器进行调平，调平之后，记下后视塔尺的读数；其次需要旋转望远镜的方向，使其对准未知点 B 的塔尺，再次对管水准器进行调节，调整完之后，读出前视塔尺的读数；最后将得到的后视数据与前视数据相减，得到的差值就是 A、B 两点之间的高程差。

（二）水准仪的校正

在两个固定点之间摆放好仪器，并将这两点的水平线标出来，即 ab 线。然后将水准仪放到其中一个固定点上，并将这两点的水平线标出来，即 $a'b'$ 线。计算后如果 a 与 b 相减所得的结果与 a' 与 b' 相减所得的结果不相等，就需要校正水准仪，也就是将望远镜横丝对准偏差一半的数值，然后利用校针来调整水准仪上面和下面的螺丝，直到管水平泡居中。

水准仪校正时需要多次重复以上做法。

（三）水准仪的使用方法

1. 安置

在测站上打开三脚架，通过目测，使架头大致水平且高度适中（约在观测者的胸颈部），取出水准仪，将其放在三脚架上，并用连接螺旋进行固定。接下来就是观察气泡的位置，如果气泡没有在中心位置，那么就应该上下或者左右推拉、旋转三脚架的第三条腿，直到气泡处于中心圈位置为止，这时只要不改变架头高度，将三脚架的第三条腿放稳就可以了。

2. 粗平

粗平就是通过对水准仪的脚螺旋进行调节，使得气泡处于中间位置，以使水准仪的竖轴近似垂直。其具体做法如下：设气泡偏离中心于 a 处时，可以先选择一对脚螺旋，用双手以相对方向转动两个脚螺旋，使气泡移至两脚螺旋连线的中间 b 处，然后再转动脚螺旋使气泡居中。如此反复进行，直至气泡严格居中。在粗平过程中，气泡移动方向要始终与人的左手大拇指（或右手食指）的方向，即转动脚螺旋的方向一致。

3. 瞄准

仪器粗略整平后，就需要将望远镜瞄准水准尺，具体步骤是把望远镜对准较为明亮的位置，然后转动目镜对光螺旋调整十字丝，直到调整到最为清晰的状态为止，然后再适当将照准部的制动螺旋拧开一些，参照着望远镜上的照门和准星，在确定已经对准水准尺之后，将制动螺旋拧紧即可。

4. 消除视差

物镜对光后，眼睛在目镜端上、下微微地移动时，十字丝和水准尺的像有相互移动的现象，这种现象也就是我们常说的视差。之所以会产生视差，就是由水准尺所成的像并没有在十字丝平面上导致的。视差会影响观测读数的正确性，因此必须加以消除。消除视差的方法是先进行目镜调焦，使十字丝清晰，然后转动对光螺旋进行物镜对光，使水准尺像清晰。

5. 精平

精平指的就是确保望远镜的视线精确且始终保持水平。在转动微倾螺旋时，速度应尽可能缓慢，直至气泡稳定不动而又居中时为止。必须要注意的是，当望远镜转到另一方向观测时，气泡不一定符合，这个时候就应重新精平，气泡居中后才能读数。

6. 读数

气泡居中之后就应该马上在水准尺上利用十字丝横丝进行读数。在这里需要注意一点，那就是要在认清水准尺的注记特征之后再进行读数。望远镜中看到的水准尺是倒像时，读数应自上而下、从小到大读取，直接读取 m、dm、cm、mm（为估读数）四位数字。

（四）水准仪的测量

在水准测量中，当待测高程点与已知水准点距离较远或高差较大时，安置一次仪器无法测定两点间的高差。这就需要在两点间加设若干个临时立尺点，用来传递高程，这样的点称为转点，用 TP 表示。然后逐段安置仪器，测定各段的高差，最后计算各测站高差的代数和，即待测点与已知点之间的高差。

（五）保养与维修

水准仪属于一种光学仪器，并且构造非常精密，所以为了确保其测量时的精度，延长仪器的使用寿命，就必须要对仪器进行正确合理的使用和保存。其使用和保存应严格遵循以下几点。

①尽量避免让仪器在阳光下暴晒，并且不能随意对仪器进行拆卸。

②在调整仪器时，涉及的每个微调都不能太用力，也不能用手去摸镜片和光学片。

③一旦仪器出现故障，不能擅自修理，而是应该找对其结构较为熟悉的人修理，或者直接送去专门的修理部进行修理。

④在用完仪器之后，应该将仪器擦拭干净，储存之前应确保仪器干燥。

二、经纬仪

（一）经纬仪的安置方法

①应根据使用仪器人的身高来调节三脚架，并将三脚架的三条腿调成相等的长度，然后将仪器放到三脚架上并固定，调整仪器，直至它的基座面平行于三脚架的上顶面。

②将调整好的仪器摆放在测站上，用眼睛估测一下大致对中之后，就用脚将一条架脚踩稳，接下来就是调节光，直到对中仪器的目镜和物镜，之后用两只手分别提起一条架脚前后、左右的摆动，直到十字丝的交点与测站点重合为止，重合后放稳并踩实架脚即可。

③调整三脚架的腿长，对圆水准器进行整平。

④使水准管与两个定平螺旋平行，对水准管进行整平。

⑤将照准部沿水平方向旋转 90° ，然后使用第三个螺旋对水准管进行整平。

⑥对光学对中进行检查，如果存在少量偏差，就需要打开连接螺旋，然后通过平移基座来进行精确对中，对中完成之后将连接螺旋拧紧，这时就需要再次检查水准气泡是否居中，如还有偏差，则需重复以上操作，直至居中。

（二）度盘读数方法

光学经纬仪的读数系统主要是由水平度盘、垂直度盘、测微装置、读数显微镜及各类水准器等组成的。

1. 度盘

光学经纬仪的读数系统包括水平和垂直这两种度盘。不管是水平度盘还是垂直度盘，它们上面的度盘刻画的最小格值通常都是 1° 或者 30′，如果在读数的过程中，所读取的角值不够一个格值，这个时候就必须要借助测微装置来进行读数。

2. 测微装置

DJ 6 级光学经纬仪的读数测微器装置主要有以下两种。

（1）测微尺读数装置

目前，最新生产的 DJ 6 级光学经纬仪几乎都是使用的这种读数装置。在读数显微镜的视野中，有一个分划板，分划板上设有分划尺，度盘上的分划线被显微镜放大，并在分划板上成像。度盘最小格值（60′）的成像宽度恰好与分划板上分划尺 1° 分划间的长度相等，因此在测量时可以将分划尺分成 60 个小格，然后用分好的这些小格去测量度盘上不够一个格的格值，需要注意的是，分划尺的注记方向是与度盘的注记方向相反的，并且在量度时应将零分划线作为指标线。

（2）单平行玻璃板测微器读数装置

该读数装置的部件主要包括单平行板玻璃、扇形分划尺和测微轮等。它的度盘格值为 30′，扇形分划尺上有 90 个小格，因此它的格值就是 20″。在进行角度测量时，首先就是要瞄准目标，然后转动测微轮，用双指标线夹住度盘分划线影像后，读出整度数，最后从测微分划尺上读出不足整度数的部分。

3. 读数显微镜

之所以要在光学经纬仪中设置读数显微镜，其目的只有一个，那就是充分利用显微镜的放大作用将度盘上读数所成的像放大，从而使测量者在读数时，能够非常轻松和方便地将度盘读数读出来。

4. 水准器

在光学经纬仪上一般都设有两个或者三个水准器，设置水准器的目的主要有使工作中的经纬仪垂直轴铅垂和使工作中的经纬仪水平度盘水平两种。水准器主要分为以下两种。

①管水准器。这类水准器通常会被安装在照准部上，主要是起到对仪器进行精确整平的作用。

②圆水准器。这类水准器通常会被用于粗略整平的仪器上，相对来讲，它并不是非常的灵敏。

三、全站仪

全站仪，即全站型电子速测仪。

（一）全站仪的使用

1. 水平角测量

全站仪进行水平角测量的步骤如下所示。

①按下角度测量键，开启全站仪的角度测量模式，然后将全站仪对准第一个目标，也就是目标 A。

②对 A 方向的水平度盘读数进行设置，即设置成 0° 0′0″。

③最后将全站仪对准第二个目标，也就是目标 B，这个时候所读取的水平度盘读数就是 A 和 B 这两个目标方向之间的水平夹角。

2. 距离测量

进行距离测量的步骤如下所示。

①对棱镜常数进行设置。在进行距离测量之前，应首先在仪器当中输入棱镜常数，这时仪器就会自动改正所测量的距离。

②对大气改正值、气温值和气压值进行设置。随着大气温度和气压的不断变化，光在大气中的传播速度也会相应地发生变化，仪器中所设置的关于大气温度和气压的标准值是 15℃和 760 mmHg，当气温和气压都处于标准值时，大气改正值为 0 ppm。在实际测量的过程中，可以在仪器中输入温度和气压值，这时全站仪就会自动计算出相应的大气改正值，同时还会对测距结果进行改正。

③对仪器的高度和棱镜的高度进行测量，并将测量结果输入全站仪当中。

④对距离进行测量。将全站仪对准目标棱镜的中心位置之后，开启测距功能，这也就意味着已经开始了距离测量，测距完成时全站仪会显示斜距、平距、高差。

3. 坐标测量

进行坐标测量的步骤如下所示。

①对测站点的三维坐标进行设定。

②将后视点的坐标或后视方向的水平刻度读数设置为其方位角。全站仪在设置后视点坐标时，会自动将后视方向的方位角计算出来，并将后视方向的水平刻度读数设置为其方位角。

③对棱镜常数进行设置。

④对大气改正值或气温、气压值进行设置。

⑤对仪器的高度和棱镜的高度进行测量，并将测量结果输入全站仪当中。

⑥将全站仪对准目标棱镜的中心位置之后，开启坐标测量功能，这时全站仪就开始测量距离，同时还计算出测点的三维坐标。

（二）全站仪使用注意事项

在使用全站仪的过程中，需要注意以下事项。

①在开工之前，应该确保仪器箱背带及提手的牢固性。

②打开仪器箱之后，不能马上取出仪器，而是应该对仪器在箱中的摆放方

式和位置进行检查，在安装和拆除仪器时，不能触碰显示单元的下部，而应该握住提手，更不能去直接拿仪器的镜筒，以免对仪器里面的一些固定部件造成影响，从而使仪器的精度降低。正确的操作是用手握住其基座的部分或者望远镜支架的下部，在用完仪器之后，应将物镜表面的灰尘擦拭干净，并用罩子盖上，最后将仪器按照取出来之前的摆放方式和位置放回仪器箱中，合上箱盖之前应再次确认仪器的各个部位都已经放置妥帖，确保箱盖合上时没有任何障碍。

③如果在测量时无法避免太阳光的照射，那么为了保证观测的精准性，就必须要在仪器上罩上遮阳罩；如果需要进行测量的环境比较杂乱，就必须安排专门的人员对仪器进行守护；如果架设仪器的位置地面比较光滑，为了避免仪器滑倒，就需要将三脚架的三个脚连起来。

④应尽量使用木制三脚架来架设仪器，如果使用的是金属三脚架，那么为了保证测量的准确性，则应该尽量避免产生振动。

⑤如果测站与测站之间的距离非常远，那么在搬站时就必须将仪器拆下装箱，并将仪器箱锁好、安全带系好之后再背着仪器移动；如果测站与测站之间的距离比较近，那么在搬站时可以不拆卸仪器，而是将仪器和三脚架保持直立的状态，一起靠在肩上移动。

⑥应该在确保仪器和三脚架连接牢固的前提下进行搬运，在搬运之前还应将制动螺旋拧紧，以免在搬运过程中造成仪器晃动。

⑦如果发现仪器出现了故障，那么就应该立即停止使用，并将其送到专门的地方进行修理，如果勉强使用则可能会使仪器损坏更严重。

⑧应确保光学元件表面的清洁，对于附着在上面的灰尘，应该及时用毛刷或柔软的擦镜纸清理干净，切记不可用手直接触碰任何光学元件的表面。在对仪器透镜表面进行清洁时，首先是用一个干净的毛刷将其表面的灰尘打扫干净，然后再用一块干净的无线棉布沾上酒精，从透镜的中心位置轻轻地、一圈圈地进行擦拭。除了仪器需要清洁以外，仪器箱也需要清洁，在清洁时，不能使用任何稀释剂或汽油，而是应该将中心洗涤剂沾到干净的抹布上进行擦洗。

⑨如果工作的环境比较潮湿，那么在工作完成后，必须要将其表面的水分和灰尘用软布擦干净之后再放到仪器箱中。

⑩冬天室内外温差较大时，仪器搬出室外或搬入室内后不可立即开箱，应间隔一定时间后再开箱。

第二节　水利工程施工放样

一、施工测量的主要精度指标

施工测量的主要精度指标如表 3-1 所示。

表 3–1　施工测量主要精度指标

项目		内容	精度指标		精度指标相对的基准
			平面位置限差 /mm	高程限差 /mm	
混凝土建筑物		轮廓点放样	±（20 ～ 30）	±（20 ～ 30）	邻近基本控制点
土石料建筑物		轮廓点放样	±50	±50	邻近基本控制点
机电设备与金属结构安装		轮廓点放样	±（2 ～ 10）	±（2 ～ 10）	建筑物安装轴线和高程基点
土石方开挖		轮廓点放样	±（50 ～ 150）	±（50 ～ 150）	邻近基本控制点
地形测量		地物点	±（1 ～ 1.5）（图上）	±2/3 基本等高距	邻近图根点
施工期变形监测		监测点	±（6 ～ 10）	±（6 ～ 10）	工作基点
隧洞贯通	相向开挖长度小于 5 km	贯通面	横向 ±100 纵向 ±100	±50	工作基点
	相向开挖长度 5 ～ 10 km	贯通面	横向 ±150 纵向 ±150	±75	从两端洞口分别测量贯通点在横向、纵向和高程方向上的差值

二、开挖工程测量

开挖工程测量包括开挖区的原始地形和原始地貌测量；开挖轮廓线放样；断面测量和工程量测量等内容。开挖轮廓放样点的点位限差，如表 3-2 所示。

表 3–2　开挖轮廓放样点的点位限差

轮廓放样点位	点位限差	
	平面 /mm	高程 /mm
主体工程部位的基本轮廓点、预裂爆破孔定位点	±50	±50
主体工程部位的坡顶点，非主体工程部位的基础轮廓点	±100	±100
土、砂、石覆盖面开挖轮廓点	±150	±150

注：点位限差均是相对邻近基本控制点而言的

第一，开挖工程细部放样时，有必要在现场设置控制开挖轮廓点的斜坡的顶点、拐角点或坡脚点，并在其上标记醒目标志。

第二，极坐标法、测角前方交会法、后方交会法等是开挖细部工程放样的几种方法，其中最为主要的方法是前两种。

第三，根据一些条件和精度的要求，工作人员可通过以下方式来丈量距离：①最好用钢尺或卷尺进行测量，卷尺的特定长度不得超过一尺，在高度差较大的区域可以测量倾斜距离并进行倾斜校正；②视距法测得的视距长度应小于或者等于 50 m，设置预裂爆破时，不应使用视距法；③用视差法进行测定时，视线终点的视线长度应小于或者等于 70 m。

第四，可以使用支线水准仪、光电测距三角高程或经纬仪来进行细部点高程放样。在开始挖掘之前，必须测量挖掘区域的原始剖面或地形图。开挖完成后，必须测量完成的断面或地形图，以作为工程量结算的依据。

三、填筑与混凝土工程测量

（一）填筑与混凝土建筑物轮廓点放样点位限差

填筑与混凝土建筑物轮廓点放样点位限差具体如表 3-3 所示。

表 3–3　填筑和混凝土建筑物轮廓点放样点位限差

建筑物类型	建筑物名称	点位限差	
		平面 /mm	高程 /mm
混凝土建筑物	主体工程部位的基本轮廓点、预裂爆破孔定位点	±50	±50
	主体工程部位的坡顶点，非主体工程部位的基础轮廓点	±100	±100
土石料建筑物	土、砂、石覆盖面开挖轮廓点	±150	±150

注：点位限差均相对于邻近基本控制点而言

（二）混凝土建筑物放样内容

对各种建筑物进行立模或轮廓点放样是混凝土建筑物放样的主要内容。一般是在距离设计线 0.2 ～ 0.5 m 的地方进行建筑物立模细部轮廓点的放样工作。控制点可以直接对立模和轮廓点进行测设放样，同样建筑物纵横轴线点也可以直接对立模和轮廓点进行测设放样。

（三）混凝土建筑物高程放样

施工时应根据不同的情况来选择最为合适的混凝土建筑物高程放样的方式。

①对于连续垂直上升的建筑物，除了具有结构的部分（如牛腿、走廊、门的开口）外，标高显示的精度要求也很低，主要是为了防止出现严重误差。

②对于溢流面和斜面的特殊部位，高程标注的精度一般应与平面位置标注的精度一致。

③对于具有金属结构和机电设备嵌入式部件的混凝土抹灰层，其放样精度一般高于平面位置，应采用找平方法找平，并应注意检查。

④特殊零件的模板设置好后应使用轮廓点进行检查和验证。平面位置（包括垂直度）检查精度为 ±3 mm，高程检查精度为 ±2 mm。

四、资料整理

①只要是已经完成了测量放样工作，那么相关作业组的人员就应该在第一时间对测量放样过程中记录的资料、计算的数据资料及检查成果对照表进行整理，整理完成后还应该根据工程项目和部位进行归档保存。

②在完成测量收方工作之后，应该第一时间对相关地形图、断面图、工程量清单和现场数据进行分类并保存。

③在完成单项工程之后，同样要对竣工测量记录资料、图表、设计图纸及测量技术总结等进行整理。

④应及时整理电子计算器或计算机输出的野外观察记录和测量数据，分别结集成册，并在添加必要说明后归档。

第三节 建筑物施工测量放样

一、土坝工程测量

土坝是一种较为普遍的坝型。我国修建的数以万计的各类坝中，土坝占 90% 以上。受土料在坝体分布情况及自身结构的影响，土坝具有多种类型。总的来说，土坝的控制测量主要分为以下两个步骤：①确定坝轴线，其主要是利用基本网来确定的；②控制坝体细部放样，这主要是通过坝轴线来布设坝身控制网，进而实现对坝体细部的放样的控制。其具体操作如下。

（一）确定坝轴线

一些中小型坝轴线通常情况下是进行现场测量，也就是指派一些工程设计人员和测量人员，组成一个选线小组，让他们直接去现场进行勘测，然后再结合当地地形、地质、建筑材料等情况，先确定出多种可行的方案，在比较之后，直接在现场确定最为合适可行的方案。

对于一些比较大型的土坝或者那些紧连混凝土坝的土质副坝来说，除了进行现场勘测，还应利用图纸进行规划，在经过不断调查和方案比较之后才能确定建坝的具体位置，确定位置之后，还应结合枢纽的整体布置，在坝址地形图上标出详细的坝轴线。

（二）坝身控制线的测设

和坝轴线平行或者垂直的控制线即为坝身控制线。坝身控制线的测设工作需在围堰的水排尽后，清理基础前进行。

1. 与坝轴线垂直的控制线的测设

通常情况下，与坝轴线垂直的控制线都是以 50 m、30 m 或 20 m 的间距来进行测设的。具体步骤如下。

（1）沿坝轴线测设里程桩

在坝轴线一端附近测设出轴线上设计坝顶与地面的交点，作为零号桩，其桩号为 0+000。在该处安置经纬仪，瞄准另一端点，获得坝轴线方向；用高程放样的方法，在坝轴线上找到一个地面高程等于坝顶高程的点，这个点即为零号桩点。之后再将零号桩设为起点，利用经纬仪定好线，然后根据已经选好的间距，沿着坝轴线的方向来测量距离，并按照顺序打下 0+030、0+060、0+090……里程桩，一直到另一端坝顶与地面的交点为止。

（2）测设垂直于坝轴线的控制线

在里程桩上安装好经纬仪，瞄准两个端点中的任意一个，然后将照准部旋转 90° ，这样就能够定出与坝轴线相垂直的一系列平行线，确定完平行线之后，工作人员还应该利用方向桩，在上下游施工范围以外的实地上进行标定，使其能够在测量横断面和放样时提供依据，这些桩通常被称为横断面方向桩。

（3）建立高程控制网

用于土坝施工放样的高程控制主要可分为两个级别，即由若干个永久基准和临时操作基准组成的基本网络。基本网不应该布设在施工范围之内，在测量时，应该使用三等或四等水准测量的方法与国家水准点连测，从而使它们组成闭合或附合水准路线。

在精度要求不是很高时，也可以应用全站仪进行三角高程放样。

2. 与坝轴线平行的控制线的测设

在布设与坝轴线相平行的控制线时，可以选择坝顶上下游、上下游坡面变化及下游马道中线等处，也可以按照 10 m、20 m、30 m 等间距来进行布设，这两种布设方式都比较便于在进行坝体填筑时进行控制，同时也方便计算土石方。

测设平行于坝轴线的控制线时，要分别在坝轴线的端点安置经纬仪，瞄准后视点，旋转 90° 各作一条垂直于坝轴线的横向基准线，然后沿此基准线量取各平行控制线与坝轴线的距离，得到各平行线的位置后，用方向桩在实地标定，也可以用全站仪按确定坝轴线的方法放样。

二、地下工程测量

地下工程测量的测量限差应遵照下述规定。

①如果相向开挖的长度没有超过 10 km，那么就可以按照表 3-4 的相关规定来确定贯通测量限差；如果相向开挖的长度已经超过了 10 km，就必须要做专门的技术设计。

②在计算贯通中误差时，可以表 3-4 中限差的一半作为贯通中误差，并根据表 3-5 中贯通中误差分配原则来进行分配。

③上、下两相向开挖的竖井的贯通限差为 ±200 mm。

④通过竖井贯通时，应把竖井定向作为一个独立因素参与贯通中误差的分配。

表 3–4　贯通测量限差

相向开挖长度（含支洞在内）/km	限差 /mm		
	横向	纵向	竖向
<5	±100	±100	±50
5 ～ 10	±150	±150	±75

表 3–5　贯通中误差分配原则

相向开挖长度（含支洞在内）/km	中误差 /mm								
	横向			纵向			竖向		
	洞外	洞内	贯通面	洞外	洞内	贯通面	洞外	洞内	贯通面
<5	±30	±40	±50	±30	±40	±50	±15	±20	±25
5 ～ 10	±45	±60	±75	±45	±60	±75	±20	±30	±40

在开始工程之前，人们应该按照隧洞的设计轴线来进行平面及高程控制略图拟定，以便对洞外和洞内的控制等级及作业方法进行确定。

（一）洞外控制测量

1. 平面控制测量

（1）平面控制测量的任务

对每个洞口控制点的平面位置进行测定是进行洞外平面控制测量的首要任务，人们之所以要测定各个洞口控制点的平面位置，就是为了在将设计方向导向地下时能更加便利，从而能够更好地指导隧洞的开挖工作。因此，洞外平面控制网中应包括洞口控制点。

（2）平面控制测量的要求

测角网、侧边网、边角组合网、GPS 网及导线网是洞外平面控制网的主要布设方式；水准测量路线或光电测距三角高程导线是洞外高程控制网的主要布设方式。洞外控制网的等级选择如表 3-6 所示。

表 3–6　洞外控制网等级选择

隧洞相向开挖长度（含支洞在内）/km	平面、高程控制网等级
<5	三等、四等
5 ～ 10	二等、一等

（3）平面控制测量的方法

①三角网法。对于隧洞较长、地形复杂的山岭地区，平面控制网一般布设三角网。三角网的定位精度比导线高，有利于控制隧洞贯穿的横向误差。

②导线测量法。当洞外地形复杂、量距又特别困难时，主要采用光电测距仪导线作为洞外控制。在洞口之间布设一条导线或大致平行的两条导线，导线的转折角用 DJ 6 型经纬仪观测，距离用光电测距仪观测，根据坐标反算，可求得两洞口点连线方向的距离和方位角，人们据此可以计算掘进方向。

③ GPS 法。用 GPS 法测定各洞口控制点的平面坐标，由于各控制点之间可以互不通视，没有测量误差积累，因此特别适用于特长隧道及通视条件较差的山岭隧道，且具有布设灵活方便、定位精度高的特点。

2. 高程控制测量

（1）高程控制测量的任务

根据测量设计中所规定的相关精度要求，人们要对隧洞口周围水准点的高程进行测定，以作为高程引测进洞的依据，并以此控制开挖坡度和高程，这就是洞外高程控制测量的首要任务。高程控制一般采用三等或四等水准测量，当两洞口之间的距离大于 1 km 时，应在中间增设临时水准点。

（2）高程控制测量要求

①洞外高程控制的等级应根据隧洞相向开挖长度（参照见表 3-6）的规定选择。

②在布设洞外控制时，如果使用的是边角网、测边网或导线网，那么就可以不用三、四等水准测量，而是使用光电测距三角高程，这是因为在控制高程时，光电测距三角高程可以结合平面控制。

③可根据具体情况和需求来埋设高程标石，但是对于高程点的设置则必须要满足每个洞口都不能少于两个的要求。

（二）洞内控制测量

①最好是在进行洞内平面控制时布设光电测距导线，该类导线主要分为两种，即基本导线和施工导线。

②从洞口控制点向洞内布设测距导线时，起始方向与测角中误差必须要控制在 ±1.8"。

③应根据施工放样的实际需要来布设施工导线点，在埋设时，每个点之间最好间隔 50 m 左右，并且每隔数点还要和基本导线进行复核。

④在敷设光电测距基本导线和施工导线时，应该沿着洞壁的两侧进行，主拐点可采用在洞壁内插入观测墩或金属观测架的方式来进行埋设，同时还应快速计算出里程、高程及轴线偏差。

⑤应对导线边长进行投影改正。洞内基本导线宜进行两组独立观测，观测合格之后，应将这两组的观测结果相加后得出平均值作为最终的结果。如果仅仅进行了一组观测，那么就必须要同时对导线的左、右角或组成闭合线路进行观测。洞内光电测距基本导线的测量技术要求见表 3-7。

表 3–7　洞内光电测距基本导线技术要求

相向开挖长度 / km	支导管端点横向中误差 /mm	导线全长 / m	最短平均边长 / m	侧边中误差 / mm	测角中误差 / (")
<5	±40	1.0	50	±5	±2.5
		1.6	180	±5	±2.5
		2.0	335	±5	±2.5
			185	±5	±1.8
		2.52	360	±5	±1.8
			315	±3	±1.8
5 ～ 10	±60	3.0	220	±3	±1.8
			250	±5	±1.8
			70	±3	±1.0
		5.0	335	±5	±1.0
			315	±3	±1.0

注：1. 本表数据是按支导线端点的点位中误差计算的；

2. 实际情况与本表不符的，可具体计算

⑥洞内的高程控制可以采用四阶水准仪或精度较高的光电测距三角水准仪来进行测量。对于支线应进行两组独立观察。洞内的高程控制标石应该与基本导线标石结合在一起。

⑦如果是在洞内使用观点测距仪，那么就会很容易导致在仪器和反射镜面上形成水珠或者雾气，因此在洞中为了避免降低测距精度，应该更加注重对仪器的防护，并及时擦拭镜面。

⑧在隧洞贯通完成之后，应该及时确定、调整并分配贯通测量误差。

⑨要定期检查和复核洞内的平面及高程控制点。

三、金属结构与机电设备安装测量

水利水电工程金属结构与机电设备安装测量工作所涉及的内容主要包括以下几方面：一是专用网的测设与安装；二是轴线与高程基点的安装；三是点的放样的安装；四是竣工测量的安装等。

已经确定了的金属结构和机电设备的安装轴线与标高基点应预埋稳定的测量标志，在整个施工过程中不得改变。安装放样点测量限差见表 3-8。

表 3-8 安装放样点测量限差

<table>
<tr><th colspan="2" rowspan="2">安装测量项目</th><th colspan="4">测量限差 /mm</th></tr>
<tr><th>平面</th><th>垂直度</th><th>高程</th><th>水平度</th></tr>
<tr><td rowspan="3">压力钢管</td><td>始装节管口中心定位</td><td>±5</td><td>—</td><td>±5</td><td>—</td></tr>
<tr><td>与蜗壳阀门伸缩节等有连接的管口中心定位</td><td>±10</td><td>—</td><td>±10</td><td>—</td></tr>
<tr><td>其他管口中心定位</td><td>±15</td><td>—</td><td>±15</td><td>—</td></tr>
<tr><td rowspan="2">平面闸门</td><td>主轨与反轨定位</td><td>±2</td><td>—</td><td>±2</td><td>±2
底坎</td></tr>
<tr><td>侧轨定位</td><td>±3</td><td>±2</td><td>—</td><td>—</td></tr>
<tr><td rowspan="2">弧形门、人字门</td><td>弧形门定位</td><td>±2</td><td>—</td><td>±2</td><td rowspan="2">±2
底坎</td></tr>
<tr><td>人字门定位</td><td>±2</td><td>±2</td><td>±3</td></tr>
<tr><td rowspan="2">水轮发电机</td><td>座环安装中心定位</td><td>±3</td><td>—</td><td>±3</td><td>±0.2</td></tr>
<tr><td>机坑里衬安装及蜗壳安装中心定位</td><td>±10</td><td>—</td><td>±5</td><td>±0.5</td></tr>
</table>

注：1. 测量限差均是相对于安装轴线和高程基点而言的；

2. 当工程要求高于本表时应遵守有关技术文件规定

（一）安装点的放样

施工时人们应该在轴线和高程基点安装的基础上来进行点线测放的安装工作，只有这样才能使形成的局部控制系统更加严密。

在进行方向线测设时，前视距离必须要小于后视距离，照准目标应该使用具有细、直、尖等一系列特征的测针，同时还应采用正倒镜两次定点的方式，在取得平均值之后确定经纬仪或全站仪投点。

如果测量距离没有超过 30 m，那么在测量距离时最好是使用钢带尺，在读数时要注意数值应估读到 0.1 mm。需要注意的是，使用钢带尺测量出的距离数值，要经过倾斜、尺长、温度、拉力及悬链进行校正。测距相关技术要求见表 3-9。当钢带使用不方便时，或者尺量距或量距大于 30 m 时，宜采用测距仪或全站仪“差值法”进行测量。

表 3-9　钢尺距离测量的技术要求

测量时拉力	温度读记 /℃	距离测量次数	同测次测量		边长测量相对精度
			读数次数	较差 /mm	
与鉴定钢带尺时相同	1.0	2	2	1	1 ∶ 10 000

铅垂投点的顶底点传递限差见表 3-10。

表 3-10　顶底点传递限差

高度 /m	限差 /mm
⩽ 20	± 1.0
20 ～ 40	± 1.5
⩾ 40	± 2.0

人们应该按照金属结构与机电设备安装设计对高程的精度要求来测量安装点的高程，同时还应按照相关精度要求来选择水准测量方法。

如果水平度测量的精度比较高，那么就应该选用底部装配有球形接触点的铟钢水准尺或钢板尺。此外，应将钢板尺放到型材中，型材可以是木制的，也可以是铝合金的，同时还应配有安平水准器。需要注意的是，刻画安装点标志的误差必须要小于 0.3 mm。

（二）检查安装点

每次放样之后，必须检查放样点之间的相对尺寸关系，并将其与之前的放样点进行比较。最好用不同的方法检查放样点，而不是采用和放样时一样的方法。

（三）资料整理

①在完成安装放样之后，要填写安装测量交样单，同时还应附上点位分布示意图和相关说明。

②在完成安装测量验收之后，要填写安装测量验收单。

③在单项工程竣工后，应及时整理安装测量材料，并归档，如有必要，还应该对用到的测量技术进行总结。

（四）疏浚与渠底测量

1. 疏浚测量

疏浚工程的测量方法主要有以下几种：第一，三角测量；第二，导线测量；第三，全球定位系统，也称为 GPS。疏浚测量控制点点位限差应为 ±100 mm。比较适用于高程控制的方法主要有以下两种：一是四等水准测量法；二是光电测距三角高程测量法。高程控制的高程限差应为 ±50 mm。

在测绘挖槽区及吹填区（包括排水系统）的地形图或纵横断面图时，施工人员必须要严格按照疏浚工程施工总平面布置图来进行。

在设置疏浚区域的水尺时，人们必须要注意以下几点。

①应该根据工程施工的具体需要及所处的河道地形来进行水尺测量，最好是在河岸相对比较稳定、明显并且没有回流情况出现的河段。如果河段的水面比降比 1/10 000 要小，则应该每隔 1 km 设置一组水尺；如果河段的水面比降比 1/10 000 要大，则应该每隔 0.5 km 设置一组水尺。

②只有两支及以上的水尺组合才能被视为是一组水尺，并且相邻的两个水尺之间必须要最少重合 0.1 m。

③水尺高程联测精度应不低于四等水准测量的精度，并应测出水尺零点高程，水尺刻度应能直接表示高程。

2. 疏浚施工放样点

疏浚施工放样点精度要求见表 3-11。

表 3-11　疏浚放样点的点位限差

项目	放样点位限差 /mm
疏浚开挖岸边线	±0.5
疏浚开挖水下边线及中心线	±1.0
各种管线安装	±0.5
疏浚机械定位	±1.0

注：放样点位限差是相对于邻近控制点而言的

在进行挖槽的施工放样时，人们必须要在横断面上设置五个标志点，即中心线点及两岸的上开口线点和下开口线点。标志点之间的纵向距离为 50 ～ 100 m，同时还应适当对弯道处进行加密。

应该按照水的深度和流动速度来设置挖槽放样的标志，最好是选择比较显眼的立式标杆或者浮标标志。

应该在与河道中心线相垂直的位置布设横断面，对于比较弯曲的河道来说，应尽量避免出现断面相交的情况，如果实在无法避免，就应该选定一条主要的断面进行测量，而其他相交的断面只需测到交点处就可以。

湖泊和港湾水域应该按照相关设计要求来布设疏浚工程横断面：在测量时，要测到设计开口线之外的 30 ～ 50 m 处，也可以根据具体情况来确定；横断面之间的距离应控制在 20 ～ 50 m，同时还应确保能够正确指导施工和工程量计算；水深探测点的密度，必须要以能够显示出水下的地形特征为准。此外，水下地形图的平面系统、高程系统、图幅分幅及等高距必须要和陆上地形图相一致。

3. 渠堤测量

人们可以根据现有的控制点和图根点，在渠堤工程平面控制的过程中建立施工导线，导线点应该紧密结合渠堤的起讫桩和转折桩，同时还应该在点位处埋设稳定性较强的标石，测量施工导线最好是按照四等导线的精度确定。

渠堤高程必须要高于或者等于四等水准的精度，并且高程标点可以和平面控制用同一个。百米桩、千米桩及加桩等渠堤中心桩的平面位置测量放样限差为 ±200 mm，高程测量限差为 ±50 mm，当然这都是相对于邻近控制点来说的。除此之外，人们还应对全部中心桩的桩顶和地面高程进行测量。此外，人们应根据地形的变化情况来确定中心桩的间距，一般直线段为 30 ～ 50 m，曲线段为 10 ～ 30 m。

横断面应与渠堤的中心线相垂直，任一横断面的测量范围都应该在挖、填区外边线以外的 3 ～ 5 m，渠堤的实际地形应能通过断面点之间的密度直观地反映出来。

纵断面比例尺水平为 1 ： 5 000 ～ 1 ： 1000，竖直为 1 ： 500 ～ 1 ： 100；横断面比例尺水平为 1 ： 500 ～ 1 ： 200，竖直为 1 ： 500 ～ 1 ： 100。

如果布设平面和高程控制的渠堤地段有水闸、渡槽、桥涵等水工建筑物，则所埋设的施工控制点至少应在三个及三个以上。

第四节　水利工程观测技术

一、水利工程观测技术概述

（一）目的

水利工程检查观测的主要目的如下所示。

①掌握工程状态变化和工作情况。

②及时发现不正常现象，分析原因，以便进行适当的养护修理或采取必要的工程对策。

③取得实际资料，验证设计及科技成果。

④对水利工程在施工和运行期间工作情况与状态变化的表面观察与原型观测。表面观察主要是指定期检查，是常常要做的，有时是临时检查，人们可以观察工程情况并直接从外观上发现工程中存在的缺陷；原型观测是将观测设备埋入具有代表性的工程部件中，并定期使用仪器进行观测，以获取项目内外代表性部件状态变化的物理数据。二者互相补充，能为分析判断工程的工作和安全情况提供较为全面的资料。

（二）内容

水利工程检查观测项目一般包括，水工建筑物检查；水工建筑物观测（水平、垂直大坝安全监测），如渗透压力、渗透流量检测等；滑坡观测和河道观测等。

水利工程观测工作包括以下几个环节。

①观测设计。在工程设计阶段或应用过程中如果需要增加观测项目时，则可以根据建筑物的特点和需要来确定观测项目、布置测点和选择观测仪器设备。

②埋设观测仪器设备。根据埋设要求，对观测仪器设备进行妥善处理，同时还需获得原始测量数据和参考证据的资料。

③现场观测。在进行现场观测时，观测人员应严格按照给定的时间、正确的操作方法及精度要求进行观测。

④整理、分析和整编观测资料。其主要包括，计算和整理观测值；对现场的检查及核对；根据检查成果和工程设计、施工、运行等相关资料，对观测资料进行整编刊印和存档。

二、观测项目

（一）水库工程

水库工程大坝观测项目详见表 3-12。

表 3–12 水库工程大坝观测项目

工程类别	观测项目										
	垂直位移	水平位移	坝体渗流压力	坝基渗流压力	坝基渗流量	侧岸绕渗	浸润线	裂缝	伸缩缝	空隙水压力	土压力
大型水库大坝	√	√	√	√	√	√	√				
中型水库大坝	√	√			√		√				

注：表中打“√”的为一般性观测项目，其他均为专门性观测项目

①如果水库大坝出现了裂缝，并且这个裂缝很有可能会对工程的安全造成影响，那么就必须要对裂缝进行观测。

②如果水库大坝建在了较为松软的坝基上，那么就必须要对伸缩缝进行观测。

③如果水库大坝属于均质土坝、松软坝基、土质防渗体土石坝等类型，那么最好是进行土体孔隙水压力和土压力观测。

（二）水闸工程

水闸工程观测项目详见表 3-13。

表 3–13 水闸工程观测项目

工程类别	观测项目							
	垂直位移	水平位移	坝基扬压力	侧岸绕渗	裂缝	伸缩缝	水流形态	土压力
大型水闸	√		√	√				
中型水闸	√							

注：表中打“√”的为一般性观测项目，其他均为专门性观测项目

①如果水闸工程的地基条件不是很好，或者水闸建筑物出现了受力不均的情况，那么就必须要观测水闸工程的水平位移和伸缩缝。

②如果水闸工程出现了裂缝，并且裂缝很有可能会对建筑物的结构安全造

成影响，那么就必须要观测裂缝。

③在水闸工程控制运行期间，可根据工程运行方式和水位流量的组合，不定期进行水流流态观测，当操作超标时，应加强观察。

（三）泵站工程

泵站工程观测项目见表 3-14。

表 3–14　泵站工程观测项目

工程类别	观测项目							
	垂直位移	水平位移	闸基扬压力	侧岸绕渗	裂缝	伸缩缝	水流形态	土压力
大型泵站	√		√	√				
中型泵站	√							

注：表中打“√”的为一般性观测项目，其他均为专门性观测项目

①如果泵站的地基条件不是很好，或者泵站建筑物出现了受力不均的情况，那么就必须要观测泵站的水平位移和伸缩缝。

②如果泵站出现了裂缝，并且裂缝很有可能对建筑物的结构安全造成影响，那么就必须要观测裂缝。

③可以对泵站工程进行土压力观测。

（四）河道工程

河道工程观测项目见表 3-15。

表 3–15　河道工程观测项目

工程类别	观测项目		
	固定断面	河道地形	河势
一般河道	√	√	
建筑物引河	√	√	

注：表中打“√”的为一般性观测项目，其他均为专门性观测项目

①河势变化严重的河段，应在河势变化、干流走向、横向摆动、岸坡冲淤变化过程中，进行年度或洪水观测，并对河势变化及其发展趋势进行分析。

②对汛期受水流影响严重的塌岸现象河段，应监测塌岸段渗漏点的形态、规模、发展趋势和泄漏点。

（五）堤防工程

堤防工程观测项目见表 3-16。

表 3–16　堤防工程观测项目

工程类别	观测项目							
	垂直位移	堤身断面	堤身浸润线	堤基渗流压力	堤基渗流量	裂缝	波浪	土压力
1 级提防	√	√	√	√	√			
2、3 级提防	√	√						

注：表中打“√”的为一般性观测项目，其他均为专门性观测项目

①如果堤身出现了裂缝，并且裂缝很有可能会对工程安全造成影响，那么就必须要观测裂缝。

②如果堤防工程会受到非常剧烈的波浪影响，那么最好是选择较为合适的地点进行波浪观测。

③可以对堤防工程进行土压力观测。

三、观测

（一）垂直位移观测设施

1. 设置工作基点

①每个工程和测区的工作基点都应该单独进行设置，设置的数量应该在三个或者三个以上，如果在工程的周围有超过国家二等的水准点，那么其就能够在和工作基点进行联测确定好高程之后直接引用。

②应该在方便观测并且地基比较坚实的地方来埋设工作基点。对于水闸、泵站及水库大坝工程来说，工作基点最好是埋设在工程的两边。如果是堤防工程，那么就可以根据具体情况和需要，在其背水侧分成若干段来进行埋设。

③应根据国家制订的相关水准测量规范的具体要求来埋设和选用工作基点，并且在埋设时，最大深度应该在最大冰冻线以下 50 cm 或者更深。只要是工作基点已经埋设，在没有出现异常变动的情况下，工作基点就不可以重设，需要注意的是，标点的材料应该是不锈钢。堤防工程工作基点可从国家三等或四等水准点上引测。

2. 设置垂直位移标点

①应该在每个水闸的每块闸底板四角的闸墩头部、岸（翼）墙四角、重力式或扶壁式岸（翼）墙及挡土墙的两端分别埋设垂直位移标点。其中，泵站翼墙、挡土墙的标点布设与水闸相同。

②应该根据泵站底板的大小，在上游和下游的两侧分别埋设不少于三个的标点。如果泵站的底板相对比较大，那么就应该视具体情况，适当在底板中间位置多埋设几个标点。

③应根据建筑物的底部结构缝隙或者底板的缝隙来布设水闸、泵站工程的标点。

④水库大坝观测断面的每组观测断面距离应该在 50 ～ 100 m，每个水库大坝的观测断面都必须要有三个及以上，并且每组断面的垂直位移标点都必须要在四个及以上。

（二）水平位移观测设施

1. 水库大坝

（1）水库大坝水平位移观测基点布置

在布置水库大坝水平位移观测基点时，应该同时满足以下几个条件：一是应在建筑物两岸方便观测标点的位置进行布置；二是必须要布置在岩基或者比较坚固、结实的土基上；三是为了方便对工作基点进行校测，应在每一纵排观测标点的两端岸坡上都进行设置；四是布置工作基点的位置应不容易遭到任何破坏；五是布置的工作基点应该在观测标点的延长线上。

（2）水库大坝观测断面选择和观测标点布置

①一般情况下，大坝所选择的观测横断面必须要在三个及以上，位置最好选在水工建筑物最大坝高处或河床处、合拢段、地形突变处、地质条件复杂处。

②对于硬基上的土石坝来说，其所设置的观测纵断面一般是在四个及以上，具体如下：一是在上游坝坡正常蓄水位以上布置 1 个；二是在坝面的上、下游两侧布设 1 ～ 2 个；三是下游坝坡半坝高以上设 1 ～ 3 个，半坝高以下设 1 ～ 2 个。软基上的土石坝要比硬基上的多，即在下游坝址外侧增设 1 ～ 2 个。

③ V 形河谷应该适当加密高坝和两坝端及坝基地形变化陡峻坝段的坝顶预测点，同时还应加设对水平位移的测量。

④如果大坝的长度不足 300 m，那么观测标点之间的距离应该控制在 20 ～ 50 m；如果大坝的长度超过了 300 m，那么观测标点之间的距离应该控制

在 50 ～ 100 m；如果大坝的长度超过了 500 m，或者坝轴线为折线，那么就应该在坝身每个纵排测点中增设工作基点，当然也可以设置观测标点。同时，为了最大限度地减小观测误差，还应采用分段的方式对大坝水平位移进行观测。

⑤每个工作基点之间的距离应该尽量保持在 250 m 左右，视准线与障碍物之间的距离应该大于 1 m。

⑥应该在同一个观测墩上设置水平位移和垂直位移的观测标点。

2. 水闸

（1）水平位移观测基点布置

①校核基点应布置在水闸两岸和便于对工作基点及观测标点进行观测的岩石或坚实的土基上。

②工作基点应布置在水闸两岸和便于对观测标点进行观测的岩基或坚实的土基上。

（2）水闸观测断面选择和观测标点布置

①观测横断面通常可在闸墩顶的上游面和下游面各设置 1 个，闸两岸翼墙的观测标点在闸墩观测标点的视准线上各设置 1 个。

②观测纵断面一般不少于 4 个，每个闸墩顶的上游面布置 1 个观测标点，视准线的两端翼墙顶部各布置 1 个。

采用前方交会法观测的水平位移观测标点可在闸墩重要部位、闸两岸翼墙顶部布设。

3. 观测设施

（1）观测设施结构

观测标点、工作基点和校核基点的结构必须要足够坚固，并且还不能轻易发生变形，要有较强的实用性，并且还应尽量做到美观。

观测标点、工作基点和校核基点可采用柱式或墩式，以便能够同时作为垂直位移和横向水平位移的观测标点，设置的立柱应该在坝面或者坡面以上 0.6 ～ 1 m，同时还应在立柱的顶部设置强制对中底盘，误差应小于 0.2 mm。

校核基点可采用墩式混凝土结构，在岩基上的校核基点可凿坑就地浇注混凝土。校核基点的结构及埋设要求与工作基点相同。

（2）安装观测设施

观测点和工作基点的基底深度应该大于或者等于 0.5 m，冻结区应在冻结线以下，并采取防护措施，以防遭受雨水侵蚀、石块挤压和人员碰撞等。在埋设的过程中，施工人员必须要保证立柱是垂直的，仪器的基座是水平的，每个测量点都必须要在视准线上，且对中底盘中心位置产生的偏差应该控制在 10 mm 以内，将底盘调整到水平位置，倾角应不超过 4"。

（三）渗流观测

渗流观测主要包括堤（坝）基渗流压力、堤（坝）体渗流压力和浸润线、建筑物扬压力、侧岸绕渗、渗流量等项目，除渗流量观测外，其他项目一般通过测压管或渗压计进行观测。渗流观测项目应统一布置，各项目配合进行观测，必要时也可选择单一项目进行观测。

1. 观测设施的布置

（1）大坝坝体渗流压力和浸润线观测设施的布设

大坝坝体渗流压力和浸润线观测设施的布设应符合下列要求。

①应该在最大坝高处、合龙段、地形或地质条件复杂坝段设置观测断面。通常情况下，设置的断面必须要在三个或者三个以上，同时还应尽可能地结合变形观测断面和应力观测断面。

②应该按照坝型结构、断面大小和渗流场的特征来布置观测横断面上的测点，设 3 ～ 4 条观测铅直线。对于均质坝，观测铅直线的位置宜在上游坝肩、下游排水体前缘各设置 1 条，其间部位至少设置 1 条。

（2）大坝坝基渗流压力观测

观测设施布设应符合下列要求：地层的结构及地质的构造情况在观测横断面的选择上起到了决定性的作用，一般情况下，断面数应该大于或者等于 3 个，应该尽量顺着流线方向布置，也可以与坝体渗流压力观测断面重合；在布置观测横断面上的测点时，人们应根据建筑物地下坝基地层结构、地质构造及可能发生渗透变形的部位进行布置。各个观测横断面的测点布置应根据防渗体地下轮廓线形状、坝基水文地质条件和排水形式决定，每个断面上的测点不少于 3 个。

（3）水闸、泵站渗流观测

水闸、泵站渗流观测包括基础扬压力和侧岸绕渗观测。观测设施的布设应符合下列要求：人们应该在充分考虑了水闸、泵站的结构形式、地下轮廓线形状和基础地质情况等因素之后，再确定测点的具体数量和布设位置；同时人们还应本着能够测出基础扬压力的分布和变化的原则，将观测设施布设在具有一定代表性的地下轮廓线的转折处，并且还应将一个测点设置在建筑物底板的中间位置；应埋设一定数量的测点在建筑物的岸墙和工程的上游和下游翼墙处，如果工程墙的土质比较差，还应加密测压管；测压断面应不少于 2 组，每组断面上测点不应少于 3 个。

（4）堤防浸润线、堤基渗流压力观测

堤防浸润线、堤基渗流压力观测设施的布设应符合下列要求：地形、地质薄弱、堤基渗透性高、渗透直径小、具有控制渗流量变化的代表性的堤防地段要设置观测断面，并且每个代表性的堤防地段所设置的观测断面必须要大于或者等于 3 个。

观测断面之间的距离应该控制在 300 ～ 500 m，地形、地质条件无异常变化时，可适当延长断面间距；堤防渗漏观测断面上测点的位置、数量、深度的分析和确定，应该充分考虑水文地质条件确定对坝址工程地质条件、坝段结构形式、防渗措施设计要求等因素的影响。

（5）埋设测压管

测压管的埋设应符合下列要求：内部直径在 50 mm 以内的镀锌钢管或硬塑料管均可作为测压管；测压管的透水段一般为 1 ～ 2 m 长，如果是用来进行点压力观测，那么就不能超过 0.5 m；为了防止四周土体颗粒进入，应该在外部包裹能够起到阻隔作用的无纺土工织物；透水段与孔壁之间填充反滤料的管段应平直，内壁应光滑通畅，并且要使用外箍接头；管口必须要比地面高，同时为了避免雨水流入和人为破坏，还应加设测井盖、测井栅栏及带有螺纹的管盖或管塞等保护装置；如果是使用管盖或管塞，那么还需要在测压管顶部管壁侧面钻排气孔。

水闸、泵站基础扬压力观测测压管的导管，管口和进水段宜在同一垂线上，若工程构造无法保持导管垂直，则可以设平直管道；平直管进水管段处应略低，坡度约为 1 ：20，同时应使平直管段低于可能产生最低渗透压力的高程；每一个测压管可独立设一测井，也可将同一断面上不同部位的测压管合用一个测井。一般应优先选择前种测井形式。

（6）渗压计的埋设

渗压计的埋设应符合下列要求：运用期，渗压计可采用钻孔埋设，成孔后应在孔底铺设中粗砂垫层，厚约 20 cm；渗压计的连接电缆应以软管套护，并辅以铅丝与测头相连；埋设时，应自下而上依次进行，并依次以中粗砂封埋测头，以膨润土干泥球逐段封孔；封孔段长度应符合设计规定，回填料、封孔料应分段捣实；渗压计埋设与封孔过程中应随时进行检测，一旦发现损坏仪器测头或连接电缆，应及时处理或重新埋设。

2. 观测方法与要求

一般情况下，测压管水位观测的方法有测深钟、测钎、电测水位计等，如果条件允许的话，还可以使用自动观测仪器，比如示数水位计、遥测水位计或自记水位计等。测压管中水位超过管口高程的情况可采用压力表或压力传感器进行观测。

（1）测深钟法

测深钟法就是在测深钟的顶部系上一根柔性相对较好、伸缩率比较低的绳索，并将绳索放进竖管中的方法。当空心圆柱体碰到管内的水面时就会传来锤击面的声音，这个时候就需要立刻将测绳拉紧，多次重复这一步骤，每次都应以测锤口刚刚接触到水面为准，之后就是对管口到管中水面的距离进行测量，进而得出测压管水位高程，即用测压管管口高程减管口至测压管水面的距离。

（2）测钎法

测钎法是用长 1 m 左右、直径为 6.5 mm 的圆钢，涂以白色粉末，估计测钎接触水面后立即提出，并量取管口到测钎浸水部分的长度。

（3）电测水位计法

电测水位计一般由提匣、吊索和测头三部分构成。提匣内装干电池、微安表（或其他指示器）和手摇滚筒。滚筒上缠电线（常兼作吊索），此种电线应力求柔软坚韧，不易受温度影响。吊索每隔 1 m 应有一长度标志。电线末端接测头。

在观测时，首先应慢慢将测头放入管中，直到指示器出现反应后停止放入，然后将吊索稍微提起来一些，待指导指示器没有任何反应后，再继续放入，这样重复多次之后，在指示器开始出现反应的一瞬间，仅仅捏住吊索与管口相平处的吊索，量读管口至管中水面间的距离即可。

（4）示数水位计法

该方法适用于管中水位低于管口较多，管中水位变化幅度不太大，而且测压管数目较多，测次频繁的情况。示数水位法一般由示数器、传动系统、吊索、测头浮子和平衡块等几部分组成。

示数水位计安装时应先将示数器固定于管口，并用电测水位器测出管中水位，随即在吊索未搭上传动轮前，拨动计数器，使其显示出管中水位高程，然后将测头浮子徐徐投入管中水面，并将吊索搭在传动轮上。当管中水位升降时，测头浮子便随之升降，牵动吊索，使传动轮转动带动齿轮，从而拨动示数器上的齿轮运转，使示数器显示出水面高程的读数。观测时，人们可从示数器上直接观读水位数。

（5）压力表法

一般压力表读数在 1/3 ～ 2/3 量程范围内较为适宜。压力表与测压管的各连接接头处不应漏水。

压力表安装有固定式和装卸式两种，采用固定式时要注意防潮，避免压力表受潮破坏。采用装卸式时，每次装表观测时要待压力表指针稳定后才能读其压力值 P（MPa）。

（6）测压管水位观测精度要求

测压管水位观测精度应符合下列要求：采用测钟法、测针法或电测水位计法观测时，应该单独对测压管水位进行两次观测，读数应精确到 0.01 m，并且两次读数之间的差值必须不能超过 0.02 m，符合条件后，算出两次观测的平均值，结果同样精确到 0.01 m；采用示数水位计法观测时，最小读数取 0.01 m；采用压力表法观测时，压力值应读至最小估读单位；电测水位计测量绳索的长度标记应每三个月用钢尺校准一次；在施工期间和初始存储期间，应每 1 ～ 3 个月校准一次测压管孔（压力表底座）的高度，在运行期间至少每年校准一次，观测方法和精度要求应符合四等水准测量的规定，与上次观测相差 1 cm 以内的可不做修正；使用振弦式渗压计观测时首先应使用特定的读数仪获得自振频率，再通过公式计算出渗流压力，测读的具体操作方法应参考说明书，并且两次的读数误差不能超过 1 Hz，测值物理量用测压管水位来表示，有条件的也可用智能频率计或与计算机相连。

（7）渗流自动化观测要求

渗流自动化观测应符合下列要求：每次观测时注意检查各观测设备的情况，无缺陷时才能进行观测；观测后确定测值正确才能录入数据库，并至少每三个月定期对数据库使用多个备份载体进行轮流备份；每年应对自动观测仪器定期校验一次，可采取人工方法观测测压管水位，与自动观测值比较，计算测量精度，并对仪器进行适当调整；每三个月应对自动化监测设施进行全面检查和维护，每月应校正系统时钟 1 次。自动化监测系统应配置足够的备品备件，应针对工程特点制订自动化监测系统运行管理规程。

应该按照流量大小和渗量汇集条件来进行渗流量观测，采用以下方法进行观测：当渗流量小于 1 L/s 时，宜采用容积法；当渗流量在 1 ～ 300 L/s 时，宜采用量水堰法；如果渗流量超过了 300 L/s，或者由于落差限制无法设置量水堰，那么就必须要将渗漏水引入排水沟中采用测流速法。

3. 观测设施的维护

测压管维护主要包括测压管进水管段灵敏度试验、测压管内淤积观测与冲洗、测压管堵塞清理等。

测压管灵敏度试验应每五年进行一次，一般应选择在水位稳定期进行，可采用注水法或放水法进行试验。

注水法适用于管中水位低于管口的情况。注水后工作人员要不断观测水位，直至恢复到或接近注水前的水位。管内水位在下列时间内恢复到接近原来水位的，可认为合格：一是黏壤土 5 天；二是砂壤土 24 h；三是砂砾料 1 ～ 2 h 或注水后水位升高不到 3 ～ 5 m。试验结束后要记录测量结果，并绘制水位下降过程线。

放水法适用于管中水位高于管口的情况。该方法是先测定管中水位（压力），然后放水，直至放不出为止，再按一定时间间隔测量水位（压力）一次，直至水位回升至接近原来水位并稳定 2 h 为止。其对不同地基水位恢复时间的判别标准同注水法。

当管内的淤塞已影响观测时应及时进行清理。测压管淤积厚度超过透水段长度的 1/3 时应进行掏淤。经分析确认副作用不大时，也可采用压力水或压力气冲淤。

测压管管口应设置封堵保护措施，当发现测压管被碎石等硬质材料堵塞时应及时进行清理。如经灵敏度检查不合格，堵塞、淤积经处理无效，或经资料分析测压管已失效时，宜在该孔附近钻孔重新埋设测压管。

（四）裂缝观测

1. 裂缝观测周期

裂缝观测主要是为测定建筑上的裂缝分布位置和裂缝的走向、长度、宽度及深度。观测裂缝时，观测人员应同时观测建筑物温度、气温、水温、上下游水位等相关因素，有渗水情况的裂缝，还应同时观测渗水情况，对于梁、柱等构件还需检查荷载情况。

裂缝的观测周期应根据裂缝变化速度确定。不同的建筑物观测周期应符合下列规定：混凝土或浆砌石建筑物在刚开始发现裂缝的时候，应该每半个月观测一次，如果情况基本稳定，就可以改为一个月观测一次，如果裂缝出现了变大的情况，那么也应该视情况增加观测次数，如有必要，还需持续观测；土石坝、堤防上的裂缝在发现初期应每天观测，基本稳定的宜每月观测一次，遇大到暴雨时，应随时观测；凡出现历史最高、最低水位，历史最高、最低气温，发生强烈振动，超标准运用或裂缝有显著发展时，应增加测次。裂缝宽度观测值以张开为正。

2. 观测设施的布置

观测设施的布置应符合下列规定：如果裂缝已经严重威胁了结构安全，则应选择有代表性的，设置固定观测标点；应按照裂缝的走向和长度来设置水闸、泵站的裂缝观测标点或标志，它们宜分别布设在裂缝的最宽处和裂缝的末端；堤防与土石坝上凡缝宽大于 5 mm、缝长大于 2 m、缝深大于 1 m 的裂缝都应进行观测，观测标点或标志可布设在最大裂缝处及可能破裂的部位。

裂缝观测标点应跨裂缝牢固安装。标点可选用镶嵌式金属标点、粘贴式金属片标志、钢条尺、坐标格网板或专用测量标点等，有条件的可用测缝计测定。裂缝观测标志可用油漆在裂缝最宽处或两端垂直于裂缝划线，或在表面绘制方格坐标进行测量。裂缝观测标点或标志应统一编号，观测标点安装完成后应拍摄裂缝观测初期的照片。

3. 观测方法与要求

裂缝的测量工作可采用皮尺、比例尺、钢尺、游标卡尺或坐标格网板等工具进行。

水闸、泵站裂缝观测要求如下：通常情况下，人们会使用刻度显微镜来观测裂缝宽度；如果裂缝比较重要，则要用游标卡尺测定，精确到 0.01 mm；一般都是使用金属丝来探测裂缝深度，如果条件允许，也可用超声波探伤仪测定，或采用钻孔取样等方法观测，精确到 0.1 mm。

堤防、土石坝裂缝观测要求如下：一般情况下选用皮尺、钢尺及简易测点等比较简单的工具来测量表面裂缝；对 1 m 以内的浅缝，可用坑槽探法检查裂缝深度、宽度及产状等，精确到 1 mm；深层裂缝宜采用探坑或竖井检查，必要时埋设测缝计进行观测。除按上述要求测量裂缝深度和宽度外，还应测定裂缝走向，精确到 0.5° 。

（五）其他观测

其他观测项目主要包括土压力、孔隙水压力。

1. 土压力观测

（1）土压力观测设备的选用

土压力观测一般采用钢弦式、差动电阻式、贴片式和差动电感与电容式设备。设备的选用应满足以下要求：技术指标应符合有关规范要求，性能长期稳定，有效寿命宜在 10 年以上；应具有一定的观测精度，测值受到的环境温度影响和距离传输影响易于消除；仪器结构牢固，便于在工地恶劣条件下埋设安装；防潮密封性好，并能承受一定水压力；在很大的温度变幅条件下能正常工作。

（2）土压力观测设备的埋设

一般在施工时应将观测设施植入土体，如施工期未曾埋设的宜予补设。观测设备的埋设应符合以下要求：水闸和泵站土压力观测设备应埋设在底板、翼墙和挡土墙的内侧，每个工程土压力监测断面应不少于 2 个，且每个监测断面测点应不少于 2 个；大坝与堤防的土压力观测设备宜参照垂直位移断面和测压管断面位置埋设，其监测断面间距不宜大于垂直位移监测断面间距的 5 倍，每个监测断面的测点应不少于 2 个。

（3）土压力观测测次

土压力观测测次：大型水闸、泵站及水库大坝宜每季度观测一次，1 级堤防宜每年汛前汛后各观测一次。当出现特大洪水或出现险情时应根据需要随时进行观测。土压力观测工作应提供土压力成果表，绘制土压力过程线。

2. 孔隙水压力观测

孔隙水压力观测一般仅适用于饱和土及饱和度大于95 %的非饱和黏性土。均质土坝、冲填坝、尾矿坝、松软坝基、土石坝土质防渗体、砂壳等土体内需进行孔隙水压力的观测。孔隙水压力观测是大型水库的专门性观测项目。

（1）孔隙水压力观测设施布置

①观测设施布置时，观测断面一般设 2 ～ 3 个横断面，且其中 1 个为主观测断面。

②孔隙水压力观测横断面应设于最大坝高、合龙段、坝基地质地形条件复杂处，并应尽量同变形、渗流、土压力观测断面相结合。

③孔隙水压力测点在横断面、纵断面上布置，并应尽量同渗流观测点结合，可分布在 3 ～ 4 个高程上。

④孔隙水压力观测时可在同一测点布设不同类型的孔隙水压力计进行校测。重要部位可平行布置同类型孔隙水压力计进行复测。

（2）孔隙水压力观测仪器及其安装

观测仪器及其安装应符合以下要求：孔隙水压力计的选型应优先选用振弦式仪器；当黏土的饱和度低于 95 % 时，应选用带有细孔陶瓷滤水石的高孔隙水压力计；孔隙水压力计埋设时，应在埋设点附近适当取样，进行土的干密度、级配等物理性质试验。必要时应取样进行有关土的力学性质试验。

（3）孔隙水压力观测

孔隙水压力观测应符合以下要求：孔隙水压力计的测读方法应根据所选仪器类型而定；人们通过测读振弦式孔隙水压力计自振频率的变化以确定其反应的孔隙水压力的变化；孔隙水压力的观测测次，从首次蓄水后持续 3 年，每月观测 4 ～ 30 次，之后在运行期内每月观测 3 ～ 6 次。

孔隙水压力观测应填制以下图表：孔隙水压力计埋设考证表、振弦式及水管式孔隙水压力计观测记录计算表、孔隙水压力统计表、孔隙水压力过程线图。

3. 资料整理与整编

每次观测结束后，应及时对观测资料进行计算、校核、审查。

对计算完成后的原始记录进行一校、二校，校核内容包括：记录数字有无遗漏；计算依据是否正确；数字计算、观测精度计算是否正确；有无漏测、缺测。

在原始记录已校核的基础上，由各管理单位分管观测工作的技术负责人对原始记录进行审查，对资料的真实性和可靠性负责，内容包括：有无漏测、缺测；记录格式是否符合规定，有无涂改、转抄；观测精度是否符合要求；应填写的项目和观测记录、计算、校核等签字是否齐全。

资料整理包括以下内容：测量结束后，编制各观测成果报表；编制各项观测设施的考证表、观测成果表和统计表，表格及文字说明要求端正整洁、数据上下整齐；绘制各种曲线图，图的比例尺一般选用 1 ∶ 1、1 ∶ 2、1 ∶ 5，或者 1、2、5 的十倍或百倍数；各类图表尺寸宜统一，符合印刷装订的要求。

第四章　水利工程施工质量控制

在水利工程建设当中，质量的管理和控制是难点，但也是至关重要的。在影响工程质量的诸多因素中，施工单位是质量管理的主体。业主及管理各方要为施工创造必要的质量保证条件。本章分为质量管理与质量控制、质量体系的建立与运行、工程质量事故的处理、工程质量评定与质量验收四部分。

第一节　质量管理与质量控制

一、工程质量的影响因素

（一）人

人是生产经营活动的主体，也是直接参与施工的组织者、指挥者及直接参与施工作业活动的具体操作者。人员素质，即人的文化、技术、决策、组织、管理等，能力的高低直接或间接影响了工程质量。因此，实行经营资质管理和各类行业从业人员持证上岗制度是保证人员素质的重要措施。

（二）材料

材料是工程建设的物质基础，也是工程质量的基础，主要包括原材料、构（配）件、半成品、成品等。相关工作人员要对材料进行严格的检查和验收，然后合理使用，并建立管理台账，开展收、发、运、储等环节的技术管理，避免将不合格的材料或混料利用到工程上。

（三）机械

机械是施工生产的主要工具，主要包括施工的相关机械设备、工具等。工作人员应该按照不同的技术要求和工艺流程，选择恰当的机械设备，正确管理、使用和保养机械设备。工程机械的质量与性能会直接影响到工程项目的质量。因此，应该建立机械设备使用的相关制度，让机械设备处于最佳使用状态。

（四）方法

方法主要包括施工方案、施工设计、施工组织、施工工艺、施工技术等。在水利工程中，方法是否正确、工艺是否先进、操作是否得当，都会对工程质量产生很大影响。人们应通过分析、研究和对比，在确认可行的基础上，切合工程的实际，选择技术可行、经济合理的方法。

（五）环境

对工程质量产生影响的环境因素很多，包括工程技术环境，如工程地质、水文和气象等；工程管理环境，如质量保证体系、质量管理制度等；劳动环境，如作业场所、劳动组合等；社会环境，如政府工程质量监督、市场规范程度等；法律环境，如建设工程相关的法律法规等。

二、质量管理

（一）质量管理的基本概念

任何一门学科都有一套特定的、专门的概念组合成一个符合逻辑的理论概念。质量管理也不例外，质量管理中常用的概念有质量、质量计划、质量体系、质量控制、质量保证等。

（二）质量管理的基础工作

质量管理的基础工作主要是标准化、计量质量信息和质量教育工作，还包括以质量否决权为核心的质量责任制。没有质量管理的基础工作就不能开展质量管理或行之无效。

（三）质量体系的设计

质量管理的首要工作就是设计科学系统的质量体系。不管是国家、地方，还是某个企业、单位的质量体系，都应该从实际情况和客观需求出发，选择恰当的质量体系要素，建立质量体系运行的方法。

（四）质量管理的体制和法规

相关部门要从我国具体国情出发，研究各国质量管理体制、法规，以博采众长、取长补短、融合、提炼成具有中国社会主义特色的质量管理体制和法规体系，如质量认证体系、质量管理组织体系、质量监督组织体系、质量管理方面的法律法规和规章。

（五）质量管理的工具和方法

质量管理是一门综合性的现代化管理学科，与数学、工程、机械、电子、计算机等学科关系密切。因此，研究质量管理的方法应该是理论联系实践的方法，是管理技术与专业技术相结合的方法，是“软硬兼施”（既抓质量文件、意识等软件，又抓设施、设备等硬件）的方法等。

由于质量问题是一个综合性问题，质量管理可依据地区、行业、企业、产品结构、人员素质、市场环境与要求不同而呈现多样化的特点，质量管理的研究方法也应采用综合性的方法和多样化方法，切不可“一刀切”、搞一种模式。

质量管理的基本思想方法是PDCA，P指计划（Plan），D指执行计划（Do），C指检查计划（Check），A指采取措施（Action）；其使用的基本数学方法是数理统计和概率论方法。由此，人们可以总结出各种常用工具，即直方图、排列图等。

（六）质量抽样检验方法和控制方法

质量指标是定量的、具体的。怎样抽样检验，怎样进行有效的质量控制，都需要人们在质量管理过程中正确运用概率论和数理统计方法，研究有效的控制系统。抽样方法标准是质量管理工程中的一项重要内容。

（七）质量成本的评价、计算

质量成本的评价是从经济角度评价质量体系的有效性，进行科学有效的质量管理能够使企业单位和国家产生明显的经济效益。如何核算质量成本、如何考核质量管理水平，都是现代质量管理中的一个重要研究内容。

三、质量控制的方法

（一）审核有关技术文件、报告或报表

①审核开工报告，并在现场进行核实。

②审核承包单位的相关技术资质证明。

③审核施工计划、施工方案、施工设计、质量计划等，控制施工质量。

④审核材料、构配件和半成品等相关质量证明材料。

⑤审核反映工序质量状态的相关资料。

⑥审核图纸修改、设计变更等，确保图纸和设计质量。

⑦审核质量问题处理报告，确保质量问题处理质量。

⑧审核新技术、新材料、新工艺、新结构，确保新技术应用质量。

⑨审核工序交接、分部工程和分项工程等质量检查报告。

⑩审核并签署现场相关技术文件。

（二）现场质量检查

1. 现场质量检查的内容

①开工前检查：检查是否具备开工条件，开工后能否进行连续施工，能否确保施工质量等。

②工序交接检查：对于重要的工序或对质量会产生很大影响的工序，在自检和互检的基础上，还应该组织专职人员进行检查。

③隐蔽工程检查：隐蔽工程在检查后才能进行掩盖。

④停工后复工前的检查：因质量问题或其他原因停工后需要复工时，工程需要经过检查后才能复工。

⑤分项工程、分部工程检查：分项工程、分部工程完成，经过检查认可并签署验收记录后，才能进行下一工程的施工。

⑥成品保护检查：检查成品是否具有保护措施，措施是否可靠等。

⑦现场检查：对施工操作质量进行现场巡检。

2. 现场质量检查的方法

（1）目测法

①看，即根据质量标准对外观进行目测，如检查颜色是否均匀、口角是否平直及喷涂是否密实等。

②摸，即手感检查，如检查油漆的光滑度、水刷石的黏结程度等。

③敲，即运用工具进行音感检查，如对水磨石进行敲击检查，通过声音的虚实判断是否存在空鼓等。

④照，即对于光线较暗或较难看到的部位，可以运用灯光照射或镜子反射等方法进行检查。

（2）实测法

①靠，即用直尺、塞尺等检查表面的平整度。

②吊，用线锤、吊线等检查垂直度。

③量，用计量仪表等检查断面的尺寸、标高、轴线、温度等偏差。

④套，即以方尺套方，辅以塞尺检查，如对踢脚线的垂直度、阴阳角的方正等项目进行检查。

（3）试验法

①理化试验，主要是物理力学性能检验和化学成分及含量测定等，如对钢筋对焊接头进行拉力试验，以检验焊接的质量等。

物理性能有密度、含水量、凝结时间、安定性、抗渗等。力学性能的检验有硬度、抗压强度、抗拉强度、抗弯强度、冲击韧性等。

②无损测试，主要是通过专门的仪表、仪器等，检验材料、结构和设备内部组织结构或损伤状态。这类仪器有回弹仪、超声波探测仪和渗透探测仪等。

四、质量控制的任务

（一）工程项目决策阶段质量控制的任务

①审核可行性研究报告是否符合国家经济长期发展规划，是否符合国家经济建设的方针政策等。

②审核可行性研究报告是否符合工程建设单位要求。

③审核可行性研究报告是否具有可靠的研究资料。

④审核可行性研究报告是否符合技术方面的标准规范。

⑤审核可行性研究报告的内容是否达到标准要求。

（二）工程项目设计阶段质量控制的任务

①审核设计资料的完整性和正确性。

②编制设计招标文件，组织设计方案。

③审查设计方案的合理性，确定最佳方案。

④督促设计单位建立质量保证体系。

⑤审查设计质量，控制设计图纸质量。在初步设计阶段，主要检查总平面布局、建筑布置、设施布置、设备选型、生产工艺等；在施工图设计阶段，主要检查材料是否合适、方法是否合理和计算是否有误等。

（三）工程项目施工阶段质量控制的任务

1. 事先质量控制

事前质量控制即根据要求预先制订详细的质量计划，将各项职能活动建立在有保障的基础上，事前质量控制的途径如下。

①调查并分析施工条件，主要包括现场条件、合同条件和法规条件等，发挥施工条件的预控作用。

②施工图纸会审和设计交底，明确施工要求，了解设计意图，明确质量控制的重点和难点，消除施工图纸中的错误等。

③编制和审查施工组织设计文件。施工组织设计文件是指导施工现场作业和管理的纲领性文件，应该通盘考虑施工程序、质量、成本、质量等。

④控制工程测量定位和标高基准点。施工单位应该根据施工组织设计文件中确定的工程测量定位和标高的引测依据，建立工程测量基准点，对技术进行自检，并报告项目监理机构复检。

⑤审核施工承包单位的选择和资质的审查。确保工程施工质量的一个重要方面就是控制承包单位资格和能力。确定承包内容、单位及方式既直接关系到业主方的利益和风险，更关系到建设工程的质量。因此，按照我国现行法规的规定，业主在招标投标前必须对总（分）包单位进行资格审查。

⑥控制材料设备质量。建筑材料、构配件和半成品等是构成工程实体的物质，应该从备料开始就进行控制。

⑦控制施工机械设备的配置和性能。相关工作人员应根据施工组织设计方案来确定施工机械设备的性能和配置等，控制施工质量、成本、进度、安全等性能。相关工作人员应该在施工组织设计批准后对落实状态进行检查控制。

2. 事中质量控制

事中质量控制的主要任务是保证工序质量合格，杜绝发生质量事故，做好与作业工序质量相配套的技术及管理工作，其主要包括以下几方面。

①复核施工技术，这是确保各项技术核准正确性的重要技术。标高、轴线、样板、配方等技术工作都应该进行复核。

②管理施工计量，主要包括检测计量、投料计量等，其可靠性和正确性会对工程质量产生很大影响。

③见证取样送检。为了确保工程质量，应该对施工过程中运用的主要材料、构配件、半成品、试件等见证取样送检。

④技术核定和设计变更。在施工过程中，如果出现管线位置调整、施工配料调整、对图纸存在疑惑、图纸内部存在一些矛盾等情况，施工方应该以技术联系单的方式向监理单位或业主提出，然后报送设计单位核准。

⑤验收隐蔽工程。隐蔽工程的质量验收也是控制施工质量的重要环节。施工完成后，由施工方自检合格后，填写“隐蔽工程验收单”，并预先通知监理机构，按约定时间进行验收。

3. 事后质量控制

事后质量控制主要是对已完工程的成品保护和对验收不合格品的处理，以确保最终验收质量。

已完工程的成品保护主要是避免已完成品受到后续施工或其他方面的破坏。人们应该在施工组织设计阶段就考虑已完工程的成品保护问题，避免交叉作业对成品造成干扰。成品完成后可以采用覆盖、包裹等方式进行保护。

事后质量控制应该严格根据施工质量验收统一标准规定的质量验收划分，从施工顺序作业开始，做好检验批工作。当工程质量不符合验收标准时，应该按以下规定进行处理。

①经返工或更换设备的检验批以应该进行重新验收。

②经有资质的检验单位鉴定能够达到设计要求的应予以验收。

③经有资质的检验单位鉴定没有达到设计要求，但经设计单位检测满足使用要求和安全的可予以验收。

④经返修、加固处理的分项工程和分部工程虽然其外形尺寸发生改变，但能够满足使用和安全要求的，可按技术处理方案和协商文件进行验收。

⑤经返修、加固处理的分项工程和分部工程仍不能满足使用和安全要求的，应严禁验收。

（四）工程项目保修阶段质量控制的任务

①审核承包商的工程保修书。

②检查、鉴定工程使用情况和工程质量状况。

③对出现的质量缺陷，确定责任者。

④督促承包商修复缺陷。

⑤在保修期结束后，检查工程保修状况，移交保修资料。

第二节　质量体系的建立与运行

一、工序质量监控

（一）工序质量监控的内容

1. 对工序活动条件的监控

所谓对工序活动条件监控就是指对影响工程生产的因素进行的控制。工序活动条件监控是工序质量监控的重要手段。虽然在施工开始前人们已经对生产活动条件进行了初步控制，但是在施工过程中，一些条件可能会发生变化，使其基本性能不能达到检验指标。因此，只有对工序活动条件进行控制，才能达到对工程或产品的质量性能特性指标进行控制的目的。

2. 工序活动效果的监控

工序活动效果的监控主要反映在对工序产品质量性能的特征指标的控制上。监控是通过对工序活动的产品进行检验，并根据检验结果判断工序活动的质量效果，从而实现对工序质量的控制的工作，其步骤具体如下。

①工序活动前的控制，主要是控制人员、机械、材料、工艺、方法、环境等满足施工要求。

②抽取工序子样进行质量检验。

③运用质量统计分析工具分析检验数据，找出质量数据的分布规律。

④根据质量数据的分布规律判断质量是否正常。

⑤如果出现异常情况，找出对工序质量造成影响的因素，特别是必须对那些主要因素采取措施进行调整。

⑥重复上述步骤，检查调整结果，直到满足质量要求为止。

（二）工序质量监控实施要点

对工序活动进行质量监控，首先应该确定质量监控计划，这是完善质量监控体系和建立质量检查制度的基础。一方面，工序质量控制计划应该明确规定质量监控的工程流程、质量检查制度；另一方面，进行工序分析，找出影响工序质量的主要因素，并进行预防性控制。

在整个施工活动中，人们应采取连续的动态跟踪控制，通过对工序产品的抽样检验，判定其产品质量波动状态。如果工序活动出现异常状态，应该找出出现异常状态的原因，并采取措施，让工序活动恢复到正常状态，从而保证工序活动及其产品质量。另外，应该在工序活动过程中设置质量控制点，以进行预控。

（三）质量控制点的设置

设置质量监控点是进行工序质量预防控制的重要措施。在施工开始前，人们应该合理、全面地选择质量控制点，对设置质量控制点的情况和将采取的控制措施进行审核。设置质量控制点的主要对象如下。

①关键的分项工程，如土石坝工程的坝体填筑、大体积的混凝土工程、隧洞开挖工程等。

②关键的工程部位，如土基上水闸的地基基础、预制框架结构的梁板节点、关键设备的设备基础等。

③关键工序，如钢筋混凝土工程的混凝土振捣、灌注桩钻孔、隧洞开挖的钻孔深度与方向等。

④关键工序的关键质量特性，如土石坝的密度、混凝土的强度等。

⑤关键质量特性的关键因素，如支模的关键因素是支撑方法，影响冬季混凝土强度的关键因素是养护温度等。

⑥薄弱环节，即容易发生质量问题的环节、难以把握的环节、采用新工艺施工的环节等。

为了确保控制点设置的有效准确，应该选择哪些作为控制点，应该由经验丰富的质量控制人员进行选择。通常情况下，其根据工程特点和工程性质来确定。表 4-1 列举了一些常见的质量控制点，可供参考。

表 4–1　质量控制点的设置

<table>
<tr><th colspan="2">分部（分项）工程</th><th>质量控制点</th></tr>
<tr><td colspan="2">建筑物定位</td><td>标高、标准轴线桩、定位轴线</td></tr>
<tr><td colspan="2">地基开挖及清理</td><td>开挖部位的位置、尺寸，岩石地基钻爆过程中的钻孔、起爆方式和装药量，开挖清理后的建基面，渗水的处理，破碎带、断层的处理</td></tr>
<tr><td rowspan="3">基础处理</td><td>基础灌浆、帷幕灌浆</td><td>孔位、孔斜、造孔工艺，岩心获得率，洗孔和压水情况，灌浆情况，灌浆压力、结束标准，封孔</td></tr>
<tr><td>基础排水</td><td>造孔、洗孔工艺，孔口和孔口设施的安装工艺</td></tr>
<tr><td>锚桩孔</td><td>造孔工艺，锚桩材料的规格、质量和焊接，孔内回填</td></tr>
</table>

续表

分部（分项）工程		质量控制点
混凝土生产	砂石料生产	毛料开采、筛分、运输、堆存，砂石料质量（级配、细度模数、杂质含量），骨料降温措施
	混凝土拌和	原材料的品质、称量精度、配合比，混凝土拌和温度、时间的均匀性，拌和物的坍落度，温控措施（骨料冷却、加冰、加冰水），外加剂比例
混凝土浇筑	建基面清理	岩基面清理（冲洗、积水处理）
	模板、预埋件	标高、尺寸、位置、稳定性、平整性、内部清理，预埋件规格、型号、埋设位置、保护措施
	钢筋	钢筋规格、尺寸、根数、位置、焊接、搭接长度
	浇筑	浇筑层厚度、振捣、平仓，浇筑间歇时间，积水和泌水的情况，埋设件保护、混凝土养护，混凝土表面平整度，混凝土强度、密实性
土石料填筑	土石料	土料的含水率、黏粒含量，砂质土的粗粒含量、最大粒径，石料的级配、粒径、抗冻性、坚硬度
	土料填筑	填筑体的位置、尺寸、轮廓，铺填厚度、边线，土层结面处理、土料碾压、压实干密度，防渗体与砾质土、黏土地基的结合处理，防渗体育岩层面或混凝土面的结合处理
	石料砌筑	砌筑体的位置、尺寸、轮廓，石块尺寸、重量，表面顺直度、砂浆配合比、强度、砌体密实度、砌筑工艺
	砌石护坡	石块尺寸、强度、厚度、孔隙率、抗冻性、砌筑方法、垫层级配

（四）见证点、停止点

在工程项目控制过程中，工作人员一般在制订施工计划时就选定了质量控制点，并在相应的质量计划中进一步明确哪些是见证点、哪些是停止点。

见证点也叫 W 点（Witness）。对于被列为见证点的质量控制对象，施工单位应该在控制点施工前 24 h 通知监理单位在约定时间到现场进行见证。如果监理单位未能按约定时间到场，施工单位有权对该点进行施工。

停止点也叫 H 点（Halt），其重要性大于见证点，主要是对于施工过程或工序施工质量难以通过气候的检验而充分得到论证的特殊过程或特殊工序进行控制。对于被列入停止点的质量控制对象，施工单位应该在施工前 24 h 通知监理人员到现场进行监控。如果监理人员未能按约定时间到场，施工单位不能对该点进行施工。

在施工过程中，应加强旁站检查和现场巡查的监督检查，严格实施隐蔽工程工序间交接检查验收、工程施工预检等检查监督，严格执行对成品保护的质量检查。人们只有这样才能及早发现问题，及时纠正，防患于未然，确保工程质量，以免工程质量事故发生。为了对施工期间的各分部（分项）工程的各工序质量实施严密、细致及有效的监督和控制，工作人员应认真地填写跟踪档案，即施工和安装记录。

二、全面质量管理

（一）全面质量管理的要求

1. 全过程的管理

任何一个工程的质量都有一个形成和实现的过程。这个过程由多个相互联系、相互影响的环节构成，其中每个环节都会对工程质量情况产生或轻或重的影响。因此，要做好工程质量管理工作，人们必须把形成质量的全过程和有关因素控制起来，形成一个综合管理体系。

2. 全员的质量管理

工程的质量是企业各方面、各部门和各环节工作质量的反映。每一环节、每一个人的工作质量都会不同程度地影响着工程的最终质量。保证工程质量人人有责，只有人人都关心工程的质量，做好本职工作，才能保证工程的质量。

3. 全企业的质量管理

全企业的质量管理，一方面要求企业各管理层次都要有明确的质量管理内容，各层次的侧重点要突出，每个部门应有自己的质量计划、质量目标和对策，层层控制；另一方面就是要把分散在各部门的质量职能发挥出来。水利工程中的“三检制”就充分反映了这一质量管理观念。

4. 多方法的管理

影响工程质量的因素比较复杂，既有内部因素，又有外部因素；既有物质因素，又有人为因素；既有管理因素，又有技术因素。因此，要想确保工程质量，工作人员就应该对这些影响因素进行控制，并且分析影响因素对工程质量的不同影响，采取各种现代化管理方法解决工程质量问题。

（二）全面质量管理的运转方式

质量保证体系运转方式是按照计划（P）、执行（D）、检查（C）、处理（A）的管理循环进行的。它包括四个阶段和八个工作步骤。

1. 四个阶段

①计划阶段：根据业主要求和生产条件，制订生产计划。

②执行阶段：组织实施生产计划。

③检查阶段：对成品进行必要的检查，即将执行的工作结果与预期目标进行对比，检查执行情况，修正出现的问题。

④处理阶段：对检查后发现的问题进行处理，符合计划要求的予以肯定，不符合要求的转入下一循环进行进一步研究。

2. 八个步骤

①分析现状，找出问题，不能凭印象和表面做判断，结论要用数据表示。

②分析各种影响因素，要把可能因素一一加以分析。

③找出主要影响因素，工作人员要努力找出主要因素进行剖析，这样才能改进工作，提高产品质量。

④研究对策，针对主要因素拟订措施，制订计划，确定目标。

以上四个步骤属 P 阶段工作内容。

⑤执行措施，为 D 阶段的工作内容。

⑥检查工作成果，对执行情况进行检查，找出经验教训，这些内容为 C 阶段的工作内容。

⑦巩固措施，制定标准，把成熟的措施定成标准（规程、细则）、形成制度。

⑧遗留问题转入下一个循环。

以上步骤⑦和步骤⑧为 A 阶段的工作内容。PDCA 管理循环的工作程序具体如图 4-1 所示。

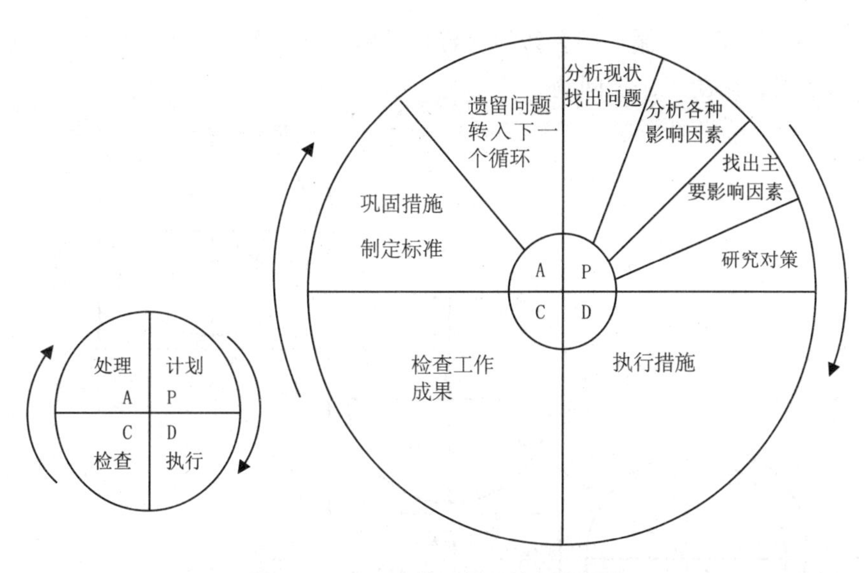

图 4–1　PDCA 管理循环的工作程序

3.PDCA 循环的特点

PDCA 四个阶段缺一不可，而且不能改变先后顺序，与一只转动的车轮类似，在解决质量问题的过程中滚动前进，从而逐渐提高产品质量。整个企业是一个大循环，企业各个部门又有小循环，如图 4-2 所示。小循环是大循环的具体和落实，大循环是小循环的依据。

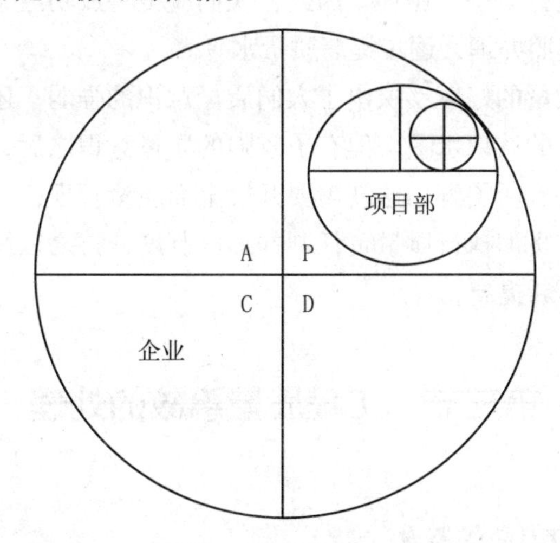

图 4–2　工程质量保障机构

PDCA 循环不是在原地转动，而是在转动中不断前进。每一个循环结束，就能进一步提高工程质量。图 4-3 为循环上升示意图，表明了每一个 PDCA 像爬楼梯一样，每一个循环都有新的内容和目标。每一次循环都意味着质量水平进一步上升，解决了一批问题。

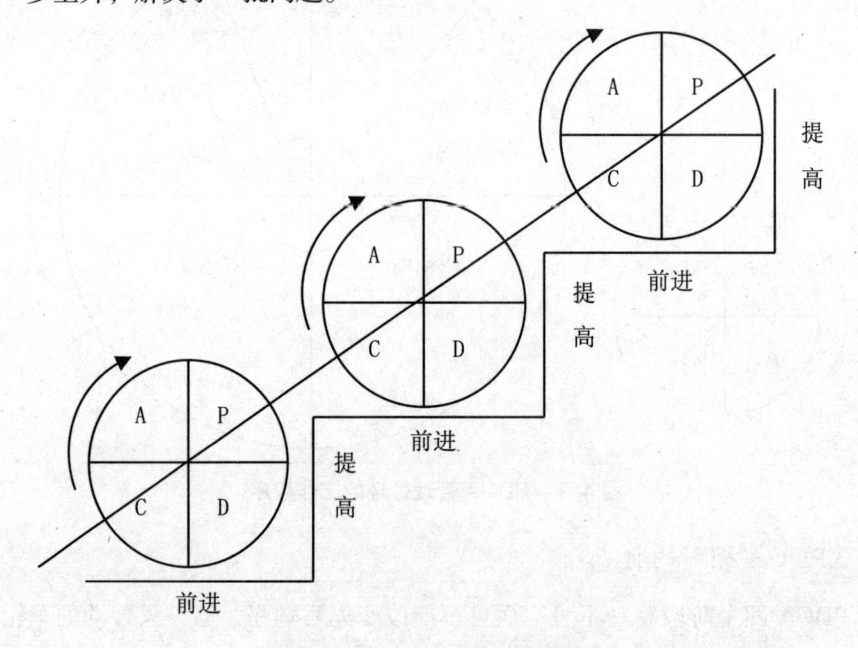

图 4-3　工程项目的质量保障体系

在循环中，A 阶段最为关键，该阶段的目的在于总结经验、纠正错误、巩固成果，以便于进行下一个循环。因此，人们应该将成功经验纳入标准，以便在下一个循环中遵照办理，逐步提高质量水平。

应该指出，质量的好坏反映出了人们质量意识的强弱，还反映出了人们对提高产品质量意义的认识水平。但有了较强的质量意识之后，人们还需要对全面质量管理的方法有所了解。这就需要开展全面质量管理，对相关工作人员加强质量教育培训，贯彻执行质量责任制并形成制度，持之以恒，这样才能使工程施工质量水平不断提高。

第三节　工程质量事故的处理

一、工程质量事故的概念

水利工程建设中或完工后，由于设计、材料、设备、施工、监理等方面的因素导致工程质量不合格，影响工程正常运行或使用寿命，一般需做补救措施或返工处理的，统称为工程质量事故。人们日常所说的事故大多指施工质量事故。质量事故可分为一般质量事故、较大质量事故、重大质量事故、特大质量事故。

二、事故发生的原因

工程质量事故发生的原因很多，最基本的还是人、机械、材料、工艺和环境几方面。一般可分直接原因和间接原因两类。

直接原因主要有人的行为不规范和材料、机械的异常状态。例如，设计人员不按规范设计、监理人员不按规范进行监理、施工人员违反规程操作等，这些都属于人的行为不规范；水泥、钢材等材料的某些指标不合格就属于材料的异常状态。

间接原因是指质量事故发生地的体系与环境条件，如质量检查监督失职，质量保证体系不健全等。间接原因往往会导致直接原因。

事故原因也可能来自工程建设的参建各方，业主、监理、设计、施工和材料、机械、设备供应商的某些行为或各种方法也会造成质量事故。

三、事故处理条件

分析工程质量事故的目的是解决事故。由于工程质量事故处理具有危险性、复杂性、选择性、连锁性等，因此需要严格按照一定的程序进行处理，具体包括以下几方面。

①明确处理目的。

②清楚事故情况，主要包括事故发生的地点、时间、过程、特征描述、观测记录、发展变化等。

③明确事故性质，一般情况下应该明确事故处理的紧迫程度，是一般性问题还是结构性问题，是实质性问题还是表面性问题。

④全面、准确分析事故原因。事故处理就像医生给人看病一样，只有弄清病因，方能对症下药。

⑤准备齐全事故处理相关资料，资料是否齐全会对事故分析判断的准确性、全面性和处理方法产生直接影响。

四、事故处理要求

（一）综合治理

①避免原有事故处理后再引发新的事故。

②综合运用各种处理方法以获得最佳效果。

③一定要消除事故根源，不可治表不治里。

（二）事故处理过程中的安全

为避免工程处理过程中或者在加固改造的过程中造成更大的人员和财产损失，人们在事故处理过程中应注意以下问题。

①对于随时可能倒塌的建筑，在处理之前必须有可靠的支护。

②对需要拆除的承重结构部件，必须事先制订拆除方案和安全措施。

③凡涉及结构安全的，处理阶段的结构强度和稳定性十分重要，尤其是钢结构失稳问题应引起人们的足够重视。

④重视处理由附加应力导致的不安全因素。

⑤如果在不卸载的条件下加固结构，人们应该注意加固方法及其对结构承载力的影响。

（三）事故处理的检查验收工作

目前，新建施工引进了工程监理，其在“三控三管一协调”方面发挥了重要作用。但人们对于建筑物的加固改造工程事故处理及检查验收工作重视程度还不够，应予以加强。

五、质量事故处理的依据

（一）质量事故的实况资料

①施工单位的质量事故调查报告。发生质量事故后，施工单位应该对质量事故进行调查，写出质量事故调查报告，并提交给业主和监理单位。

②监理单位调查研究的第一手资料。资料内容与施工单位的质量事故调查报告内容相似，因此可以用来对照。

（二）有关合同及合同文件

在质量事故处理中，有关合同和合同文件的作用是确定在施工过程中各方是否履行相关条款，探寻可能发生事故的原因。有关合同及合同文件主要包括设计委托合同、监理合同、工程承包合同、设备购销合同等。

（三）有关的技术文件和档案

①施工组织设计方案、施工计划。

②施工日志、施工记录等。

③材料批次、出厂合格证等建筑材料的质量证明资料。

④混凝土拌和料的级配记录、沥青拌和料配比记录和混凝土试块强度试验报告等现场制备材料的质量证明资料。

⑤发生质量事故后，对现场事故状况的观测记录、试验记录等。例如，地基沉降的观测记录，混凝土结构物钻取试样记录等。

（四）相关的建设法律法规

①设计、勘察、施工、监理等单位资质管理方面的法律法规。

②建筑行业方面的法律法规。

③从业者资格管理方面的法律法规。

④标准化管理方面的法律法规。

（五）监理单位编制质量事故调查报告

①与质量事故相关的工程状况。

②质量事故的详细情况。

③质量事故调查的相关资料、数据和预计损失等。

④对发生质量事故的原因的分析和判断。

⑤质量事故涉及人员的情况。

⑥是否需要采取临时性防护措施。

⑦质量事故处理建议方案。

六、工程质量事故处理的程序

工程监理人员应该对各级政府建设行政主管部门处理工程质量的基本程序有熟悉的了解，尤其要清楚在工程质量事故处理中如何履行自己的职责。在工程质量事故发生后，监理人员可以按照图 4-4 所示的框图进行处理。

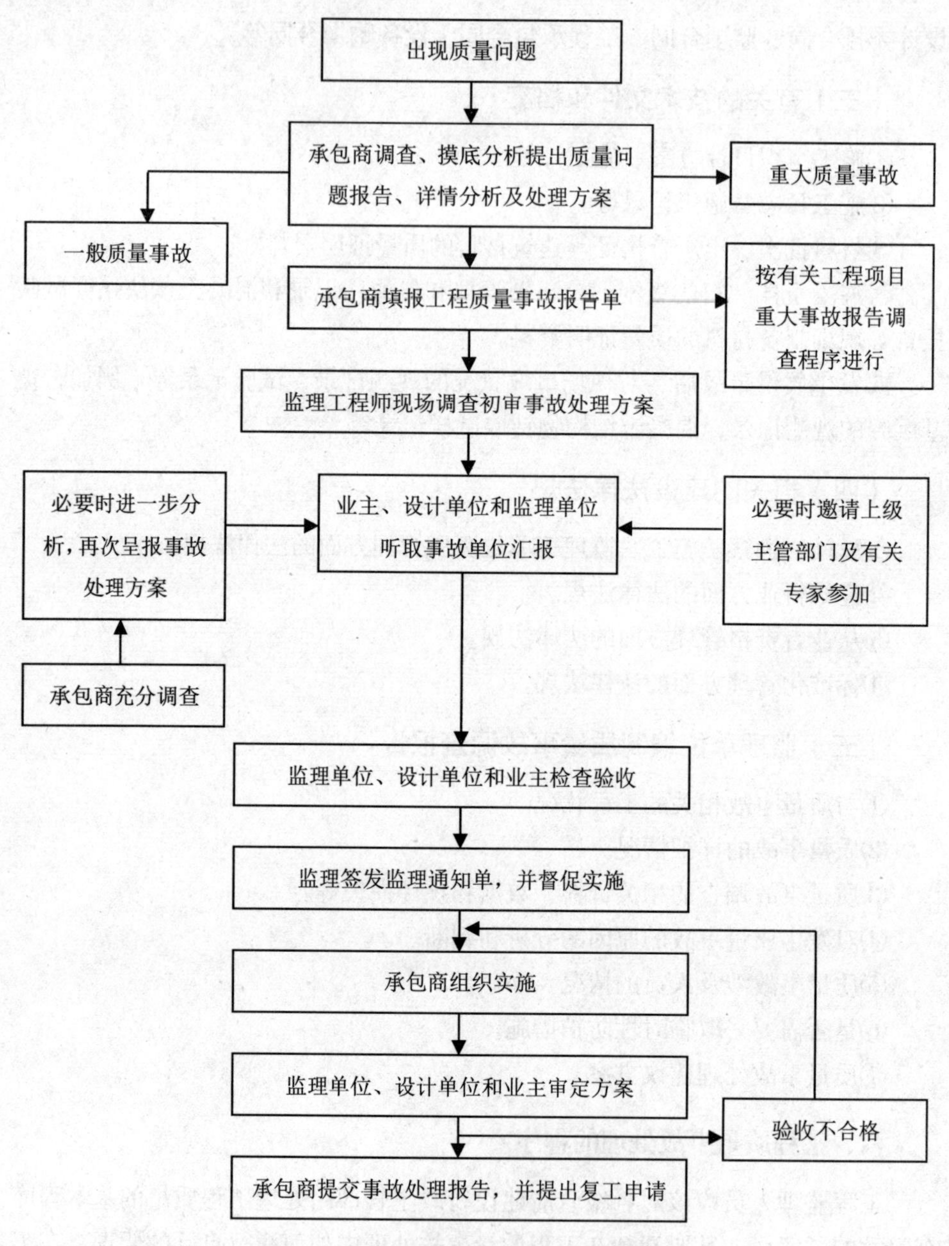

图 4-4　工程质量事故处理程序框图

发生工程质量事故后，总监理工程师应该立即签发《工程暂停令》，下令停止质量事故部位、其他相关部位和下一道工序施工，要求施工单位采取必要的措施，避免质量事故扩大，同时保护好现场，要求质量事故发生单位迅速向上级部门汇报，并在 24 小时内写出书面报告。

监理工程师应积极协助调查，如果监理方无责任，可加入质量事故调查组，参与事故调查；如果监理方有责任，应该予以回避，但要积极配合调查组工作。质量事故调查组的职责主要包括以下内容。

①查明发生质量事故的原因、过程、严重性、损失情况。

②查明质量事故的性质、责任单位和主要责任人。

③开展技术鉴定。

④明确质量事故的主要责任单位和次要责任单位，确定经济损失的划分。

⑤提出技术处理建议，避免发生类似事故。

⑥提出对质量事故责任人和责任单位的处理建议。

⑦写出质量事故调查报告。

监理工程师收到质量事故调查组提出的技术处理建议后，可组织相关单位共同研究，并形成技术处理方案，予以审核签认。核签技术处理方案后，监理工程师应要求施工单位制订详细的施工方案，并对工程质量事故技术处理施工质量进行监理。

监理单位根据施工单位完工并自检后报验的结果，组织各方进行验收，要求质量事故相关单位编写质量事故处理报告，并审核签认，将相关技术资料归档。工程质量事故处理报告主要包括以下内容。

①工程质量事故情况、调查情况和原因分析。

②质量事故处理依据。

③质量事故技术处理方案。

④技术处理中的相关资料和问题。

⑤质量事故处理结果的检查和验收。

⑥质量事故处理结论。

总监理工程师签发《工程复工令》后，施工单位方可恢复正常施工。

七、工程质量事故案例

某水电站爆破致3人死亡事故。

（一）事故过程

该水电站为民营股份制企业，在建设中将装机容量由批复的250 kW变更为400 kW，于2009年8月正式投产。由于装机扩大，为了增加引水，业主请人在半山腰开凿了6条隧洞（长度分别为26 m、28 m、35 m、59 m、60 m、400 m）。2010年6月1日晚上9点，当第6条隧洞掘进至72 m时发生了爆炸。

事发前日中午，3 名施工人员在爆破时忘记把放在隧道门口的开关拉下，当日凌晨就在没有拉下开关的情况下直接接雷管，从而导致爆炸事故发生。

（二）事故性质

该单位未经相关部门的审批，私自扩建，轻易取得了民爆物品；无爆破资格；未使用起爆器，违规使用照明线引爆，造成事故的发生。经有关部门调查认定，该水电站爆炸事故是一起安全生产责任事故。

（三）事故原因

该事故的直接原因是水电站业主聘请没有建设资质和爆破资质的朱某从事爆破作业，朱某及其聘请人员违规使用照明电源起爆炸药。间接原因包括以下几方面。

①县水利局安全检查不够到位，对在建水电站建设施工管理不到位。该电站核定装机容量为 250 kW，实际装机扩大为 400 kW，县水利局对该电站业主擅自变更设计监管不到位，对该电站违法扩容试运行期间的违法施工监督检查不足，对在建水电站施工安全管理制度落实情况监管不到位。

②县公安局落实安全检查不够到位，未能全面落实民爆物品使用的跟踪管理工作，导致对违反民爆物品管理的行为监管不够，对审批的民爆物品使用流向情况掌握不全面，对探矿企业使用民爆物品数量监控不严，对民爆物品使用人员培训力度不够，对辖区派出所的指导督促力度不够。

③镇政府对辖区内矿山、小水电站的安全生产整治工作认识不够深刻，对安全生产责任落实不够到位，对全镇矿山、小水电站等企业的安全生产排查存在漏洞，检查不够全面、整顿不力，尤其是相关部门在 3 月 25 日到该电站检查时，未能发现该电站存在私自开挖隧道等非法施工行为，对电站、矿山等企业的监管存在脱节的问题。

（四）事故预防措施

①由专业人员统一指挥爆破作业，设专人警戒并划定警戒区。爆破作业时施工现场警戒防护，防止爆破作业时产生的飞石、冲击波、炮烟尘等造成人员伤亡和财物损失。

②爆破应经爆破人员检查，确认安全后，其他人员方能进入现场。爆破后，可能有盲炮、危石等安全隐患，应该由爆破人员检查确认安全后，其他人员才能进入现场。洞挖、通风不良的狭窄场所，因爆破后烟尘不易排出，须经通风排烟，使其施工现场的氧气含量和烟尘浓度达到规定的安全标准后方可进行其

他作业施工。

③孔内爆破。孔内爆破是覆盖层钻进时的一种辅助手段，配合其他钻进方法，利于穿透大直径的孤石和漂石，也用于事故处理。孔内爆破必须保证安全，特别是要保护施工人员的人身安全。爆破药包的包装必须由持证专业人员在距离钻场 50 m 以外的安全范围进行作业。药包与孔口安全距离在水下作业时应大于 3 m，干孔作业应大于 5 m。

④地下相向开挖的两端间距在 30 m 以内时，一端装炮前应该通知另一端的施工人员停止工作，并后退到安全地点。相向开挖的两端相距 15 m 时，应该一端贯通，另一端停止掘进。斜井相向开挖，除遵守上述规定外，应对尚有 5 m 长的地段进行自上而下打通。

⑤露天爆破时，在雷雨天气不能使用电雷管启爆。在黄昏、夜间和大雾等天气不能进行露天爆破。当炮眼直径在 42 mm 以内时，露天爆破的安全距离为平地水平距离 200 m，山地水平距离 300 m。

⑥严禁用照明线起爆。照明线若绝缘破损，裸露线头相碰，则构成回路，会产生电火花而造成无准备的爆炸，因此严禁用照明线起爆。

⑦瞎炮的处理。用掏勺轻轻掏出炮泥，达到预定标志时停止，装入启爆药后引爆。不能使用强行拉导火线或雷管脚线的方法处理。瞎炮应该由当班炮工亲自处理，无关人员要撤退到安全地点。如果本班处理时间不足，应该详细移交给下班。瞎炮未经处理不能进行正常作业。

第四节　工程质量评定与质量验收

一、工程质量评定的意义

工程质量评定是根据国家或相关部门统一规定的标准和方法对工程项目的质量结果进行评定的过程。其意义在于统一评定标准和方法，正确反映工程的质量，使之具有可比性。同时其也能考核企业等级和技术水平，促进施工企业质量提高。

工程质量评定应该以单元工程质量评定为基础，其评定的先后次序是单元工程、分部工程和单位工程等。工程质量的评定应在施工单位（承包商）自评的基础上，由建设（监理）单位复核，然后报质量监督机构核定。

二、工程质量评定的依据

①国家和水利部门的有关行业规范、技术标准等。

②经批准的设计文件、施工图纸、设备安装说明、相关技术文件等。

③工程合同采用的技术标准。

④工程试运行期间的观测和试验分析结果。

三、工程质量评定的标准

（一）单元工程质量评定标准

单元工程质量不符合标准时，应该立即进行处理，其质量等级确定方法如下。

①全部返工的单位工程，可重新评定等级。

②经过加固，鉴定后达到设计要求的，可以评定为合格。

③经鉴定达不到设计要求，但监理单位认为能满足使用和安全功能要求的，可不加固；或经加固后，外形尺寸改变或形成永久缺陷的，监理单位认定能满足使用和安全功能要求的，可给予合格。

（二）分部工程质量评定标准

1. 分部工程质量合格的条件

①单元工程质量全部合格。

②原材料质量合格，中间产品质量合格，机电产品质量合格，金属结构及启闭机制造质量合格。

2. 分部工程质量优良的条件

①单元工程质量全部合格，且有 50 % 以上达到优良，关键部位、重要隐蔽工程等质量优良，且未发生过质量事故。

②中间产品质量全部合格，混凝土拌和物质量优良，原材料质量合格，机电产品质量合格，金属结构及启闭机制造质量合格。

（三）单位工程质量评定标准

1. 单位工程质量合格的条件

①分部工程质量全部合格。

②原材料质量合格，中间产品质量合格，机电产品质量合格，金属结构及启闭机制造质量合格。

③外观质量得分率在 70 % 以上。

④施工质量检验资料基本齐全。

2. 单位工程质量优良的条件

①分部工程质量全部合格，且有 70% 以上达到优良，主要分部工程质量优良，且未发生过重大质量事故。

②中间产品质量全部合格，混凝土拌和物质量优良，原材料质量合格，机电产品质量合格，金属结构及启闭机制造质量合格。

③外观质量得分率在 85 % 以上。

④施工质量检验资料齐全。

四、工程项目施工质量评定表的填写方法

（一）表头填写

①工程项目名称：应与批准设计文件一致。

②工程等级：设计人员应根据工程项目的类型、规模和作用等，按照相关规定进行划分，在设计文件中予以明确。

③建设地点：工程项目所在行政区域或流域的名称。

④主要工程量：建筑和安装工程的主要工程数量，如混凝土方量、土方量、石方量、安装机组套数量等。

⑤项目法人组织工程建设的单位：对于项目法人自己直接组织建设的工程项目，项目法人名称就是工程建设单位的名称；对于项目法人在建设现场有建设单位的，可以填写项目法人和建设单位名称，也可以只填写建设单位。

⑥设计单位：设计单位即承担工程项目设计、勘测任务的单位，如果一个工程项目由多个设计单位承担时，可以全部填写，也可以填写完成主要工程的设计单位。

⑦监理单位：监理单位即承担工程项目监理任务的单位，如果一个工程项目由多个监理单位承担时，可以全部填写，也可以填写承担主要工程的监理单位。

⑧施工单位：施工单位即直接与项目法人或建设单位签订工程承包合同的单位，如果一个工程项目由多个施工单位承担时，应该填写承担主要工程的单位。

⑨开工日期和竣工日期：开工日期一般是主体工程正式开工的日期，即举行开工仪式的日期或工程承包合同中阐明的日期等。竣工日期是工程竣工验收鉴定书签订的日期。

⑩评定日期：监理单位填写工程项目施工质量评定表的日期。

（二）表身填写

此表不仅填写施工期施工质量，还应包含试运行期工程质量。

①单位工程名称：填入工程项目中的所有单位工程。

②单元工程质量统计：首先统计每个单位工程中的单元工程，然后统计每个单位工程中单元工程优良的个数，最后计算单元工程的优良率。

③分部工程质量统计：首先统计每个单位工程中的分部工程，然后统计每个单位工程中分部工程优良的个数，最后计算分部工程的优良率。

单位工程的质量等级主要以分部工程的优良率为依据，既要考虑优良单位工程中主要分部工程的优良条件，同时应考虑原材料质量、中间产品、金属结构及启闭机、机电设备、重要隐蔽单元工程施工记录、外观质量、施工质量检验资料的完整程度、观测分析结果等，确定单位工程的质量等级。该栏填写的应该是经过项目法人认定和监理单位核定后的单位工程质量等级。

（三）表尾填写

①评定结构：统计工程项目中的单位工程数量，质量应该全部合格；统计优良单位工程的个数，计算单位工程的优良率；计算工程项目的质量等级。

②观测资料分析结论：填写通过实测资料提供数据的分析结果。

③监理单位意见：一般情况下，水利工程项目由多个施工单位承建，工程项目的质量等级由各监理单位评定；总监理工程师根据各单位工程质量评定结果评定工程项目的质量等级；总监理工程师核签后，盖监理单位公章，将评定结果和其他相关资料交给项目法人。

④项目法人意见：如果工程项目由一个监理单位监理，项目法人要对监理单位的评定结果进行审查；如果工程项目由多个监理单位监理，每一个监理单位只能对其监理的工程内容进行评定，整个工程项目的质量等级由项目法人组织相关人员进行评定，项目法人核签后盖章，然后将评定结果和相关资料上报质量监督机构。

⑤质量监督机构意见：质量监督机构接到项目法人上报的工程项目质量评定结果和相关资料后，根据相关标准进行核查，核定工程项目的质量等级，然

后由质量监督机构负责人或工程项目质量监督负责人签字，并由质量监督机构盖章。

五、工程质量验收

（一）自查

由于水利工程项目建设工序比较复杂，技术含量较高，如果只对工程项目进行一次性竣工验收，人们会因时间紧促不能对一些问题进行细致的核查，对工程验收质量造成影响。因此，项目法人应该提前组织自查。

1. 自查条件

①工程项目的主要建设内容全部完成。

②单位工程质量等级经质量监督机构核定。

③工程投资基本到位，具备财务决算的条件。

④准备相关验收报告。

2. 自查内容

①自查单位的工作报告。

②自查工程建设情况，评定质量等级。

③检查验收中的遗留问题和运行初期出现的问题的处理情况。

④明确尾工工程期限、内容和施工单位。

⑤安排好竣工验收前应完成的工作。

⑥讨论并通过竣工验收自查报告。

⑦项目法人在完成自查工作的10个工作日内，将自查结果和相关资料上报质量监督机构。

（二）质量抽样检测

1. 竣工验收主持单位

①根据竣工验收要求，竣工验收主持单位可以委托具有资质的工程质量检测单位进行抽样检测。

②项目法人提出工程质量抽样检测的内容、数量等，经质量监督机构审核后报给竣工验收主持单位核定。

③项目法人自收到检测报告的10个工作日内获取报告。

2. 项目法人

①项目法人与竣工验收主持单位委托的、具有资质的工程质量检测单位签订工程质量检测合同。检测所需费用由项目法人列支，质量不合格工程的检测费用由责任单位承担。

②项目法人提出工程质量抽样检测的内容、数量等，经质量监督机构审核后报给竣工验收主持单位核定。

③项目法人自收到检测报告的10个工作日内获取检测报告，并上报给竣工验收主持单位。

④项目法人组织相关单位处理抽样检测中发现的问题。在影响工程项目使用和安全功能的质量问题解决前，不得进行竣工验收。

⑤项目法人不得与工程质量检测单位隶属同一经营实体。

3. 工程质量检测单位

①应具有相应工程质量检测资质。

②根据相关技术标准对工程项目进行质量检测，根据合同要求及时编制质量检测报告，对检测结果负责。

③工程质量检测单位不得与工程项目的项目法人、设计单位、施工单位、监理单位等隶属同一经营实体。

（三）竣工技术预验收

由于水利工程项目的建设内容比较复杂，技术含量较高，如果只进行一次性竣工验收，可能会对验收质量产生一定影响。因此，应该在竣工验收之前进行竣工技术预验收。竣工技术预验收由竣工验收主持单位专家组负责。专家组成员主要由设计单位、施工单位、监理单位、质量监督单位、运行管理单位等单位代表和相关专家组成。竣工技术预验收的主要内容如下。

1. 竣工技术预验收的主要工作内容

①检查是否按设计要求完成工程。

②检查是否存在质量问题。

③检查专项验收和历次验收中出现的遗留问题和工程初期运行中发现的问题的处理情况。

④评价工程重大技术问题解决情况。

⑤检查工程尾工安排情况。

⑥鉴定工程施工质量。

⑦检查工程财务、投资情况。

⑧对验收中发现的问题提出处理意见。

2. 竣工技术预验收的工作程序

①熟悉工程项目建设相关资料。

②检查工程项目建设情况。

③听取项目法人、设计单位、施工单位、监理单位、质量单位、运行管理单位等单位的工作报告。

④听取工程质量抽样检测报告、竣工验收技术鉴定报告。

⑤专业工作组组织讨论并形成工作组意见。

⑥讨论并通过竣工技术预验收工作报告。

⑦形成竣工验收鉴定书初稿。

（四）竣工验收

1. 竣工验收单位构成

竣工验收委员会设置主任委员 1 名，由竣工验收主持单位代表担任，副主任委员和委员若干名，由竣工验收主持单位、相关专家、地方政府、相关行政部门、流域管理机构、质量监督机构、运行管理单位等代表组成。

项目法人应该在竣工验收前 1 个月左右，向竣工验收主持单位递交竣工验收申请报告，以让竣工验收主持单位和其他相关单位有时间进行协商，也有时间检验工程是否具备竣工验收条件。项目法人应该在竣工验收前 15 天左右将相关材料递交给竣工验收主持单位，以便竣工验收委员会查阅相关资料，讨论相关问题。竣工验收申请报告的主要内容如下。

①工程项目完成情况。

②验收条件检查结果。

③验收组织准备情况。

④验收时间、地点和单位。

竣工验收主持单位在接收到项目法人递交的竣工验收申请报告后，应与相关单位共同协商，拟定验收时间、单位等相关事宜，批复验收申请报告。

2. 竣工验收程序

①验收工作人员现场检查工程项目的建设情况，查阅相关资料。

②召开大会，探讨竣工验收相关事宜。会议内容主要包括宣布竣工验收委员会人员名单、观看工程建设资料、听取竣工技术预验收工作报告、听取工程建设管理工作报告、讨论并签字竣工验收鉴定书等。

3. 竣工验收鉴定

①工程项目质量为合格以上等级，竣工验收质量结论为合格。

②竣工验收鉴定书的数量根据竣工验收委员会组成单位、工程项目主要建设单位和归档要求来确定。

③竣工验收鉴定书通过日起的 30 个工作日内，竣工验收主持单位将其发送给相关单位。

第五章　水利工程施工成本控制

水利工程是国家重点工程之一，水利关系到国计民生，水利工程施工成本控制也关系到资金的投入与运行。本章从施工成本管理的基本内容、施工成本控制的基本方法、施工项目成本降低的措施、工程变更价款的确定、建筑安装工程费用的结算五个方面进行论述。

第一节　施工成本管理的基本内容

一、施工项目成本的定义

施工项目成本是建筑施工企业完成单位施工项目全部的生产费用的总和，具体包括管理费、人工费、材料费、措施项目费、施工机械费。

二、施工项目成本的主要形式

（一）直接成本和间接成本

直接成本与间接成本最大的区别就是其根据生产费用计入成本的方法不同进行划分。直接成本就是直接使用并能够直接计入施工项目的费用，如人工工资、材料费用等。间接成本与之恰恰相反，是按照一定的计算基数与比例分配计入施工项目的费用，如管理费、规费等。

（二）固定成本和变动成本

固定成本，顾名思义就是在特定的时间内，特定的工程量之内，成本的数量不会随工程量的变动而变动，如折旧费、大修费等。变动成本是指成本会随工程量的变化而变动的费用，如人工费、材料费等。

（三）预算成本、计划成本和实际成本

预算成本、计划成本、实际成本三者的划分依据就是它们控制目标的不同。

预算成本关系到整个工程的进度。它是确定工程造价的依据，也是施工企业投标的依据，同时也是编制计划成本和考核实际成本的依据。它反映的是一定范围内的平均水平。

计划成本就是正式施工之前，根据施工项目成本管理的最终目的，以实际的管理水平编制的成本。它有利于加强项目成本管理、建立健全施工项目成本责任制，可以有效减少资金的浪费，避免不必要支出。

实际成本就是整个施工项目在报告期内通过会计核算出来的整个项目实际耗费的资金。

三、施工项目成本管理的基本内容

施工项目成本管理主要有六项内容，每一项内容都十分重要，尤其是成本计划的编制与实施工作更是关键环节，因此在整个成本管理的过程中，施工单位必须要落实好每一项内容，推动项目整体落实，控制好整个施工项目的成本。

（一）施工项目成本预测

施工项目成本预测是根据一定的成本信息与施工的具体情况，采取一定的措施对于整个施工过程中可能会出现的问题，或者是未来的发展趋势做出的推测。它的主要目的是降低整个施工项目的成本，并从众多的方案中选出最合适的方案。其使用的主要方法有以下两种。

1. 定性预测法

这种预测方法是有经验的人员与专家根据自己的能力和经验做出的分析与判断，会受到人为因素的影响，有积极影响也有消极影响，主要方法有专家调查法、主管概率预测法、专家会议法。

2. 定量预测法

这种方法是人们根据收集到的历史数据进行计算，主要是根据历史数据来确定，定量预测方法有回归预测法、移动平均法、指数滑移法三种。

（二）施工项目成本计划

计划管理是管理活动最重要的环节，也是降低成本的关键所在。制定施工

项目成本计划时要尊重客观实际，符合要求，这样才可以达到节约成本的目的，其需要遵循以下几项原则。

①从实际出发。

②与其他目标计划相结合。

③采用先进的经济技术定额原则，根据施工的具体特点有针对性地采取切实可行的技术组织措施来保证。

④统一领导、分级管理。

⑤弹性原则。

（三）施工项目成本控制

施工项目成本控制有事前控制、事中控制与事后控制三种。成本计划属于事前控制。在项目施工的过程中，人们通过一定的措施与方法，对于施工过程中的各项因素进行管理，控制各种消耗与支出，这是事中控制。

1. 事前控制

事前控制主要针对工程投标阶段与施工准备阶段。人们通过成本预测，落实降低成本的相关措施，为编制成本计划打好基础。事前控制可以有效地控制成本，节约资源。

2. 事中控制

事中控制要遵循合同造价，从预算成本与实际成本两个方面共同推进成本控制。人们要计算各个项目工程的成本差异，并分析出现差异的原因，采用相关的措施及时修正，做好成本原始资料的收集与整理工作，对于合同的履行情况要及时检查，确定各个部门的成本控制情况，落实相关条款与责任。

3. 事后控制

事后控制的侧重点在竣工验收，人们通过合同价格的变化，对实际成本与目标成本之间的差距进行对比分析，为降低成本打下基础。其中最重要的是对时间的安排与利用，人们重视竣工验收相关工作，计算实际成本与计划成本之间的差异，是超支还是节约，明确原因，确定责任的归属。

（四）施工项目成本核算

施工项目成本核算是对施工项目中所有费用的核算，以计算成本实际发生额及施工项目的总成本。

（五）施工项目成本分析

施工项目成本分析就是在成本核算的基础上采取一定的方法，进行分析、对比，找到规律，最后实现降低成本的要求，其主要方法有以下几种。

1. 比较法

该方法通过对比实际完成成本与计划成本，然后进行分析与对比，找到差异，分析出具体的原因进行改进，这种方法比较简单，也比较实用，但是比较的指标要保持一致，否则就失去了对比的意义。

2. 连环替代法

连环替代法包括绝对量指标、相对量指标、实物量指标、货币量指标四种指标。

3. 差额计算法

差额计算法是因素分析法的简化，这种方法比较简单，也比较常用。

4. 挣值法

挣值法就是分析、对比成本目标实施与期望之间的差异，是一种偏差分析方法，多用来进行成本分析。在这个过程中，人们需要明确三个变量。

①项目计划完成工作的预算成本。

②项目已完成的预算成本。

③项目已完成工作的实际成本。

（六）成本考核

施工项目竣工之后，要对项目成本的负责人进行考核，考核成本完成情况，做到奖罚分明，避免出现一刀切的情况，提升所有工作人员的工作热情。具体如下。

①对于成本指标完成情况进行归纳总结，并做出评价。

②分层推进。

③考核内容全面，既要包括成本管理工作业绩，也要包括计划成本完成情况。

第二节　施工成本控制的基本方法

一、施工项目成本控制的原则

施工过程或多或少都会受到一些因素的影响，它们也会对施工项目的成本控制造成影响，因此成本控制应遵循以下原则。

①目标管理。

②以收定支。

③全面控制。

④动态管理。

⑤特殊情况特殊对待。

⑥效益、权利、责任相统一。

二、施工项目成本控制步骤

第一，比较施工项目成本计划与实际的差值，确定是节约成本还是超出成本。

第二，分析出现成本超出现象的原因。

第三，推测出施工项目的成本。

第四，如果在施工过程中出现与预期的成本计划不符合的情况，要及时加以调整。

第五，检查成本的完成情况，并对经验做出总结。

三、施工项目成本控制的手段

（一）计划控制

使用计划的手段对施工项目进行控制，这是成本计划编制的依据，编制成本计划就是为了降低成本，确定成本控制的标准，成本计划编制方法有两种。

1. 常用方法

计划控制最常用的方法就是两算对比差额与技术措施节约额的综合，从而最终确定成本降低额，这是最常用的方法，也是比较简单的方法，可以很容易地计算出这三者之间的关系，确定最终的数值。

2. 计划成本法

计划成本法包括施工预算法、技术措施法、成本习性法、按实计算法。

（二）预算控制

预算控制是成本控制的标准。包干预算是预算控制成本的一种类型，除此之外还有一种弹性预算控制，但不管中间有什么样的变化，成本总额都不会进行调整，弹性预算控制是目前我国使用频率最高的一种预算控制。

（三）会计控制

会计控制方法是最理想的成本控制方法，也是必须使用的成本控制方法，会计控制方法的优点包括具体、严格、系统性强、计算准确、政策性强。

（四）制度控制

制度控制的制度包括劳动工资管理制度、材料管理制度、固定资产管理制度、成本管理责任制度、定额管理制度。

四、施工项目成本的常用控制方法

（一）偏差分析法

施工项目成本偏差等于已完工程实际成本减去已完工程计划成本。

分析：结果为正数，表示施工项目成本超支，否则为节约。

该方法为事后控制的一种方法，也可以说是成本分析的一种方法。

（二）以施工图预算控制成本

施工过程中的各种消耗量，包括材料消耗、机械台班消耗，要以施工图预算所确定的消耗量为标准。使用该方法时人们要认真分析企业实际的管理水平与定额水平之间的差异，否则达不到成本控制的目的。

1. 人工费控制

项目经理与施工团队签订劳动合同的过程中，会将人工费单价定得低一些，剩下的可以用于额外人工费与关键工序的奖励。这样就可以确保人工费在计划之中，不会出现超支的情况，避免出现成本过高的情况。

2. 材料费的控制

材料价格以市场价格而订，高进高出，材料的价格并不是固定的，会随着市场变化而产生变化，项目材料管理人员必须要经常关注材料市场价格的变化，确定相关的材料信息。

3. 施工机械使用费的控制

施工项目具有特殊性，实际的机械使用费与预定的机械使用费会有出入，机械在使用过程中会出现磨损，施工预算的使用费会少于实际的机械使用费，这时候就需要控制机械费的支出。

4. 构件加工费和分包工程费的控制

签订合同的时候，构件的加工费与分包工程的控制要有明确的规定，不能超出合同规定的费用，因为这些费用决定了双方的权利与义务，因此绝对不可以超过施工的预算，避免出现不必要的麻烦。

（三）以施工预算控制成本消耗

施工过程中人工单价、材料价格、机械台班单价按照承包合同所确定的单价为控制标准。该方法由于所选的定额是企业定额，反映了企业的实际情况，控制标准相对能够结合企业的实际，因此比较切实可行。

第三节　施工项目成本降低的措施

一、加强图纸会审，减少设计浪费

降低施工项目成本对于整个施工项目来讲都具有重要的意义，开源节流对于降低成本是一种非常重要的方式，但是这两者要同时并举，只重视其中一方面并不会取得良好的效果。

施工单位应该在满足客户需求的前提下，保障工程的质量，在征得用户与设计单位的同意之后，对于原来的设计图纸进行修改，对于成本进行重新计算，做到账目明确。

二、加强合同预算管理

对于整个施工项目中的合同要加强管理，这是预算收入的重要依据，有利于人们对于相关资料的管理和账目的管理。对于施工过程中出现的变动要及时处理，及时完成相关手续的更替与变化。

三、制定先进合理的施工方案

施工方案不同，所使用的机械不同，完成的工期就会出现不同，这些都是影响施工方案的重要因素，施工单位应根据实际情况制定现实、合理的施工方案，确保整个工程顺利推进。

四、组织均衡施工，保证施工质量

①具体情况具体分析，文明施工，减少浪费。

②严格按照相关规定推进工程，确保工程质量。

③采用经济与技术相结合的施工方式。

④严格落实安全施工的规定，降低事故损失。

五、降低材料因量差和价差所产生的材料成本

材料采购与构件的加工要确保质量，选择价格合适、质量过关的产品，对于材料的买进要有详细的记录，对于质量不符合要求的产品要及时处理，降低加工与采购过程中的损耗。相关部门要保障施工过程中材料的数量与质量，保障材料的供应，做好回收工作，提供真实的消耗数量。

六、提高机械的利用效果

施工单位要根据工程的实际情况，选择合适的机械，合理安排机械施工，充分发挥机械的效能，提高机械的利用效果，降低机械使用的成本，平时对于机械要认真爱护，出现问题要及时解决。

七、调动职工的积极性

对关键工序施工的关键班组要实行重奖或有偿回收，实行班组“落手清”制度。

第四节　工程变更价款的确定

一、工程变更的控制原则

由于建设工程的特殊性，其会受到很多因素的影响，这样就会导致实际施工情况与招标时的情况不同，这些变化都是可以理解的，所以工程变更是可以理解的。工程变更主要体现在以下几方面。

①进度计划变更。

②施工条件变更。

③工程项目变更。

④工程量变更。

⑤工程环境变化。

⑥发包人的新要求。

⑦设计图纸修改。

⑧法律法规或者政府对建设工程项目有了新的要求。

⑨新的技术和知识出现。

工程变更不管是出于哪一方面的要求，也不管是什么样的内容，工程变更的指令必须是监理工程师发出的，想要工程变更，就必须要有严格的审批制度。

工程变更所引起的工程量变化，很有可能会引起超出预算的情况，因此人们对变更的项目与内容要严格把控，确定变更内容是否会对工期产生影响。工程变更会对工程的进度、资金的使用和工程质量都产生影响，因此要做好工程变更的审批工作。

二、工程变更程序

第一步：工程变更。

第二步：审查工程变更。

第三步：编制工程变更文件。

第四步：下达变更指令。

三、工程变更价款的确定

在双方协商范围内确定的工程变更，价款要明确，要落实到书面上，双方代表签字之后，才算完成，如果涉及设计变更，要有设计部门的签字，这样可以明确责任，避免日后的麻烦。

第五节　建筑安装工程费用的结算

一、结算方式

建筑安装工程费用的结算根据不同的情况会采取不同的方式，主要的结算方式有按月结算、分段结算、竣工后一次结算、结算双方约定的其他结算方式四种。

二、工程预付款

建设工程订立的、由发包人根据合同在正式开工之前预先支付给承包人的工程款，在《建设工程施工合同（示范文本）》中有明确的规定。工程预付款额度在不同地区有不同的要求。

三、工程进度款

工程进度款主要涉及工程量与单价的计算方法两个方面。工程价格的计价方法有两种工料单价与综合单价，由于工程项目不同，工程进度款的计算方式也有不同的要求。

第六章　水利工程施工组织与管理

为了顺利推进水利工程的建设进程，可以从水利工程施工组织与管理入手，提供工作效率。本章分为水利工程施工组织与水利工程施工管理两个方面。

第一节　水利工程施工组织

一、施工项目组织

（一）建立施工项目管理组织

施工单位要根据实际情况选择决断出最合适的施工项目管理方式，并且要根据施工项目组织的原则，选择最合适的组织形式，构建相关项目管理机构要符合相关规定，制定相关制度。

项目经理作为企业法人代表的代理人，对工程项目施工全面负责，一般不准兼管其他工程。当其负责管理的施工项目临近竣工阶段。且经建设单位同意后，才可以兼任另一项工程的项目管理工作。项目经理通常由企业法人代表委派或组织招聘等方式确定。项目经理与企业法人代表之间需要签订工程承包管理合同，明确工程的工期、质量、成本、利润等指标要求，还有双方的责、权、利及合同中止处理与违约处罚等项内容。

项目经理及各有关业务人员的组成、人数根据工程规模大小而定。各成员由项目经理聘任或推荐确定，其中，技术、经济、财务主要负责人需经企业法人代表或其授权部门同意。项目领导班子成员除了直接受项目经理领导，还要按照企业规章制度接受企业主管职能部门的业务监督和指导。

项目经理应有一定的职责，如贯彻执行国家和地方的法律、法规；严格遵守财经制度、加强成本核算；签订和履行项目管理目标责任书，严格执行相关规定。项目经理是有一定权利的职务，项目经理还应获得一定的利益，如物质奖励及表彰等。其具体权利如下所示。

①现场管理协调权。

②财务决策权。

③物资采购管理权。

④用人决策权。

⑤技术质量决定权。

（二）项目经理的地位

项目经理是整个项目管理阶段的负责人与管理者，在整个施工活动中具有重要的意义，因此选择合适的项目经理也很重要。

项目经理是施工项目的整体负责人，还要协调各方面的关系，既要承担责任，也要履行义务，项目经理要收集、整理、传递各种信息，实现控制的目的，推动项目顺利进行。

（三）项目经理的任职要求

项目经理的任职要求比较严格，不仅要具备一定的知识水平，还要具备一定能力，有能力胜任这项工作。

1. 知识方面的要求

项目经理应该具备大专以上的学历，还应具备相应的知识素质，如土木工程专业或其他专业工程方面的知识储备，一般应是某个专业工程方面的专家，否则很难被人们接受或很难开展工作。项目经理还应受过项目管理方面的专门培训或再教育，掌握项目管理的知识。作为项目经理需要的广博的知识，能迅速解决工程项目实施过程中遇到的各种问题。

2. 能力方面的要求

①具备一定的施工经验，尤其是一些成功的经验，有良好的应变能力，可以果断作出决定。

②具有很强的沟通能力、激励能力和处理人事关系的能力，项目经理要靠领导艺术、影响力和说服力而不是靠权力与命令行事。

③有较强的组织管理能力和协调能力，能协调好各方面的关系，能处理好与业主的关系。

④有较强的语言表达能力。

⑤可以发现工作中的相关问题，并有能力及时地处理问题。

3. 素质方面的要求

①在工作中能注重社会公德，保证社会的利益，严守法律和规章制度。

②要有良好的职业道德，不能损害用户的利益，更不能出现贪污等现象。

③有合作意识，尊重他人，可以与他人共事。

④言行一致，办事公正，实事求是。

⑤可以承担艰苦的工作。

⑥有创新精神，可以接受新的知识与观点，勇于尝试新鲜事物。

⑦有敬业精神，认真工作。

⑧可以承担风险，有责任意识。

（四）项目经理责任制的特点

1. 项目经理责任制的作用

项目管理过程中必须要落实好项目经理责任制。为完成建设单位与国家的要求，必须要对项目加强管理，确定项目经理的相关责任与权力，合理规划好利益的分配与需要承担的风险。这样，更有利于项目经理对施工项目各个环节的管理与把控，有利于整个项目，使项目经理有动力和压力，也有法律依据。项目经理责任制的作用如下所示。

①提升经济效益，促进社会效益产生。

②规范施工项目。

③提升工程质量。

④平衡企业与职工之间的关系，处理好相关的问题。

2. 项目经理责任制的特点

①对象终一性。

②主体直接性。

③内容全面性。

④责任风险性。

（五）项目经理责任制的原则和条件

1. 项目经理责任制的原则

实行项目经理责任制有以下原则。

①实事求是。

②兼顾企业、责任者、职工三者的利益。

③责、权、利、效统一。

④重在管理。

2. 项目经理责任制的条件

项目经理责任制应该具备以下几方面的条件。

①有符合规定的组织设计，各项工程手续齐全。

②各种工程技术资料齐全，劳动力及施工设施已配备，主要原材料已落实并能按计划提供。

③有一个由懂技术、会管理、敢负责的人才组成的，精干得力的高效项目管理班子。

④赋予项目经理足够的权力，并明确其利益。

⑤企业的管理层与劳务作业层分开。

（六）项目经理部的作用

项目经理部是施工项目管理的领导层，要在项目经理的领导下积极完成后续的工作，项目经理部的主要作用如下。

第一，项目经理部在项目经理的领导之下，负责施工项目的整体工程，具有服务与管理的双重职能。

第二，为项目经理决策提供信息依据，执行项目经理的相关决定。

第三，履行合同主体与管理的相关内容。

项目经理部是一个组织也是一个整体，其主要的作用如下。

①项目管理。

②专业管理。

③协调各部门关系。

④调动职工积极性。

⑤信息沟通。

（七）项目经理部建立原则

①根据实际情况，对于不同的组织形式要明确不同的要求，管理环境、管理力量、管理职责要明确。

②项目经理部规模不同，职能部门的设置也相应不同。

③工程交工后项目经理部应解体，不应有固定的施工设备及固定的作业队伍。

④主要针对施工现场，避免出现非生产性的管理部门。

⑤实现组织的良性运转。

⑥相关人员要具有专业能力。

⑦施工规模。

⑧灵活机动。

（八）项目经理部的管理制度

①组织协调制度。

②信息管理制度。

③质量管理制度。

④技术管理制度。

⑤成本核算制度。

⑥安全管理制度。

⑦岗位责任制度。

⑧现场管理制度。

⑨进度管理机制。

⑩分配管理制度。

项目经理部自行制定的管理制度应与企业现行的有关规定保持一致，如项目部根据工程的特点、环境等实际内容，在明确适用条件、范围和时间后自行制定的管理制度。若有利于项目目标完成，可作为例外批准执行。项目经理部自行制定的管理制度与企业现行的有关规定不一致时，应报送企业或其授权的职能部门批准。

（九）进行施工项目的目标控制

施工项目的目标控制主要是指阶段性目标与最终目标。阶段性目标完成就是为了推动最终目标完成，应该坚持正确的理论指导，科学调控整个施工阶段，具体的控制目标如下。

①安全控制目标。

②质量控制目标。

③施工现场控制目标。

④进度控制目标。

⑤成本控制目标。

在整个目标控制的过程中会出现各种突发情况，项目经理部应该做好充足的准备，对整个施工项目进行动态调控。

二、水利工程施工组织

（一）施工组织职责

水利水电工程的建设周期长、施工场面布置复杂、投资金额巨大，对国民经济的影响不容忽视。工程建设必须遵守合理的建设程序，这样才能顺利按时完成工程建设任务，并且能够节省投资。

在计划经济时代，水利水电工程建设一直沿用自建自营模式。在国家总体计划安排下，建设任务由上级主管单位下达，建设资金由国家拨款。建设单位一般是上级主管单位、已建水电站施工单位和其他相关部门抽调的工程技术人员和工程管理人员临时组建的工程筹备处或工程建设指挥部。在条块分割的计划经济体制下，工程建设指挥部除了负责工程建设外，还要平衡和协调各相关单位的关系和利益。工程建成后，工程建设指挥部解散。其中一部分人员转变为水电站运行管理人员，其余人员重新回到原单位。这种体制形成于新中国成立初期。那时候，国家经济实力薄弱、建筑材料匮乏、技术人员稀缺，集中财力、物力、人力于国家重点工程，对于新中国成立后的经济恢复和繁荣起到了重要作用。随着我国国民经济的发展和经济体制的转型，原有的这种建设管理模式已经不能适应国民经济的迅速发展，甚至严重地阻碍了国民经济的健康发展。经过多年的改革，我国终于在20世纪90年代后期初步建立了既符合社会主义市场经济运行机制又与国际惯例接轨的新型建设管理体系。在这个体系中，形成了项目法人责任制、投标招标制和建设监理制三项基本制度。在国家宏观调控下，各有关部门又建立了“以项目法人责任制为主体，以咨询、科研、设计、监理、施工、物供为服务和承包体系”的建设项目管理体制。投资主体可以是国资，也可以是民营或合资，充分调动了各方的积极性。

项目法人的主要职责包括，负责组建项目法人在现场的管理机构；负责落实工程建设计划和资金进行管理、检查和监督；负责协调与项目相关的对外关系。

工程项目实行招标投标，将建设单位和设计、施工企业推向市场，达到公平交易、平等竞争。通过优胜劣汰，优化社会资源，提高工程质量，节省工程投资。建设监理制度借鉴了国际上通行的工程管理模式。监理为业主提供费用控制、质量控制、合同管理、信息管理、组织协调等服务。在业主授权下，监理对工程参与者进行监督、指导、协调，使工程在法律、法规和合同的框架内进行。

水利工程建设程序一般分为项目建议书、可行性研究、初步设计、施工准备（包括投标设计）、建设实施生产准备、竣工验收、后评价等阶段。根据国民经济总体要求，项目建议书在流域规划的基础上要提出工程开发的目标和任务，论证工程开发的必要性。可行性研究阶段，人们要对工程进行全面勘测、设计，进行多方案比较，提出工程投资估算，对工程项目在技术上是否可行和经济上是否合理进行科学论证和分析，并要提出可行性研究报告。项目评估由上级组织的专家组进行，以全面评估项目的可行性和合理性。项目立项后，按顺序进行初步设计、技术设计（招标设计）和技施设计，并进行主体工程的建设。工程建成后经过试运行即可投产运行。

（二）施工方案与设备的确定

在施工工程的组织设计方案研究中，施工方案的确定和设备及劳动力组合的安排和规划是十分重要的内容。

1. 施工方案选择原则

在确定具体施工项目的方案时，需要遵循以下几条原则。

①确定施工方案时尽量选择施工总工期时间短、项目工程辅助工程量小、施工附加工程量小、施工成本低的方案。

②确定施工方案时尽量选择先后顺序工作之间、土建工程和机电安装之间、各项程序之间互相干扰小且协调均衡的方案。

③确定施工方案时要确保施工方案选择的技术先进、可靠。

④确定施工方案时着重考虑施工强度和施工资源等因素，保证施工设备、施工材料、劳动力等需求处于均衡状态。

2. 施工设备及劳动力组合选择原则

在确定劳动力组合的具体安排及施工设备的选择上，施工单位要尽量遵循以下几条原则。

（1）施工设备选择原则

施工单位在选择和确定施工设备时要注意遵循以下原则。

①施工设备要尽可能符合施工场地条件，符合施工设计和要求，并能保证施工项目可以保质保量地完成。

②施工项目工程设备要具备机动、灵活、可调节的性质，并且在使用过程中能达到高效低耗的效果。

③施工单位要事先进行市场调查，以各单项工程的工程量、工程强度、施工方案等为依据，确定合适的配套设备。

④尽量选择通用性强，可以在施工项目的不同阶段和不同工程活动中反复使用的设备。

⑤应选择价格较低，容易获得零部件的设备，尽量保证设备便于维护、维修、保养。

（2）劳动力组合选择原则

施工单位在选择和确定劳动力组合时要注意遵循以下原则。

①劳动力组合要保证生产能力可以满足施工强度要求。

②施工单位需要事先进行调查研究，确保劳动力组合能满足各个单项工程的工程量和施工强度。

③在选择配套设备的基础上，要按照工作面、工作班制、施工方案等确定最合理的劳动力组合，以实现劳动力组合的最优化。

（三）混凝土施工方案和设备选择原则

1. 混凝土施工方案选择原则

混凝土施工方案选择主要包括混凝土主体施工方案选择、浇筑设备确定、模板选择、坝体选择等内容。

在进行混凝土主体施工方案确定时，施工单位应该注意以下几部分的原则。

①混凝土施工过程中，生产、运输、浇筑等环节要保证衔接的顺畅和合理。

②混凝土施工的机械化程度要符合施工项目的实际需求，保证施工项目按质按量完成，并且能在一定程度上加快工程工期和进度。

③混凝土施工方案要保证施工技术先进，设备配套合理，生产效率高。

④混凝土施工方案要保证混凝土可以连续生产，并且在运输过程中尽可能减少中转环节，缩短运输距离，保证温控措施可控、简便。

⑤混凝土施工方案要保证混凝土在初期、中期及后期的浇筑强度可以得到平衡协调。

⑥混凝土施工方案要尽可能保证混凝土施工和机电安装之间的相互干扰尽可能少。

2. 混凝土浇筑设备选择原则

混凝土浇筑设备的选择要考虑多方面的因素，如混凝土浇筑程序能否适应工程强度和进度、各期混凝土浇筑部位和高程与供料线路之间能否平衡协调等。在选择混凝土模板时，施工单位应当注意以下原则。

①模板的类型要符合施工工程结构物的外形轮廓，便于操作。

②模板的结构形式应该尽可能标准化、系列化，保证模板便于制作、安装、拆卸。

③在有条件的情况下，应尽量选择混凝土或钢筋混凝土模板。

三、水利工程进度控制

（一）影响进度的因素

①周期长。

②作业复杂。

③工程量大。

④突发因素。

⑤社会因素。

⑥合同因素。

⑦技术因素。

⑧环境因素。

⑨资金因素。

⑩配件因素。

（二）进度计划的检查和调整方法

在进度计划执行过程中，工作人员应根据现场实际情况不断进行检查，分析检查结果，然后确定调整方案，这样才能充分发挥进度计划的控制功能，实现对整个进度的控制。其具体方法如下所示。

1. 进度计划的检查

①进度计划的检查方法：第一，计划执行中的跟踪检查；第二，搜集数据的加工处理。

②实际进度检查记录的方式：第一，自上而下；第二，实际进度前锋线记录；第三，记录计划的实际执行状况。

③网络计划检查的主要内容：第一，关键工作进度；第二，时差利用；第三，逻辑关系；第四，资源状况；第五，成本状况；第六，其他问题。

④对检查结果进行分析判断：工作人员通过对网络计划执行情况检查的结果进行分析，做出判断，这可以作为整个计划的执行依据，具体的分析判断结果有执行情况、发展趋势、挖掘潜力、分析判断。

2. 进度计划的调整

进度计划的内容比较丰富，方法也比较多，不同的方法有不同的优势，具体的方法下面会做详细地介绍，每一种方法都有自己的优势，同样也会有不足之处，具体的调整方法如下所示。

（1）调整关键线路法

根据实际情况进行调整，如果出现关键线路的实际进度落后于计划进度的情况，应该以实际情况为准，选择没有完成的关键工作，缩短工作持续时间，对于没有完成的部分要进行重新计算。

如果关键线路的实际进度比计划提前，若没有特殊的要求不用提前工期，应该选择直接费用高、资源占有量大的后续工作；若要提前完成计划，要从没有完成的工作中，选择合适的一部分作为新的工作计划，然后重新计算工作时间。

（2）非关键工作时差的调整方法

非关键工作时差的调整要在规定的时差范围内进行，要符合对资源进行充分利用与降低成本的要求，每一次调整后都要对时间参数进行重新计算，然后再观察有无影响，具体的方法如下所示。

①使工作在其最早开始时间与最迟完成时间范围内移动。

②延长工作的持续时间。

③缩短工作的持续时间。

3. 增减工作时的调整方法

增减工作项目在不影响原来的网络计划整体逻辑关系的基础上，可以对局部的逻辑关系作出调整，人们要在调整之前做好充分的准备工作，确保不能影响原来的计划，要是确定会有影响，则应有应对措施。

4. 调整逻辑关系

这种调整只应用于当实际情况要求改变施工方法与组织方法出现问题的时候，其他情况不在调整的范围内。在调整的过程，不能影响原来的工作时间与工作计划，否则后果严重。

5. 调整工作的持续时间

如果发现一些工作的原来的持续时间估计错误，或者是实现条件不充分，则应该对其进行及时估计、重新计算，不能忽视这一问题，否则会影响后续的工作的开展，造成严重的后果。

6. 调整资源的投入

如果资源供应出现异常，可以对资源进行重组与优化，或者是采取应急措施及时调整，缩短整个工期。网络计划的最大优点就是可以对计划进行定期调整，比较方便。

第二节　水利工程施工管理

一、施工项目管理

施工项目管理是施工企业对施工项目进行有效掌控的途径，其主要特征如下。

第一，建筑企业要对施工项目全权负责。

第二，贯穿施工项目的整个运作周期（投标至竣工验收）。

第三，施工项目管理的内容是按阶段变化的。

第四，注重组织协调工作，增强领导管理能力。

在整个施工项目管理的过程中，为了顺利地推进工程进度，实现最终的目标，在各个相关环节中要加强管理。

施工管理组织机构的建立与健全是施工管理成功的关键，没有一个完整和完善的组织机构，项目工程的施工质量、进度、安全、成本就难以保证。

（一）项目部组织机构

1. 项目部领导

项目部领导包括项目经理，分管工程（安全、质量、进度）、人力资源、财务、材料设备等方面的副经理与项目总工（或技术负责人）。项目部领导人员不一定要多，但是责任要分配到人。

2. 管理部门

管理部门包括工程科（含安全、质量、成本、施工等）、财务器材科（含财务、材料、设备等）、人资办公科（含保卫、人力资源、办公室、后勤等）等部门。

3. 施工队（班组）

施工队（班组）包括各种专业施工队，混凝土、木工、钢筋、起重、机械、电工、架子工等班组及负责人。

（二）项目部安全（质量）管理机构

①安全（质量）第一责任人。安全（质量）第一责任人为项目经理。

②安全（质量）领导小组。在该小组中组长为项目经理，副组长为分管安全（质量）的副经理，成员为项目总工、各部门负责人、各班组班组长。

③专职安全（质量）管理机构（工程科）。专职安全（质量）管理机构（工程科）包括机构负责人和专业安全员。

④安全（质量）员。各班组组长多兼职安全员。

工程施工时所有标书中的人员在没有更换的情况下要到岗，到岗人员包括项目经理、技术负责人、施工员、质检员、安全员。对于实行AB岗的项目，A岗人员要在约定的阶段到岗履责，B岗人员则要常驻工地。

二、水利工程施工前、中、后管理

（一）水利工程施工前管理

施工前管理是水利工程管理的重要组成部分，水利工程施工前项目经理要参与的管理主要包括以下内容。

1. 投标文件的编制和工程成本的合理预测

在投标阶段，项目负责人要参与投标文件的编制，以根据现场情况确定投入项目施工的人员、选用的施工方法、项目所用的设备，以及该项目所能达到的进度、质量、安全目标等，为编制技术标作好准备。相关工作人员要根据所选择的施工方法与选用的材料、设备等对项目成本进行预测，为编制投标报价做好准备。

2. 承包合同的洽谈和签订合理周密的施工合同

项目中标后，项目负责人要参与项目施工合同的洽谈，了解合同条件，特别是度汛工期及特殊地质条件。对于属于内部承包的项目，还要测算项目施工成本，对内部承包合同条款要进行研究，确保合同能顺利履行。

（二）水利工程施工中管理

1. 施工前的管理工作

施工前准备工作的基本任务就是为拟建工程的施工提供所需要的技术与物资，对施工的相关工作进行统筹安排，做好施工企业的目标管理与后续工作的推进。开工前的管理与准备工作要认真落实，其对于提高工作质量、降低工程成本、增加企业效益等具有重要的意义。施工前管理工作如下具体内容。

①组织精干的项目管理班子。

②制定项目阶段性目标和项目总体控制计划。

③认真做好图纸会审。

④优化施工组织设计。

⑤督促相关人员做好各项工作。

⑥提交完整的现场试验室设置并报批。

⑦建立健全各项规章制度。

⑧路通、水通、电通和场地平整。

2. 施工过程中的管理工作

（1）成本管理工作

施工过程中有关人员要做好劳务成本管理工作，以保障工作顺利进行。项目经理要肩负起自己的责任，确保相关工作顺利推进与完成，以便于整体工程项目的调整。劳务费结算是项目成本管理的关键环节，加强材料成本管理，旨在确保质量的前提下，要尽量减少投入，防止出现超结与多结的现象。因此成本管理工作要从以下几个方面入手。

①加强现场管理，减少不必要的材料损耗。

②根据既定的施工程序，对不同阶段的材料应用要做出调整，灵活应用流动资金，在确保质量的前提下，降低成本。

③确定执行材料消耗定额。

④坚持对余料进行回收。

（2）进度管理

工程监理人员要审核周、月、季度、阶段性、年及工程总季度计划，并在过程中进行检查修正，以确保合同目标能够实现。

（3）安全管理与资源管理

施工工程要按照国家相关法律法规及制度要求进行安全管理，要组织安全检查，配备安全管理所需资源，及时消除安全隐患，并要根据工程进度要求，配备所需的设备、人员、材料等。

（三）水利工程施工后期管理

1. 竣工验收资料的准备和加强竣工结算管理

合同的条款会对工程竣工验收进行明确规定，以防后期出现违约情况或者其他不利情况，以做好工程验收资料的收集、整理、分析、汇总工作，确保交付竣工资料的科学性与完整性。在竣工结算阶段，项目部门的相关负责人要对中标预算、目标成本、材料实耗量、人工费发生额进行分析。

2. 加强资料管理和加强应收账款的管理

在施工过程中要加强对各种资料的管理与整理工作，如会议记录、来往文件资料等，对于期间变更的要求等要进行详细记录。工程竣工之后，要及时进行清算，确保债务关系明确。

项目部要有人专门负责与业主联系，确保资金回笼，对于一些不能在短时间收回的账目，应该对还款日期作出明确的规定。对于相关单位违约的行为要及时追究，以确保自己的权益。对于一些回收可能性不大的账款，要采用减轻成本的处理方式。

三、水利工程建设项目管理模式

不同的管理模式有着不同的特点，目前常见的建设工程项目管理模式如下所示。

①工程建设指挥部模式。

②传统管理模式。

③更替型合同模式。

④项目管理模式。

⑤设计—采购—建造交钥匙模式。

⑥建筑工程管理模式。

⑦ BOT（建造—运营—移交）模式。

⑧管理承包模式。

其中，工程建设指挥部模式是我国计划经济时期最常采用的模式，在今天的市场经济条件下，仍有相当一部分建设工程项目采用这种模式。但国际上通常采用的模式是另外的几种管理模式，在这些管理模式中，最常采用的是传统管理模式。

（一）工程建设指挥部模式

这种模式是在我国计划经济体制之下，大中型基本建设项目管理所采用的一种模式，依靠的是政府的权威与行政手段，可以在短时间内解决相关问题，但是只使用行政管理手段来管理相关活动会出现很大的弊端。

1. 缺乏明确的经济责任

这个部门并不是独立的经济实体，没有明确的经济责任，所以很难说明谁为经济决策负责。部门的管理决策者不用承担决策的风险，在出现问题的时候很难直接找到责任人。

2. 管理水平低

工程建设指挥部的专业管理人员基本上都是从相关单位抽调的人员，不能完全保障他们的专业素质，在管理上会出现很多未知的问题。他们很可能在这个工程建设中积累了一定的经验，也有可能随时调动到其他岗位上，有新的项目也会重新组建指挥部，所以很难在短时间内提高管理水平。

3. 忽视了管理的规划和决策职能

工程建设指挥部多采用行政管理手段进行管理，还有使用军事管理方式管理的，使用经济手段的使用却不常见。工程建设指挥模式过于重视工程的实现，忽视工程建设的投资、质量、进度之间的关系，忽视了投资效益对于工程质量的影响。

这样的项目管理模式本身就存在一定的问题，导致了我国的工程建设的管理水平与投资效益长期得不到提高，很多问题也出现在工程中。伴随着国家建设越来越完善，这样的管理模式逐步被更加完善、科学、合理的管理模式所取代。

（二）传统管理模式

传统管理模式又称为通用管理模式。采用这种管理模式时，业主通过竞争性招标将工程施工的任务发包或委托给报价合理和最具有履约能力的承包商或工程咨询、工程监理单位，并且业主与承包商、工程师签订专业合同。承包商还可以与分包商签订分包合同。涉及材料设备采购的，承包商还可以与供应商签订材料设备采购合同。

这种模式形成于19世纪，就算到了今天，在国际上仍然通用，亚洲开发银行贷款项目、世界银行贷款的合同条件的项目都是采用这样的模式，其迄今为止仍有很强的实用性。传统管理模式的优点如下。

①管理方法成熟。

②完全控制设计。

③合同关系标准化。

④可以自由选择咨询、设计人员。

传统管理模式的缺点就是管理费用高，索赔与变更的费用也比较高，整个项目的周期长，需要强大的资金支持。由于承包商无法参与设计阶段的工作，设计的可施工性较差，当出现重大的工程变更时，往往会降低施工的效率，甚至造成工期延误等。

（三）建筑工程管理模式

这种模式的主要特征就是以项目经理为主，从项目开始阶段就有专业的人员参与项目的实施过程，为项目的设计与实施提供相关建议，因此这种模式又被称为“管理咨询方式”。

建筑工程管理模式与传统的管理模式相比较，具有以下几个主要优点。

1. 设计深度到位

由于承包商在项目初期（设计阶段）就任命了项目经理，他可以在此阶段充分发挥自己的施工经验和管理技能，协同设计班子的其他专业人员一起做好设计，提高设计质量，因此若其设计的可施工性好则有利于提高施工效率。

2. 缩短建设周期

由于设计和施工可以平行进行，并且设计未结束便开始招标投标，使得整个水利施工项目可以合理地连接，也可以提前运营，从而提高了投资效益。

（四）BOT 模式

BOT 模式即建造—运营—移交模式，它是指东道国政府开放本国基础设施建设和运营市场，吸收国外资金、本国私人或公司资金，授给项目公司特许权，由该公司负责融资和组织建设，建成后负责运营及偿还贷款。在特许期满时将工程移交给东道国政府。

BOT 模式作为一种私人融资方式，其优点是可以开辟新的公共项目资金渠道，以弥补政府资金的不足，吸收更多投资者；可以降低成本，拓宽政府资金的来源，降低风险，积极引进各国先进的技术。

BOT 模式的缺点：建造的规模比较大，技术难题多，时间长，投资高；东道国政府承担的风险大，较难确定回报率及政府应给予的支持程度，政府难以对项目进行监督、控制。

（五）国际采用的其他管理模式

1. 管理承包模式

顾名思义，该模式就是业主直接找到一家公司进行承包管理，管理承包商与业主的专业咨询顾问进行合作，以确保整个施工项目顺利地进行，对于各个环节进行协调与管控。除此之外，承包商还要负责整个工程的设备的采购工作。这种模式作为项目管理模式的一种，具有重要的意义。

2. 项目管理模式

由于技术的不断进步，施工项目越来越复杂，业主可能会有很多个项目在同一个时间段同时进行，因此对于设计师与建筑师的要求可能就会比较复杂，这时就需要项目经理从中进行沟通。项目经理从一个项目开始就对其负责，直到项目竣工，其主要工作内容如下。

①预算控制。

②土地资金筹集。

③编制项目任务书。

④排除法律与行政障碍。

3. 更替型合同模式

这是一种新型的管理模式，就是使用一种新合同替换原来的合同，但是并不是舍弃原来的合同，这两者之间存在密切的联系。一般业主在工程实施的初期就会进行初步设计，当一部分工作完成之后，业主就可以开始招标，选择承包商完成后续的施工工作。

这种模式的优点如下所示。

①可以保持设计工作的连续性。

②可以提高工程的建设力度。

③可以实现项目的总体要求。

④可以减少施工过程中的不确定因素。

⑤为业主方减轻了风险。

采用这种模式，业主方必须在前期对项目有一个周密的考虑，因为设计合同转移后，变更就会比较困难。此外，在新旧设计合同更替过程中相关各方要细心对责任和风险进行重新分配，以免引起纠纷。

四、处理和协调各种关系

任何一个集体，大到一个国家，小到一个家庭，都存在着关系处理和协调问题，可以这样讲，处理和协调关系是一个国家、组织、家庭、个人日常工作和生活中最重要的任务之一，从某种程度上讲这是决定一个人日常工作、一个家庭甚至一个民族成功与否的关键。

作为建造师，必然希望自己尽早步入项目经理岗位，以充分发挥个人优势顺利建设每个项目，为单位创造更大的价值，同时以此展现个人才能，使自身的价值得以实现。

作为项目经理，尤其是水利工程的项目经理，协调和处理各种关系是日常工作中的主要部分甚至是关键工作，因此关系处理和协调的好坏，直接影响了工作的进展甚至成败。一个项目经理在同一个项目中要和不同的人打交道，要适应项目所在地的民俗风情，适应不同业主和监理的不同要求；在不同的项目中更要和不同的人接触，适应新的风俗习惯。同一个人要应对形形色色不同的人，适应各种各样不同的民间、民族习惯，这就要求项目经理必须具备协调和处理各种关系的能力，始终保持项目部良好的工作环境，这样才能顺利实施工程建设，因此能否协调和处理各种关系，是衡量一个项目经理的重要因素。

要处理和协调各种关系，不应仅仅是针对一个项目，一个称职的项目经理或建造师应该从国家、组织、家庭三个主要方面积累和总结处理及协调各种关系的经验和能力，仅就项目进行处理和协调是片面的，不综合的，也是不可能成功的。

现实生活或工作当中，越是有处理和协调能力的人，越会把成功归结给对方或合作方，双方互相敬佩，配合也就越来越顺；越是没有处理和协调能力的人，越会把失败推到别人身上，单方面自以为是。这就是有的人路越走越宽，有的人最终无路可走的根源之一。

绝大多数人都有各自的单位或组织，回家是家庭一员，上班是单位一分子，如何能做到上班安心工作、下班高兴回家，这里面同样充满策略和学问，这就是如何处理单位上的内外关系。

1. 对外

不同的单位有不同的外围关系，同一个单位在不同的时期及业务的不同也有外围关系差异，有永久的，也有临时的，更有新交的关系，在此不能一一讨论。现笔者仅就建造师，尤其是项目经理管理项目方面的对外关系处理和协调阐述以下观点，谨供参考。

（1）先要明确建造师的性质和项目经理实施项目的地方关系及人群

建造师的工作性质就是参与工程项目建设，使设计意图通过自己的工作达到理想的设计要求。建造就需要项目，有项目就必须和人打交道。我们目前的水利建造师面临的是全省甚至全国的水利工程项目，这就需要我们直接和当地政府或代表地方政府的水务等行业的地方政府部门交往。这时建造师或项目经理首先要理解地方官员的态度和想法，在此基础上先让心态平静下来，然后寻求合作的共同点。

（2）面对不客气的合作对手，要树立起我们自己的信心

树立自信要依据实力和底气．要查找相应的优势和条件。我们的优势主要有四条：一是带着真材实料的技术和管理经验到地方，应该受到欢迎，二是我们有充分的合作诚意和专业的管理运行经验，通过真挚合作能给地方带来收益，三是我们是正规企业，有为地方政府排忧解难承担义务的责任和胸怀，这和当地主管部门的目标是一致的；四是我们的内部管理是规范、严谨、务实的，公司风气正、人员团结、公私分明、工作扎实、充满活力。有这基本的四条优势就能充分树立起我们的信心，坚定起我们的勇气。现实工作中，虽然有的地方

不一定欢迎和我们合作，但如果他们真有坑蒙行为或欺压手段，我们也要理直气壮地予以反驳，维护公司的尊严和个人人格。

2. 对内

在单位内部处理和协调关系主要是单位内部的同事关系。一个有固定职业的单位员工，单位工作时间和家庭生活时间占据了其绝大多数时间，因此在单位与朝夕相处的同事能否相处得融洽、密切、愉快是决定一个人能否正常甚至超长发挥自己能力和水平的关键，也是一个集体能否紧密合作、团结共勉的关键。同事间相处和其他关系一样，

第一，自己要主动。主动要经得起时间和大家的认验，不是心血来潮，更不是表现给上级看的，要从方方面面、踏踏实实做起，对每一个职工都有尊重之心，维护之言，善待之举，久而久之，大家必然从内心接纳你、包容你、尊重你，为自己单位创造出良好的工作环境。

第二，言谈举止是一个人的内心表现。内心想得再好而言谈举止没能正确表达同样不会得到他人的认同，因此建造师或项目经理言谈举止要得体、稳重、舒服、把控有度，并逐步形成适合自己、被同事认可的风格，久而久之也就顺其自然，不会再出现造作、生硬、别扭的尴尬处境了。

第三，在单位必须要克制自己，主动适应单位的主体氛围和大部分人，不能希望和要求单位及他人适应自己，否则就自行其是、我行我素，必然会被别人所抛弃，能和他人融为一体才能互相学习、互相促进、互相支持、共同进步。

第四，愉快的心情，轻松的表情，有度的言行和情绪的控制是处理与协调好同事关系的先决条件，缺一不可。心情需要自我调整，表情需要顺其自然，言行需要得体大方，情绪需要控放有制。

第五，要始终保持谦虚之心，努力完善自身，工作配合始终要争取主动，整体协作始终要不记恩怨，成功之时尽量要退到后面，失败之时最好要敢于担当。

第六，个人无论哪个方面总是很微小的，怎样将微小的自己融入强大的集体使自己因此借势强大需要具备一定的境界和素质。容别人不容之人，纳别人不纳之见，吸自己不足之训，宽别人不宽之事，诚别人不诚之信，守别人不守之言，遵别人不遵之纪，做别人不做之工，控别人难控之绪，分别人不分之明，辨别人不辨之非，历练自己、充实自己、丰富自己。

第七，个人服从集体，集体顾全大局，利益面前有风格，遵法纪，光明正大善待人，无须顾虑被人议。

第八，同事相处讲究长远，需要加强交流和沟通，时刻要用真情和真意对待，不拘小节不行，过分谨慎或张扬也不行，言行不是能长久装出来的，自然流畅才能给人留下春风拂面的感觉。

第九，着装注重大方，避免邋遢懈怠，克制个人不良嗜好，争取不危害他人，待人接物礼貌优先，沟通交流心要在焉，别人讲话要认真倾听，自己发言要条理清晰。

第十，对领导要尊敬，对同事要尊重，尊敬、尊重要适度，对单位、对集体有利的建议和意见一定要提，但要注重方式方法，心要大，胸要宽，不动小心眼，对工作不挑不拣，服从安排并踏实认真，做职员时维护和支持上级，做管理时尊重和培养职员。做职员时出现差错要敢于面对，勇于承担责任，做管理时出现差错要敢于替职员分忧，勇于承担领导责任。

第十一，同事间少触及物质攀比，多交流综合进取，同事有难及时帮助或开导，自己有难尽量低调处理不声张，少给他人添麻烦。

第十二，年轻时要磨炼积累，不讲条件，不争荣耀，不骄不馁，甘愿付出，不眼高手低，更不好高骛远。年轻是最大的资本，没有付出和积淀的资本必是干涸的无水之源，年轻的时光非常短暂，无论讲不讲条件都是一晃而过，无为者年轻时拿出时间讲条件，有为者年轻时没有条件但会为以后不年轻时创造更好的条件。

第十三，有同事晋升应该学习、鼓励和祝贺，不是嫉妒、挤兑甚至揭短。要想别人给自己留路自己必须首先给别人留出更宽的路，有远见的人即使自己没有路也能团结他人一道走出共同的路，并且路会越走越平坦宽阔，眼光短浅的人即使自己有不错的路，也会不让他人走，并争先恐后挤占别人的路，回头再看一看自己的路已经不见路了，造成以后年龄越大生活和工作越迷茫。年轻时就追求享受生活年老时必然被生活所困。

第十四，每个人都有每个人的缺点和不足，完人是不存在的，因此在现实生活中就出现两种极端的人，一种是喜欢取别人之长补自己之短，另一种是紧盯别人之短而比自己之长，这两种人也就成为最有教育意义的成功者和失败者。因此，处理各种关系时，应多看到他人的长处和优点，多检查自己的不足和缺点，对照后加以学习和改进才能提升自己，才能融入集体之中，才能在同事和朋友的支持下处理和协调好各种关系。

第十五，项目部是一个特殊的集体，除了业主、监理、设计、地方等外围关系外，还有同事、供应商和工人等关系，对这些人员力争都和谐相处。

除了在一起工作的同事关系外，每个单位几乎都有上级和下级单位，对上级安排的工作要按时、认真完成，并通过工作关系尽早与直接打交道的上级主管部门人员处理好关系，在互相尊重的前提下争取达到朋友关系，得到上级主动指导或帮助，这样不仅有利于工作的交流和沟通，而且能使自己的工作准确无误满足上级的要求；对下级单位同样要尊重，不要有高于下级的想法，应该平等对待，在工作方面给予帮助、指导甚至互相学习，同样要从工作交流中建立感情和友谊，发展成朋友关系。给下级安排工作时要充分考虑其实际情况，非特殊情况不能朝令夕改，不能太紧张让人没有合理的准备时间，一定要做到人性化、和谐化、程序化、规范化，否则工作就不能顺利进行，不仅工作配合不顺利，还失去了成为朋友更有利于合作的可能。上级对下级的管理要掌握不管绝对不行，管严了不一定是好事这样一个总体原则，必要的管理制度必须要有，但制度不是管理好公司的关键，只是依据和规定，要真正管理好公司，企业内部上下级之间要充分交流、沟通和协调，达到下级充分尊重上级的制度及人员，上级真正理解和支持下级的工作，体贴下级，上下成为一个岗位不同但目标一样的整体，各自都是整体不可分割的一员。上级要根据下级各自不同的情况发挥下级各自的优势，使上下级同心同德、互相促进、并肩发展。

总之，无论在家庭还是在单位，包括在社会，要想处理好各种关系，不要寄希望于别人主动，首先自己得主动协调，遇到小气、计较和蛮横的，不要一般见识，得有肚量和胸怀，只要自己没有计较和损伤他人之心，非原则问题且主流是好的，就尽量少计较他人对自己在某一件事、某一句话或某一阶段怎样，和人相处难免遇到有不中听的话，碰到不尽如人意的事，自己要做到不计较、不深究。建造师作为项目部一个主要成员，应具备综合的协调和处理各种关系的能力，需要在家庭、单位、项目以及社会方面，通过遇到的不同人和事磨炼自己，使自身早日成为一个合格的有协调能力者，这样方可把综合的关系处理和协调能力通过接触人和处理事，更好地展现出来，得到他人的信任和尊重，使自己的工作和生活环境轻松和谐。

一个工程项目要真正做好，一般要具备以下基本条件。

①有正规的规划和设计，有正规的招标文件和投标文件。

②业主有一定的人员懂技术和专业，不发生盲目指挥和恶意干扰，能与施工方及监理等密切配合。

③合同约定明确，各方能在原则方面充分履行合同，在非原则方面发扬风格，以围绕项目的顺利实施为目的配合工作。

④监理方真正站在中间位置，真正履行监理职责，向理不向人，且监理人员的专业及能力水平真正满足监理人员的要求。

⑤施工单位配置的项目部人员合理，机构设置有效，项目经理经验丰富且组织和协调能力强，总工程师及专业技术人员数量满足要求，业务熟练，有类似工程的专业施工经验，并且管理人员要职责分明，与技术人员和专业工人紧密配合。

⑥施工设备组织有利到位且运行正常，永久和周转性材料组织有方，质量符合要求；劳务人员具有相应的施工经验并诚信团结；资金调配合理，计划性强；安全生产单位或项目部关系处理与协调生产和文明施工落到实处。

⑦项目部班子团结协作，能充分调度好内部各项工作，对所有设备和材料等能按计划合理调配，对外协调有力，使项目部始终处在良好的内外部环境中。

⑧各项管理和考核制度健全完善，项目部班子对内有较高的威信，对外有较强的威望。

⑨施工方案合理，组织措施得当，计划明确，执行有力。

⑩充分关心职工和劳务人员的食宿和业余生活，创造优良的工作和生活条件。

第七章　水利工程施工风险与健康管理

随着我国水资源供需矛盾问题日益突出，为了更好地解决用水问题，目前各地区水利工程建设项目逐渐增多，其中的安全健康问题也日益凸显。本章主要分为水利工程施工风险管理和施工项目职业健康管理两部分。

第一节　水利工程施工风险管理

一、风险的概述

（一）风险的定义

风险的定义受人们对其认识角度的直接影响，人们可以从不同的角度给出不同的定义，如风险管理、保险学、经济学等，至今尚无统一的定义，但较为通用的解释如下。

①风险主要是由两个因素构成的，即损失和不确定性。

②风险是在一定条件下或一定时期内，某一事件的预期结果与实际结果间的变动程度。变动程度越大，风险越大；反之则越小。

③风险是一种可能性，一旦成为现实，就被称为风险事件。风险事件如果朝有利的方向发展，则称为机会；反之就称为威胁或损失。

由上述风险的定义可知，其定义必须满足产生损失后果和不确定性两个条件，否则就不能称为风险。

（二）工程项目风险的定义

工程项目风险主要是指由于各种不确定因素的影响，使工程项目不能达到预期目标的可能性。

工程项目的立项、分析、研究、设计和计划都是基于对未来情况的预测，还有理想的组织、管理和技术基础上，如自然、社会、政治、经济等方面。但是这些因素在实际的运行过程中有可能产生变化，从而干扰、阻碍原定的计划方案和目标的进行。因此，可以将工程项目风险定义为项目业主、客户、项目组织等主观上不能准确预见因素影响，以及工程项目所处环境和条件本身的不确定性及给当事人带来损失的可能性，或者导致项目的最终结果与计划、期望相背离的可能性。任何一个工程项目中都蕴含着不同程度的风险，这些风险会造成工程项目实施的失控现象，如计划修改、成本增加、工期延长等。

（三）风险的特点

1. 风险存在的客观性

在工程项目建设中，无论是与人们活动紧密相关的施工方案、施工技术运用不当造成的风险损失，还是自然界的风暴、地震、滑坡等灾害，都是不以人们意志为转移的客观现实。从总体来看，这些风险的存在与发生是一种必然现象。由此可知，人类社会的运动规律和自然界的规律都充分体现出了施工项目风险的发生也是客观必然的。

2. 风险发生的偶然性

虽然风险是客观存在的，但是对于一个具体的风险来说，其往往具有偶然性。风险也可以被认为是经济损失的不确定性。风险事故的随机性主要表现为三个方面，即发生的后果不确定、何时发生不确定及风险事故是否发生不确定。

3. 风险的多样性

一般情况下，一个工程项目施工中可以同时存在许多种类的风险，如合作者风险、合同风险、政治风险、经济风险、自然风险、法律风险等，这些风险之间具有复杂的内在联系。

4. 大量风险发生的必然性

人们经过长期对各类风险事故的观察和研究发现，个别风险事故的发生是偶然的，但大部分风险事故则会呈现一定的规律性。因此，在处理相互独立的偶发风险事故时，人们可以采取能够较为准确反映其规律性的统计学方法。人们可以根据以往大量的资料，利用概率论和数理统计方法测算出风险事故发生的概率及其损失幅度，并可构造出损失分布的模型，使其成为风险估测的基础。

5. 风险的可变性

风险在一定条件下是可以转化的。这种转化包括三个方面：一是风险量的变化，即某些风险在一定程度上会随着人们对风险管理方法的完善得到控制，从而降低其发生频率；二是新的风险产生；三是在一定空间和时间范围内，风险是可以被完全消除的。

（四）风险的类型

1. 按风险产生的原因分类

根据产生风险的不同原因，其可分为经济风险、技术风险、自然风险、政治风险、社会风险等类型。其中，经济风险、社会风险和政治风险之间存在一定的联系，自然风险和技术风险则是相对独立的。

2. 按风险的后果分类

根据风险所造成的不同后果，其可划分为两大类，即投机风险和纯风险，其内容如下。

①投机风险。其主要是指可能造成额外收益或损失的风险。例如，当一项重大的投资遇到较好的机遇或决策正确时，可能给投资人带来巨额利润，反之则可能因遇到不测事件或决策失误导致投资者灾难性的损失。对于这一风险，人们往往会忽视其带来厄运的可能，更重视其带来的利益。

②纯风险。其主要是指不涉及利益，只造成损失的风险。以自然灾害为例，当无自然灾害时，不会给任何工程和组织带来利益；但发生时，会造成人员伤亡等重大损失。

投机风险与纯风险之间既有联系又有区别，例如，房产所有人同时面临着两种风险。投机风险由于重复出现的概率较小，所以预测的准确性相对较差。但在相同的条件下，人们可以根据纯风险所表现出的规律性预测其发生概率，从而及时采取相应的防范措施。

3. 按风险管理的主体分类

工程项目风险具有相对性，不同的风险管理主体往往面临着不同的风险。按风险管理主体的不同风险可划分为业主或投资者的风险、承包商风险、项目管理者的风险、其他主体风险等。

①业主或投资者风险。业主或投资者除了会遇到工程项目外部的政治、经济、法律和自然风险外，通常还会遇到项目决策和项目组织实施方面的风险。

②承包商（包括分包商、供应商）风险。承包商是业主的合作者，但在各自的经济利益上有时又是对立的双方，即双方既有共同利益，各自又有风险。业主的举动可能会对承包人的利益造成威胁，承包商的行为也有可能对业主构成风险。此类风险主要包括责任风险、决策错误的风险等。

③项目管理者的风险。项目管理者在项目实施和管理过程中也面临着各种风险。归纳起来，其主要包括来自业主/投资方的风险、来自承包商的风险和职业责任风险等。

④其他主体风险。例如，中介人的资信风险，以及项目周边或涉及的居民单位的干预或苛刻的要求等风险。

4. 按工程项目风险管理的目标分类

风险管理作为一项有目的的管理活动，主要可以分为安全风险、费用风险、进度风险、质量风险。

①安全风险。其主要是指工程项目安全目标不能实现的可能性。安全风险主要蕴藏于施工阶段，根据相关规定，施工单位应对施工现场的安全负责，因此施工承包商面临着较大的安全风险。

②费用风险。其主要是指不能实现工程项目费用目标的可能性。对于承包商而言，费用是指成本风险；对于业主而言，费用是指投资风险。

③进度风险。其主要是指不能按计划目标实现工程项目进度的可能性，主要包括项目总进度风险、单位工程进度风险和分部工程进度风险。

④质量风险。其主要是指不能实现质量目标或工程项目技术性能的可能性。出现一些轻微的质量缺陷时，人们一般还不认为是发生了质量风险；但出现质量事故时，人们一般认为是质量风险发生了。

当然，风险还可以按照其他方式分类，例如，按风险的影响范围可将风险分为基本风险和特殊风险等。

二、风险管理概述

（一）风险管理的概念

风险管理主要是指人们通过监控、处理、风险识别、评价等方法，采取相应的应对措施和管理方法应对潜在的意外损失，对项目的风险进行有效控制，减少意外损失和避免不利后果，从而保证项目总体目标实现的管理行为。

工程项目风险管理则是通过风险评价和识别充分了解、排查工程项目可能存在的风险，并使用各种风险管理手段、方法、技术及应对措施妥善处理风险事件造成的不利后果。

项目的一次性特征使其不确定性要比其他一些经济活动大得多。因为重复性的生产和业务活动若出了问题，常常可在以后得到机会补救，而项目一旦出了问题，则很难补救。每个项目都有具体的风险，而每个项目阶段也会有不同的风险。一般来说，项目早期的不确定因素较多，风险要高于以后各阶段的风险，而随着项目的实施，项目的风险也会逐步降低。

（二）风险管理的目标

损失发生前的风险管理目标和损失发生后的风险管理目标的有效结合可以构成完整而系统的风险管理目标。

①损失发生前的风险管理目标。其主要是指减少风险事故形成的机会，包括减少忧虑心理、节约经营成本等。

②损失发生后的风险管理目标。其主要是指恢复到目标损失前的状态，包括稳定的收入、生产的持续增长、生产服务的持续等。

（三）工程项目风险管理过程

风险管理是一个循环的、系统的、完整的过程，主要用于制定、选择和实施风险处理方案，或是识别、确定和度量风险。风险管理过程的各个步骤主要包括以下五个方面的内容。

1. 风险识别

风险识别主要是指通过一定的方式全面地识别影响工程项目目标实现的风险事件，或是定性的估计风险事件的后果，其是风险管理中的首要步骤。

2. 风险评价

风险评价主要是指定量化工程项目风险事件发生的可能性、损失后果的过程。风险评价的结果主要在于其对工程项目目标影响的严重程度，还有确定各种风险事件发生的概率。

3. 风险对策

这一环节是确定工程项目风险事件最佳对策组合的过程。为了形成最佳的风险对策组合，人们需要根据风险评价的结果和不同的适用对象，对不同的风险事件选择最合适的风险对策。一般情况下，风险对策主要包括风险转移、风险自留、风险回避、损失控制四个方面。

4. 实施决策

这一环节属于风险对策决策环节的具体计划和措施。例如，在决定购买工程保险时，人们必须充分考虑保险费、免赔额和保险范围等，制定应急计划、灾难计划、预防计划等。

5. 检查

在工程项目实施过程中，人们要根据实际的施工条件及时对各项风险对策的执行情况进行检查，调整风险处理方案，并评价各项风险对策的执行效果。同时，在进入新一轮的风险识别时还要检查是否有被遗漏的风险。

三、工程项目风险识别

（一）风险识别的特点

1. 复杂性

在工程项目中，各类风险事件和风险因素之间相互影响、相互作用，从而增加了风险识别的复杂性，因此需要准确的、详细的、定量的资料和数据，这对风险管理人员的要求较高。

2. 个别性

一般情况下，风险不会完全一致，任何风险都有与其他风险的不同之处。例如，由不同的承包商承建建造地点确定的工程项目，其风险也不同。因此，在风险识别时应着重突出风险识别的个别性。

3. 不确定性

复杂性与主观性的结果充分体现了风险识别的不确定性。在实践的过程中，人们往往会因风险识别结论错误，即风险识别的结果与实际不符，而导致风险对策决策错误。从风险的定义来看，工程项目风险也包括风险识别，因此应将减少风险识别的风险融入风险管理的内容中。

4. 主观性

风险虽然是客观的存在，但风险识别都是由人来完成的。由于个人在实践经验、专业知识水平等方面存在着一定的差异，所以风险识别的结果受人主观意识的影响会出现较大的不同。在进行风险识别时，人们要不断提高风险识别的水平，减少人的主观性对风险识别结果的影响。

（二）风险识别的原则

1. 由粗及细，由细及粗

①由粗及细。它主要是指通过多种途径对工程风险进行分解，全面分析各种风险因素，从而获得对工程风险的广泛认识。

②由细及粗。它主要是指根据风险调查、分析拟建工程项目具体情况及同类工程项目的经验，从而在工程初始风险清单的众多风险中确定影响实现工程项目目标的风险。

2. 先怀疑，后排除

不要轻易否定或排除某些风险，同时充分考虑所遇到问题的不确定性，通过认真的分析进行确认或排除。

3. 排除与确认并重

应尽早排除和确认可以排除的风险，同时进一步分析不能确认的风险，并予以解决。

4. 严格界定风险内涵

为了避免出现交叉和重复的现象，人们必须对各种风险的内涵都加以界定，同时还要充分考虑各种风险要素之间的互斥关系、负相关关系、正相关关系、主次关系、因果关系。

5. 做实验论证

实验论证的实验主要包括风洞实验、抗震实验等，通常是针对技术方面的风险或难以确定其对工程项目目标影响程度的风险。利用这一原则检验出来的结论具有可靠性，但要付出一定费用代价。

（三）风险识别方法

风险识别工作并非一朝一夕、一蹴而就的，而必须通过科学系统的方法来完成。在工程项目风险管理实践中，主要包括专家调查法、风险调查法、经验数据法、情景分析法、初始清单法、流程图法等。

1. 专家调查法

专家调查法主要包括两种方式，即头脑风暴法和德尔菲法。

①头脑风暴法。这是一种直观的风险预测和识别方法，即通过会议，给予专家能够发表意见的平台，从而借助专家经验，集思广益来获取信息。这种方法要求会议的领导者具备较强的组织能力，同时还要善于发挥专家的创造性思维，从而提高预测结果的准确性。

②德尔菲法。该方法通过问卷调查收集意见，并加以整理，然后以匿名的方式再次征求专家的意见。由于德尔菲法采用匿名函询，各专家可独立表达观点，避免了其他人受某些权威专家意见影响的可能性，使预测的结果更客观准确。采用德尔菲法时，提出的问题不仅要具有一定的深度，还要具有代表性和指导性，并且时间不宜过长。除此之外，风险管理人员应及时排除个别专家的主观意见，并对专家发表的意见进行归纳、分类、整理和分析。

2. 经验数据法

经验数据法主要是指根据风险有关的统计、已建各类工程项目等方面的资料识别和拟建工程项目的风险识别方法，又可以称为统计资料法。一般情况下，关于工程项目风险的经验数据或统计资料是每个风险管理主体都必须具备的。在工程建设领域，具有这些数据资料的风险管理主体包括房地产开发商等长期有工程项目的业主、承包商、包含设计单位的咨询公司等。由于数据或资料的来源不同、风险管理角度不同，不同风险管理主体拥有的初始风险清单也存在着一定程度的差异。然而，工程项目风险本身也具有客观的规律性，属于客观事实，这种差异性能够通过累积统计资料或经验数据得到弥补。因此，这种初始风险清单可以满足人们对工程项目识别的需要。

3. 风险调查法

由于风险识别具有个别性的特征，所以在工程项目风险识别的过程中进行风险调查必然会花费大量的财力、物力和人力。但其既是工程项目风险识别的重要方法，又是一项非常重要的工作，所以在实际工程中往往要进行风险调查。

风险调查可以从自然及环境、合同、经济、组织、技术等方面分析拟建工程项目的特点。因此，风险调查应当从分析具体工程项目的特点入手，一方面风险调查可以发现被未识别出的、重要的工程风险，另一方面可以通过初始风险清单所列出的风险进行风险鉴别和确认。

对于工程项目的风险识别而言，想要取得较为满意的结果，人们就必须综合采用两种或多种风险识别方法，而不能只采用单一的风险识别方法。除此之外，人们还要注意在风险识别的方法组合中加入风险调查法。

（四）风险识别的结果

风险识别的结果就是通过风险识别环节后，项目风险管理者应该掌握的风险信息，主要包括对项目风险来源、潜在风险事件及风险征兆的描述及发现其他工作程序的问题等。

1. 项目风险来源

项目风险来源是根据可能发生的风险事件分类的，如项目关系人的行为、不可信估计、成员流动等，这些都可能对项目产生正面或负面的影响。因此，风险识别的内容之一就是要识别项目风险的来源，并能够对风险来源进行详细描述。一般项目风险来源包括需求变化、设计错误及误解、对项目组织中角色和责任的不当定义或理解、估计不当及员工技能不足等，特定项目风险的来源可能是几种来源的综合。要描述项目风险来源仅知道其来源的范围是不够的，还需要从以下几个方面对项目风险的来源进行估计及描述。

①该来源引起风险的可能性。

②该来源引起的风险后果可能的范围。

③风险预计发生的时间。

④预计此来源引起风险事件的频率。

2. 潜在风险事件

风险识别的另一个主要任务就是要能够识别出潜在风险事件。潜在风险事件是指直接导致损失的偶发事件（随机事件）。通常对项目产生影响的潜在风险事件是离散发生的，如合作者风险、合同风险、政治风险、经济风险等。因此，对项目潜在风险的描述应针对项目所处环境及其实际条件，从以下方面进行估计和描述。

①风险事件发生的可能性。

②风险事件可能引发后果的多样性。

③风险事件预计发生的时间。

④风险事件预计发生的频率。

需要注意的是，对风险事件可能性及后果的估计范围在项目早期阶段比在项目后期阶段的可能要宽得多。

3. 风险征兆

风险征兆又被称为风险预警信号、风险触发器，它表示风险即将发生。例如，高层建筑中的电梯不能按期到货，这就是一种工期风险的征兆；由于通货膨胀发生，可能会使项目所需资源的价格上涨，从而出现突破项目预算的费用风险，价格上涨就是费用风险的征兆。

一般来说，施工项目的风险主要包括质量风险、财务风险、自然灾害的意外事故风险、费用超支风险、工期拖延风险、资源风险、技术风险等。各种风险都会有相应的风险征兆，对此管理者必须充分重视，尽量采取控制措施，避免或减小风险可能带来的不利影响。

4. 其他工作程序的改进

风险识别的过程同时是一个检验其他相关工作程序是否完善的过程，这是因为要进行充分的风险识别就必须以相关工作的完成为条件。如果在风险识别过程中人们发现工作难以开展，项目管理人员应该认识到其他工作环节应进一步加强。例如，项目组织中工作分解结构如果不细致，则不能进行充分的风险识别。

四、风险危险因素分析

一般水电工程施工安全因素的分析工作都是从事故开始的，有关事故原因的研究理论较多，如事故频发倾向理论、事故因果论、能量转移论、扰动起源论、人失误主因论、能量转移论、扰动起源论、管理失误论、轨迹交叉论、变化论及综合论等。危险因素识别的基本方法包括询问和交流、现场观察、查阅有关记录、获取外部信息、安全检查表等。在事故调查与分析的流程中，首先应确定行为因素，其次确定环境、管理等因素，并在此基础上制定事故原因的框架图。事故原因分为两类，即直接原因和间接原因，其中，间接原因包括规划制定人员的错误决策等，直接原因在于作业人员的误操作、违章操作等。

在事故原因分类中，相关专家、学者基于这样的思路提出了人为因素分析和分类系统，即人为因素分析系统（HFACS）框架。这一框架是在人为失误组织模型基础上发展而来的一种分析性结构框架。

HFACS 将涉及行为失误的因素分为四个层次，HFACS 就属于这样一种规范化、格式化的，跨行业使用的基本分析框架。因此，将 HFACS 框架作为一种分析水电工程施工作业行为因素的分析工具，对事故原因当中的行为因素进行收集和分析已经得到了人们广泛的接受。

风险评价方法是进行定性、定量风险评价的工具。近年来，风险评价得到了飞速发展，形成了很多风险评价方法。评价的内容和指标会随着评价目的和对象不同而发生改变。在进行风险评价时，人们应充分考虑评价目标与评价方法的适应性和其使用的范围。

根据评价对象选择适用的评价方法是对风险评价方法进行分类的主要目的，最常用的分类方法包括以下几类。

①按照评价性质分类，主要分为系统现实危险性评价、系统固有危险性评价等。

②按照评价内容分类，主要分为化学物质危险性评价、作业环境条件评价、工厂设计的风险评价、人的行为的安全性评价、安全生产风险管理的有效性评价、生产设备的安全可靠性评价等。

③按照评价对象的生命周期分类，主要分为废弃安全评价、安全现状评价、建设项目的安全预评价、安全验收评价。

除此之外，风险评价方法按照风险评价结果的量化程度可以分为定量风险评价法、定性风险评价法两种。对于定量评价风险，目前采用的方法有对建筑坍塌建立的一种基于模糊灰色的综合评价方法——层次分析法（AHP）。此方法作为一种多准则的决策方法，它能将评价系统的有关替代方案的各种要素分解成多个层次，如方案、准则、目标等，并且进行定性和定量分析决策。

这种方法的特点是利用较少的定量信息，对决策问题的内在关系、影响因素和本质等方面进行深入分析，把决策者的决策思维过程数学化，从而以简便的决策手段为无结构特性、多准则和多目标的复杂决策问题予以支持。因此，多准则决策理论为风险评价提供了数学理论支撑。

多准则决策是由两部分组成的，即多目标决策和多属性决策，主要是指在多个不能互相替代的准则存在下进行的决策。一般情况下，这种决策大多应用于标准或选项之间相独立的问题。而网络层次分析法是在 AHP 方法的基础上得来的，用来解决标准或选项互相依赖的问题。除此之外，AHP 方法可以用来判断作业系统的故障行为风险，允许分析复杂的风险系统，如新产品开发风险、危险物资管理风险、作业系统风险、环境影响风险等。

需要注意的是 AHP 方法对作业系统的风险进行评价时存在一些局限性，其模型输出依赖于专家的给定值，这就导致其不能排除专家因偏见给的定值不够客观等因素，且在两两比较的过程中可能存在不一致性。但如果人们在分析中结合基于知识的方法，更精确地分析因素之间影响的两两比较值，合理应用统计学的方法，从而更精确地确定因素之间的依赖关系，这样就避免了专家偏见而导致的不一致性的问题。遗憾的是，这也仅仅是未来研究的重点之一，在水电工程施工风险研究过程中人们还需进一步探究更新层次的成果。

水电工程高危作业的安全评价首先应以危险因素辨识为基础，分析风险影响的行为因素，从而构造适合水电工程施工的风险层次结构模型，即修订的HFACS框架。安全评价主要包括以下几个方面。

①分析影响高危作业安全风险的行为因素。

②研究计算水电施工高危作业风险值的AHP模型。

③分析行为因素的因果关系，研究因素间的相互影响关系。人们可以通过AHP模型的网络结构得来各因素间的关系，研究按间接优势度方式构造的AHP超矩阵、加权超矩阵、极限超矩阵，研究反映高危作业风险的风险评估值，利用该评估值与权重，计算最终的风险值。

④根据安全评价结果实施安全监控。

综上所述，人们要全面考虑影响高危作业安全风险的行为因素，选取评价模型，结合实证研究成果与事故统计数据，更科学合理的定量评价各因素间的相互影响，对高危作业的安全状况进行评价，以此指导监控。

国内不少水电开发企业根据水电工程施工安全管理的复杂性及各自特点，提出了安全生产的核心就是过程监控，并且制定了一些安全管理对策和措施，从而禁止无工序卡作业，规范了施工作业行为，避免了施工过程中的违章作业、违章操作和违章指挥等。同时，针对工程安全施工编制的制度还包括各项目工程建设管理部门的安全生产管理规章制度，职业健康安全管理体系文件、安全生产标准条款及水电工程建设项目招标文件等。

五、安全事故预防和应急救援

人们要在风险分析和风险评价的基础上，对水利水电工程施工安全进行控制，即风险控制。根据风险控制原理，事故发生的可能性及其后果严重程度决定着水利水电工程施工安全风险程度，控制水利工程施工风险控制的根本途径有两条：一是降低事故发生的概率；二是降低事故后果的严重程度。这两条控制途径可以概括为施工安全事故预防和应急救援两大方面。

（一）水利水电工程施工安全事故预防

从安全生产要素分析，事故预防主要包括人为事故的预防、设备因素导致的事故的预防、环境因素导致的事故的预防和时间因素导致的事故的预防。基于安全生产要素分析及安全事故致因分析，水利水电工程施工安全事故预防措施可以通过事故危机预警、安全生产管理措施和安全技术措施三个方面进行制定。其中，事故危机预警是通过监控的手段防范事故发生；安全生产管理措施是通过规范工作人员在生产过程中的行为，减少事故发生；安全技术措施是通过采取相应的工程技术手段，以达到避免事故发生的目标。

①事故危及预警为从源头上对水电工程施工过程进行安全监控，人们要从多个方面严格把关，如安全许可、监督检查、安全组织、技术措施等，梳理和细化工程建设参建各方应该履行的安全生产管理工作流程、工作内容、职责、权限等，最终的成果采用高危作业过程监控程序文件表现。

工程施工安全监控的目的是控制和减少施工现场的施工安全风险，实现安全目标，预防事故发生。因此，人们要对高危作业的危险性实施评价，在评价的基础上制定针对性的控制措施和管理方案，实现高危作业的分级监管。通过明确建立高危作业危险因素辨识、评价和监控系统，分析安全生产保证计划各要素之间的联系，充分体现系统的事故预防思想。

②安全生产管理措施包括职工健康监护，对工具、装置、设备、设施的维修管理，安全生产责任制、安全规程、隐患整改意见、事故处理决定、技术操作规程、安全决策、安全教育和安全计划等。在安全生产过程中，安全管理措施主要是对工作人员行为进行规范，如规章、规程、法律法规、制度等，从而达到实现降低安全生产风险的目的。安全生产管理的作用包括化解安全生产危机，避免发生安全生产危机，确保安全生产必须具备合格、足够的安全生产管理人员与完善的安全生产管理机构。除此之外，还必须建立安全生产责任制，并使各阶层人员了解化解安全生产危机的措施及本岗位的安全生产风险。

③安全技术措施主要按照行业及事故的特点、行业分类法、针对的对象分析法等进行分类。其中，按行业及事故的特点安全技术还可以细分为航空航天安全技术、建筑施工安全技术、道路安全技术、防火和防爆安全技术、压力容器安全技术、电气安全技术、电气安全技术、机械安全技术、冶金安全技术、非煤矿山安全技术等。因此，在选择安全技术措施时，人们要根据实际情况选择相应的安全技术措施。例如，在不得已的情况下选择个体防护措施；不能消除危害时则应尽量采取降低风险的安全技术措施。

（二）水利水电工程施工安全应急救援

在水利水电工程施工过程中，不管预防措施如何完善，都有可能发生事故。尤其是随着现代施工技术的发展，施工过程中存在着巨大能量和有害物质，一旦发生重大事故，往往会造成人员伤亡、财产损失和环境破坏。面对严峻的水利水电工程施工安全形势，一方面要坚持“安全第一、预防为主、综合治理”的方针，采取各种措施加强事故预防工作，深入开展事故隐患排查与治理，有效地避免和减少事故发生，从根本上保障人民群众生命财产安全；另一方面要针对当前的现实情况，加强安全生产应急救援工作，有效处置各种生产安全事故，将人员伤亡和财产损失等尽可能降低到最低程度。

水利水电工程施工安全应急救援是事故应急管理中的一部分内容，而应急管理则始终贯穿于事故发生的整个过程，主要包括四个阶段，即预防、预备、响应和恢复。这些阶段在实际的工程中，每一个阶段都构筑在前一阶段的基础上，都具有自身独特且明确的目标，共同构成了动态循环改进过程。

由于自然或人为、技术等原因，当水利水电工程施工安全事故或灾害不可能完全避免的时候，组织及时、有效的应急救援行动，已成为降低危害后果、控制灾害蔓延和抵御事故风险的唯一手段。因此，在应急救援工作过程中，人们应做好以下几个方面的工作。

①强化现场救援工作。发生事故的单位必须坚持属地为主的原则，立即启动应急预案，同时在各级政府的统一领导下，组织现场抢救，控制险情，加强部门间的协调配合，建立严密的事故应急救援现场组织指挥机构和有效的工作机制，做到科学施救、有效施救、安全施救、及时施救、有序施救，即调集救援物资与装备，快速组织各类应急救援队伍和其他救援力量，精心有力地开展应急救援工作。应急救援指挥机构与各级安全生产监督管理部门要充分发挥好各自的作用，搞好联合作战，给政府当好参谋助手。

②坚持“险时搞救援，平时搞防范”的原则。相关部门要定期或不定期地组织隐患排查、应急知识培训、危险源监控，救援队伍要参与企业的安全检查、隐患排查等工作，建立隐患排查、事故预防和应急救援队伍的工作机制。同时，各个员工还应积极主动地参与并做好这方面的工作。

③加强事故隐患、重大危险源管理和风险管理的排查和整改工作，即各类生产经营单位、各有关部门和各地区通过加强事故灾难预测预警工作，建立预警制度，从而研究可能导致安全生产事故发生的信息，并对重点部位的危险源定期进行分析、评估和预警。

④做好善后处置和评估工作，即通过评估工作达到提高应急管理和应急救援工作水平的目的。

⑤严肃处理事故发生后的各类问题。这些问题主要包括事故瞒报、漏报、迟报等。对此，有关部门对信息报告工作作出了明确的规定，要求水利工程施

工相关的各部门与国土资源、水利、气象等部门加强工作联系和衔接，认真贯彻执行相关规定，对可能导致重特大事故的险情和重特大事故灾难信息，可能导致重特大安全生产事故灾难的重要信息做到密切关注事态发展、及时上报、及时掌握。

通过上述风险干预措施，可以化解安全生产危机，避免生产事故发生，从而减少不良社会影响。总之，水电工程施工相对一般建筑行业施工及其他行业的生产，存在着边施工边运行的情况，在企业组织结构、资源管理、施工环境、人员管理等方面差异显著。但目前的研究尚且没有从整体上系统地研究水电工程实施安全风险行为因素分析与监控的问题，有待提高。

第二节　施工项目职业健康管理

一、职业健康安全管理体系概述

（一）职业健康安全管理体系的背景

职业健康安全标准的制定是出于两方面的要求。

①随着现代社会中生产力的急速发展，产品更新周期缩短，竞争日益加剧，有的企业领导迫于生产压力和资源紧张，有意或无意地存在着忽视改善劳动者的劳动条件和环境状况的情况，因此劳动者的劳动条件会相对下降。据国际劳工组织（ILO）统计，全世界每年发生各类生产伤亡事故约为 2.5 亿起，平均每天 8.5 万起。国际社会呼吁不能以牺牲劳动者的职业健康安全利益为代价去取得经济的发展。与此同时，这些企业也发现了劳动者的伤亡将会给企业和国家带来麻烦，有时甚至是非常严重的。因此，劳动者的安全问题重又提上了工作日程，很多企业制定了安全标准，很多国家也制定了各自的国家标准，并逐渐发展成为一个系统的、结构化的职业健康安全管理模式。

②在国际贸易合作日益广泛的情况下，国际社会也需要一个统一的职业健康安全标准，因此各种国际间合作制定的标准也相继产生。其中，对国际较有影响的是英国标准化协会（BSI）和其他多个组织参照 ISO900 与 ISO14000 模式制定的职业健康安全评价体系，简称 OHSAS 18000 标准。

国际上对于职业健康安全统一标准的需求，使 ISO 组织也曾经考虑是否能制定一个国际通用的标准。ISO/TC 207 环境管理技术委员会在 1994 年就提出希望采用类似 ISO9000 的方式制定有关职业健康安全管理体系的标准。但在召开多次会议后，考虑到各国的法律、情况不一致的因素，最后ISO成员国在1997年的有关会议上表决认为制定统一的国际标准的时机尚未成熟，做出了暂时不制定统一的国际标准的决议。虽然ISO未能制定统一标准，但是很多国家已经承认了OHSAS 18000体系，不少企业贯彻了这个体系标准，在加强职业健康安全管理上取得了一定成绩。具有资质的认证机构接受企业的申请，根据OHSAS18000标准审核合格后，予以发证。这样OHSAS18000就与ISO9000一样成为企业具有的一种资质资源。它对于加强企业管理、提高企业信誉及企业进入国际市场都有较大的作用。

我国对职业健康安全标准也给予了充分的重视。2001年中国标准化委员会发布了《职业健康安全管理体系规范》（GB/T 28001—2001），2002年又发布了《职业健康安全管理体系指南》（GB/T 28002—2002）。有关部门发布标准的目的是制定职业健康安全管理体系，使企业和相关组织能够制定有关方针与目标，通过有效应用控制职业健康安全风险，达到持续改进的目的。该标准所针对的是职业健康安全而不是产品和服务的安全。标准已覆盖了OHSAS 18001—1999和OHSAS 18008—2000的所有技术内容，并考虑了国际上有关职业健康安全管理体系现有文件的技术内容。这个体系对于建筑施工企业的职业健康安全管理有着一定的指导作用。因此，建筑施工企业的工程建造师应当了解这个标准，积极创造条件实施标准。

（二）职业健康安全管理体系的有关概念

1. 安全

安全免除了不可接受的损害风险的状态。工程绝大部分情况下都存在风险，想消灭所有的风险，使人们在毫无风险的情况下工作，有时是不符合实际的。当存在的风险可以接受时，一般就可认为处在安全状态，因此安全与否要对照风险的可接受程度进行判定。随着社会和科技的进步，风险的可接受程度也在不断地变化。因此，安全是一个相对的概念，如航空事故一直在发生，经常造成人员伤亡和资产损失，有时甚至是非常巨大的，这就是航空风险，而且由于飞行的条件限制，飞机的安全系数不能无限的加大，加之不可预知的气象因素，航空风险始终存在，但随着科技的进步和飞机安全性能的提高，相对于航空交通的总流量、总人次和人们对航空的需求来说，风险的损失还是较少的，是社会和人们可以接受的。因此，人们普遍认为航空运输是安全的。建筑施工也是同样的情况。虽然近年来建筑施工安全工作有了很大的进步，而且风险的可接受程度也在不断变化，但建筑施工还是存在着风险，建筑行业属于高风险行业。因此，正确理解安全的定义将有助于工作人员确立符合实际的安全工作目标。

2. 风险

风险主要是指可预见的危险情况发生的概率及其后果的严重程度这两项指标的总体反映，是某一特定危险情况发生的可能性和后果的组合，也是对危险情况的一种综合性描述。当风险超出了法规的要求，超出了组织的方针、目标和规定的其他要求或者超出了人们普遍接受程度（通常是隐含的）的要求时，人们就认为这是不可接受的风险。不可接受的风险要降至组织可接受程度的风险，这时其被称为可允许的风险。

3. 事件

事件是导致或可能导致事故的情况。对于未导致事故发生的情况，建筑业通常称其为险肇事故。

4. 事故

事故主要是指造成损坏、伤害、死亡、疾病或其他损失的意外情况。对于事故要贯彻四不放过的原则。

5. 职业健康安全

职业健康安全主要是指保障访问者、合同方人员、工作场所内员工、临时工作人员，还有其他人员健康和安全的条件。

（三）职业健康安全管理体系运作流程

施工企业要建立职业健康安全管理体系，就是要在企业原有体系基础上建立符合相关标准要求的、规范化的职业健康安全管理系统。其流程的含义如下。

1. 明确基本要求

基本要求主要包括建立该体系的企业要遵守国家有关的法律法规、具备合法的法律地位，同时施工企业应明确贯彻相关国家标准的目的及意图。如果是为了强化管理，则可以结合相关标准一起实施；如果是为了进行认证，则应以相关标准为基准，提出具体的认证计划。

2. 进行人员技术培训

企业应对相关人员进行技术培训，如着重培训员工层的基础职业健康安全意识；着重培训特殊层的岗位基本职业健康安全处理技术；着重培训管理层的职业健康安全管理方针、高层意识。同时，企业应专门培训一批专业骨干，以骨干来推进体系的实施工作。

3. 进行初始评审

相关部门应进行企业职业健康安全体系的初始评审，主要包括企业遵守有关法律法规的情况，对组织现有管理制度等进行评审。评审可以自下而上或是自上而下地进行，调查企业职业健康安全现状，包括事故、事件的发生情况及其原因，评审企业的管理控制能力及需要改进的地方，为建立体系做好准备。

4. 方针

最高管理层应明确职业健康安全管理体系的总目标，从而制定相应的方针。方针应为企业职业健康安全管理目标提供一个评审的框架，同时也为相关方提供一个承诺，使企业在社会的形象得到界定和定位。

5. 策划

策划的内容必须包括管理方案、目标、危险源识别、风险评估、风险控制策划、法律法规及其他要求。除此之外，策划还要符合两点，一是要求具有企业管理特色和反映企业文化；二是要求应有可操作性，既不能随意降低标准要求，也不能随意提高，应以在标准要求的基础上持续改进为宜，因此设计和编写体系文件时人们应注意其适宜性和符合性。

6. 实施和运行

职业健康安全的管理方案的实施过程应与实施风险控制的活动相适应。实施运行应重点在施工现场展开，包括运行的方式、资源配置及人员培训等，特别是分包方或供方的运行实施是关键，运行应以实际效果为关注重点。

7. 检查和纠正措施

检查和纠正主要是指纠正、预防不合格行为。这里的关键是以持续改进为核心，不断改进体系质量、预防事故发生。

二、我国职业健康安全状况

（一）我国职业健康安全现状

世界各国在安全生产与经济发展方面基本都遵循着同样的规律，即市场经济发展的初级阶段，伤亡事故与经济发展通常呈正比例上升的线性关系，到了发展阶段，其关系则应呈反比例下降的线性关系。

1. 安全生产事故居高不下

改革开放以来，我国国民经济日益增长，但重特大事故时有发生，职业健康安全管理明显落后，如煤矿爆炸、沉船、皮革等行业的员工集体中毒、建筑行业的脚手架倒塌导致群死群伤等事故的发生带来了极大的负面影响，给国家、企业和个人带来了巨大经济损失及精神伤害。

据不完全统计，我国各类事故居高不下，每年发生一次死亡 10 人以上的事故有 100 多起，我国近几年因工伤事故和职业危害造成的济损失占年 GDP 的 2 % 左右，约为 1 500 亿元人民币。另外，每年约 70 万人患各种职业病，受职业危害的职工在 2 500 万人以上。

在我国的大中城市中，现阶段最普遍、最重要的安全问题是在工业生产领域和活娱乐领域中频发的各类事故灾害，包括城市工业企业的安全生产事故，城市火灾，城市交通事故，城市中锅炉、压力容器、压力管道等事故，城市中危险化学品事故等。

2. 政府对安全生产高度重视

党和政府一直十分重视安全生产工作，对此不断颁布和完善相关规律，从而保护国家财产和人民生命的安全，这充分表明了党和政府对安全生产工作的重视。近几年我国加强了安全生产法制建设，主要体现在以下几方面。

①大部分施工单位陆续建立了分级负责的安全生产监管体系和垂直管理的安全监察体系。

②陆续颁布了各类法律、法规，如《工伤保险条例》《职业病防治法》《安全生产法》等。

③有关部门在严肃追究事故责任的同时加大了行政执法力度和安全生产监督检查。

④对人民群众普遍关注和事故多发领域进行安全生产专项整治，并将安全生产纳入规范社会主义市场经济秩序的重要内容中。

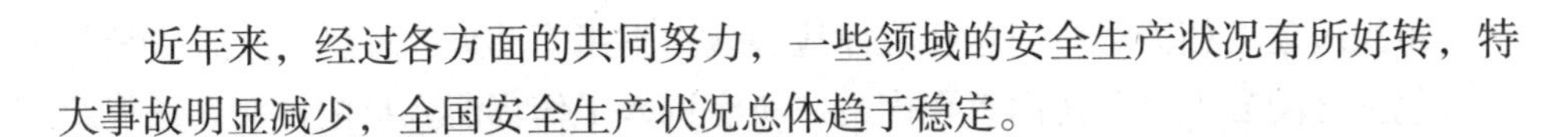

近年来，经过各方面的共同努力，一些领域的安全生产状况有所好转，特大事故明显减少，全国安全生产状况总体趋于稳定。

3. 我国的安全生产目前存在的主要问题

我国常见的安全问题主要包括安全生产监管手段落后、力量不足，安全生产监管体系无法适应市场经济发展的需要；安全生产监控和监测科技无法为安全生产提供足够的技术支撑，相对落后；技术标准体系、安全生产法律法规不够完善；尚未建立起重大事故预防控制体系，无法及时、有针对性地治理重大事故隐患；大部分企业安全生产管理水平落后；安全生产基础薄弱；全社会安全意识薄弱，安全生产法制观念不强。

（二）安全生产工作面临着新的挑战和机遇

安全生产工作面临着新的挑战和机遇具体表现在以下几个方面。

①随着社会发展，人们对伤亡事故承受能力越来越低。

②在市场经济的情况下，出现经济成分多样化、经济利益多元化、劳动用工形式多元化、生活方式多样化等新问题。这些问题对安全生产工作提出了新的挑战，只有重视安全生产的企业才是有潜力、有后劲、有发展的企业。

③当前安全生产事故对社会所造成的影响很大，严重影响了社会的稳定。

三、职业健康安全体系的建立和实施

职业健康安全管理体系的模式分为五个过程，即确定方针、策划、实施与运行、检查纠正措施及管理评审。组织应根据其规模的大小和活动的性质、产品来确定职业健康安全管理体系的复杂程度及文件多少和资源投入的数量。职业健康安全管理体系的建立和实施的步骤可按照前述五个过程的步骤进行。

（一）职业健康安全体系的建立

组织应当确立一个经过最高管理者批准，还能清楚阐明职业健康安全总目标的职业健康安全方针，且这一方针必须与职业健康安全风险的性质和规模相适应，其内容应包括现行职业健康安全法规、持续改进的承诺及其他要求的承诺等。除此之外，组织还应将这一方针形成文件，传达给每一位员工，使其认识各自的职业健康安全义务，在实施和保持这一方针的过程中，还应定期进行评审，从而确保其与组织保持相关和适宜。在策划过程中，风险评价和风险控制工作属于整个管理体系的基础，同时还必须包括管理方案的编制、管理目标的建立、危险源辨识、法规和其他要求的识别工作。

组织应建立相关程序，这些程序应包含由本组织和外界提供的工作场所设施，包括合同方人员和访问者在内的、所有进入工作场所人员的活动，还有组织的常规和非常规活动等。

为了确保危险源的辨识和风险评价的方法具备一定的主动性，辨识方法必须依据风险的时限性、性质和范围进行辨识；规定风险分级，识别可通过职业健康安全标准中规定的措施消除或控制的风险；与运行经验和所采取的风险控制措施的能力相适应；为确定设施要求、识别培训需求和开展运行控制提供输入信息；规定对所要求的活动进行监视，以确保其能及时有效的实施。

按照相关标准，危险源分为六大类，即生物性危险和有害因素、行为性危险和有害因素、心理和生理性危险和有害因素、物理性危险和有害因素、化学性危险和有害因素及其他危险和有害因素。在进行危险源辨识时，人们可以参照该标准的分类和编码，便于管理。在危险源的辨识过程中，对于危险源可能发生的伤害可以明确忽略时，则不宜列入文件或进一步考虑。

危险源辨识的方法主要包括故障树分析、事故树分析、询问交谈、现场观察、危险与可操作性研究、安全检查表、查阅有关记录、获取外部信息、填写安全检查表、工作任务分析等方面。这些方法都有各自的特点和局限性，因此实际工作中一般都使用两种或两种以上的方法识别危险源。

对于辨识后的危险源要进行风险的评价。首先，人们应对伤害发生的可能性和严重程度进行估算，然后对风险进行分级。风险评价的输出必须遵循一定的控制措施清单进行优先顺序排列，其中控制措施应包括加以改进的措施、保持的措施、新设计的措施等。除此之外，控制措施的选择还应充分考虑多个方面。例如，如果不可能消除，则努力降低风险；采取技术进步、程序控制、安全防护等措施；如果可能，则完全消除危险源；考虑对应急方案的需求，建立应急计划，提供有关的应急设备；当所有其他可选择的措施均已考虑后，作为最终手段而使用个体防护装备；对监视措施的控制程度进行主动性监视。

在实施措施计划前，人们应对其进行一定的评审，评审内容主要包括是否会在实际工作中更改的预防措施；如何评价、更改预防措施的必要性和实用性；是否产生新的危险源；更改的措施是否使风险降低至可允许水平；是否已选定了成本效益最佳的解决方案等。风险评价应持续评审控制措施的充分性，这是一个持续不断的过程，当条件变化时人们要对风险重新进行评审。

在策划过程中要考虑的其他工作还有制定目标和管理方案、其他职业健康安全要求及识别和获得适用法规等。在职业健康安全管理中，识别和获得适用的法规和其他要求作为一项重要内容，要求做到能识别需要应用哪些法规和要

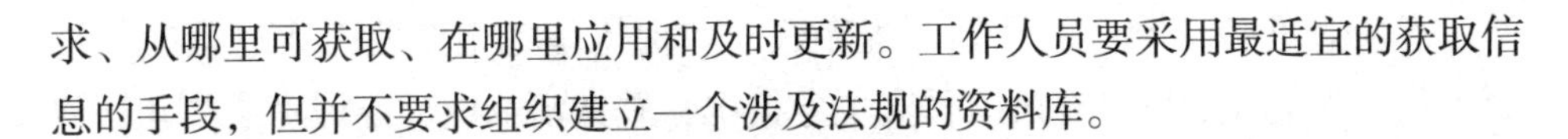

求、从哪里可获取、在哪里应用和及时更新。工作人员要采用最适宜的获取信息的手段，但并不要求组织建立一个涉及法规的资料库。

（二）职业健康安全体系的实施

在实施和运行过程中，人们首先需要考虑的是组织的结构和职责，即组织应对职业健康安全风险有影响的各类人员传达其作用、职责和权限。

根据职业健康安全管理体系的相关标准，最高管理者或组织的最高领导层应承担职业健康安全的最终责任。一般情况下，为了确保职业健康安全管理体系的正确实施，组织都会指定一名具有明确作用、职责和权限的成员作为管理者代表，使其在组织内执行各项要求。确定职责时要特别注意不同职能之间接口位置的人员职责，还要注意职业健康安全，这是组织内全体人员的责任。

实施和运行过程的其他要求主要包括培训、协商和沟通、文件、运行控制和应急准备。

①职业健康安全管理体系对于培训的要求是通过有效的程序确保员工有能力完成所安排的职责，因此组织应建立并遵守程序。对于与职业健康安全有关的人员，应有所受教育、培训和经历方面的适当规定。相关人员要按照规定要求识别现有水平与要求的不足，并结合风险控制、风险评价、危险源辨识进行培训。培训还要注意对管理组织以外的其他人员（如进入现场的合同方人员、访问者、临时工）的培训。管理人员对于其他人员也要根据需要进行必要的教育或培训，使其他人员也能在工作场所内安全地从事相关工作活动。培训完成后应当有对培训有效性的评价记录。

②对于协商和沟通工作，组织应将员工参与和协商的安排形成文件，并与其沟通相关的职业健康安全信息。员工则应参与职业健康安全事务、参与商讨影响工作场所职业健康安全的变化等。

③有关文件和资料的控制要求是组织应建立适当的媒介，并提供查询相关文件的途径，保持有关描述管理体系核心要素信息。职业健康安全标准并不要求一定要按某一特定格式将已有的文件重新编写，但必须确保文件和资料易于查找；关键性的岗位能得到有关的文件和资料，并且可以采取措施防止失效文件和资料误用。

④组织应策划需要采取措施的风险有关活动，对于可能导致偏离职业健康安全方针、目标的活动，必须建立并保持形成文件的程序。程序要与人的能力相适应。

⑤应急准备，响应的计划、程序建立和保持是施工企业工作过程中的重要工作。人们要识别潜在的事件和紧急情况，并做出响应，要评审这些计划和程序。

在实施检查和纠正措施时，组织应对其职工健康安全的绩效进行常规的测量和监视。监视可分为主动性和被动性的两种。主动性的监视是监视组织的活动是否符合管理方案、运行准则和有关的法规要求。被动性的监视是监视事件、事故、因事故伤害的误工等。监视应有记录作为以后纠正和预防措施的分析。

事故、事件发生后，相关部门应对事故、事件进行处理调查，并采取与问题的严重性和风险相适应的纠正或预防措施，并且纠正和预防措施在实施前还应先通过风险评价过程进行评审，如果这些措施引起了对已形成的文件的更改则应进行文件的更改并做记录。

第八章　水利工程施工安全与环保管理

水利工程的开发在近几年越来越多。作为建筑工程中的重要组成部分，开展安全文明环保型施工已经成为新时期水利工程建设的重要内容。本章主要包括水利工程施工安全管理、水利工程环境安全管理两部分。

第一节　水利工程施工安全管理

一、工程施工特点

（一）手工劳动消耗大量体力

我国大多数建筑业的工种都需要手工操作，是劳动密集型的传统行业之一。随着现代技术的飞速发展，出现了大模、滑模、大板等施工工艺，虽然已经对墙体材料进行了改革，但我国许多水利工程的墙体仍然是使用小砌块、水泥空心砖、黏土砖等材料砌筑。

（二）产品固定

与其他行业相比，工程建设最大的特点就是产品固定，建筑物具有生产周期长、体积大、固定等特点，主要体现在施工机具、设备零部件、人员、建筑材料等都集中在有限的场地上。在其完工后固定了生产活动都是围绕着建筑物来进行的，所以水利工程具有固定性。

（三）现场变化大

虽然每栋建筑物大体的建筑流程相同，但每道工序和不安全因素都存在一定的差异。即使是同一工序，其生产过程、施工方法和施工工艺都会有所不同。

近年来，随着工程进度的推进，工程施工的过程中存在的不安全因素也日益增长，这就要求相关部门必须采取多样化的临时性措施。

（四）工人常年在室外操作

通常建筑工程的露天作业约占整个工程的 70 %，其工序主要包括基础、主体结构、屋面工程、室外装修等。目前，我国的建筑普遍在七层以上，从而导致了大部分工人的施工作业受气候条件的制约。

二、施工安全因素

（一）安全因素特点

安全主要指将对人类的生命、财产可能产生的损害控制在接受水平以下的状态。安全因素的定义就是在某一指定范围内与安全有关的因素。水利水电工程施工安全因素有以下特点。

①安全因素的确定取决于所选的分析范围。此处的分析范围可以指整个工程，也可以针对具体工程的某一施工过程或某一部分的施工，如围堰施工、升船机施工等。

②安全因素的辨识有赖于人们对施工内容的了解，对工程危险源的分析及运作安全风险评价的人员的安全工作经验。

③安全因素具有针对性，并不是对于整个系统事无巨细的考虑，安全因素的选取具有一定的代表性和概括性。

④安全因素具有灵活性，只要能对所分析的内容具有一定概括性，能达到系统分析的效果的因素，都可成为安全因素。

⑤安全因素是构成评价系统框架的节点，更是进行安全风险评价的关键点。

（二）安全因素辨识过程

安全因素是进行风险评价的基础，人们往往在辨识出的安全因素的基础上进行风险评价框架的构建。人们在进行水利水电工程施工安全因素的辨识时，首先要对工程施工内容和施工危险源进行分析和了解；在危险源的认知基础上，以整个工程为分析范围，从管理、施工人员、材料、危险控制等各个方面结合以往的经验分析危险，进行安全因素辨识。宏观安全因素辨识工作需要收集以下资料。

1. 工程所在区域状况

常见的区域状况包括：在工程施工过程中对行船、导流、行车等造成影响的塌方及大范围滑坡等意外情况；排土、排渣对本工程及友邻工程产生不良影响，或是形成公害；本地区是否配置了适当的医院、救护车及救护人员等；是否存在其他类型的危险源；发生油库火灾、火药爆炸等对邻近地区的影响；本地区消防设备和人员是否充足；附近危险源对本区域的影响，如毒物泄漏、易爆、易燃等；有无现场紧急抢救措施；重要设施有无备用电源；本地区有无特殊自然灾害，如浓雾、低温、龙卷风、地震、洪水、雪害、暴雨等。

2. 施工措施安全情况

施工安全情况主要包括：如何解决友邻工程施工的安全相互影响的问题；作业场所的通道是否良好；作业场所的有害气体浓度、噪声、照明等是否符合安全要求；登高作业是否采取了必要的安全措施；是否设置了明显的工程界限标识；特殊危险作业是否规定了严格的安全措施；带电部位是否采取有效的保护措施，所有用电设施是否按要求接地、接零；防、排水设施是否符合安全要求；是否存在具有危险性的材料、附件、设备和设施；危险场所是否标定合适的安全范围；作业场所是否存在冒顶片帮或坠井、掩埋的危险性；是否在车辆容易发生事故的路段设置安全标志；劳动防护用品的发放数量、质量是否满足要求。

三、安全管理体系

（一）安全管理体系内容

1. 制定安全检查制度

安全检查是预防安全生产事故的重要手段，主要用于改善劳动条件和环境、防止事故、发现隐患、消除隐患等方面。安全检查制度主要包括季节性的检查、群众性的检查、专项性的检查、经常性的检查、专业化的检查等。相关部门或企业在制定安全检查制度的内容时应对检查方式、检查内容、安全检查负责人、检查时间等方面做出相应的规定。

除此之外，人们还要及时记录检查出的安全隐患，同时对整改情况进行复查验收，从而达到彻底消除隐患的目的。

2. 制定施工现场安全管理规定

施工现场安全管理规定的主要目的是规范施工现场安全，使其具有定型化、标准化的特点，是施工现场安全管理制度的基础。通常施工现场安全管理规定的内容主要包括拆除工程安全管理、孔洞临边防护安全管理、一般安全规定、安全技术管理、井字架和龙门架安全管理、大模板拆装存放安全管理、脚手架工程安全管理、电梯井操作平台安全管理等。

3. 制定施工现场临时用电安全管理制度

施工现场临时用电具有使用广泛、危险性比较大的特点。该安全管理制度是施工现场一项重要的安全管理制度，也是建筑施工现场离不开的一项操作，这一程序牵涉到每个劳动者的安全。

这一制度的主要内容包括用电档案的管理、变配电装置、外电防护、地下电缆保护、电器装置、配电线路、设备的接地与接零保护、现场照明、配电箱的设置及安全管理规定等。

4. 制定各工种安全操作规程

安全操作规程是企业安全管理的重要制度之一，也是确保作业人员的安全和健康、消除劳动过程中不安全行为的重要措施。

安全操作规程的内容不仅要根据现场使用的新技术、新设备和新工艺来制定。监督和实施相应的安全操作规程时，人们还要充分考虑国家和行业安全生产的实际情况、标准、法律、法规等。

5. 建立健全安全生产责任制

安全生产责任制是有效预防事故的发生的关键，是保障安全生产的重要手段，更是安全管理的核心。

安全生产责任制对各类人员、各职能部门、各级领导在生产活动中应负的安全职责予以了明确的规定。这一制度的制定过程必须遵循“安全生产人人有责”和“管生产必须管安全”的原则。科学的、合理的安全生产责任制不仅能够统一生产与安全的组织形式，还能有效增强各级管理人员的安全责任心，从而真正落实安全生产工作，使安全管理的责任明确、纵向到底、横向到边、共同努力、协调配合、专管成线、群管成网。

除此之外，企业还应对安全生产责任制的内容进行细化和分级，如为了达到真正落实安全责任制的目的，需要相关部门按其职责分工确定各自的安全责任，建立各级安全生产责任制。

6. 制定安全生产奖罚办法

安全生产奖罚办法是企业安全管理的重要制度之一。防止和纠正违反法律法规的行为，调动劳动者的积极性和创造性及不断提高劳动者安全生产自觉性是这一制度的主要目的。

安全生产奖罚办法需要企业对奖罚的实施程序、数额、种类、目的和条件等方面做出明确的规定。

7. 制定安全教育制度

安全教育制度作为企业安全管理的一项重要内容，是提高职工安全意识的重要手段。

在制定安全教育制度时，企业应根据员工职位的特点对其进行培训。例如，对变换工种，或是采用新技术、新设备和新工艺的人员进行安全操作规程培训；特殊工种的人员必须经过严格的培训并持有合格证后才可以上岗，同时还要定期接受相关安全教育的培训；在施工队伍进场前，所有人员都必须接受三级安全教育。除此之外，制度的内容还应对教育的内容和形式、应受教育的人员、定期和不定期安全教育的时间做出明确的规定。

8. 制定机械设备安全管理制度

对于施工安全管理而言，机械设备是重点管理对象，这主要是因为机械设备本身存在一定的危险性。机械设备安全管理制度主要是针对建筑施工普遍使用的垂直运输和加工机具制定的。

机械设备安全管理制度应规定各种机械设备的安全管理制度，并安排经过专业培训的员工专门负责对设备的检查、保养，及时排除设备的安全隐患，同时大型设备还应上报相关部门进行备案。

9. 制定劳动防护用品管理制度

劳动防护用品管理制度主要是指针对施工人员的安全健康制定的一项预防性辅助措施，这一措施能有效减轻或避免施工人员在劳动过程中受到的伤害和职业危害，对于安全管理具有十分重要的意义。

这一制度应对劳动防护用品的数量、质量等方面作出明确规定，如防职业病用品、绝缘用品、安全帽等。

（二）建立健全安全组织机构

为了更好地明确参与各方对安全管理的具体分工，确定安全生产目标，同时促进经济利益与安全岗位责任的有机结合，施工企业必须根据项目的性质、规模，建立与之相适应的健全项目安全组织机构，并采用具有针对性的、多样化的安全管理模式。施工企业在开展大型项目时，应配以合理的班子，并安排专门的安全总负责人，共同建立安全生产管理的资料档案，进行安全管理。

（三）安全管理体系建立步骤

1. 领导决策

在体系建立过程中，为了获得各方面的支持和所需的资源保证，有关内容应由最高管理者亲自决策。

2. 人员培训

帮助施工人员了解标准的主要思想和内容，并且建立安全管理体系是开展培训活动的主要目的。

3. 成立工作组

工作小组通常由授权管理者代表和最高管理者构成，主要负责建立安全管理体系。一般情况下，管理者代表通常担任工作组的组织工作，为了保证小组对信息、资金、人力的获取，小组成员应覆盖主要职能部门。

4. 制定方针、目标、管理方案

①方针。方针是评价一切后续活动的依据，同时也确定了总的行动准则和指导方向，不仅是组织自觉承担其责任和义务的承诺，还是组织对其安全行为的原则和意图的声明。

②目标。安全管理体系的目标应与企业的总目标相一致，从而满足人们的管理理念需求和对整体绩效的期许。

③管理方案。其主要是指实现目标、指标的行动方案。在策划、制定安全管理方案的过程中，人们应以企业客观实际情况和年度管理目标为依据，明确资源的要求、时间表、相关部门的职责等。

5. 初始状态评审

初始状态评审通过收集、调查分析、识别组织的安全信息和状态进行危险源辨识和风险评价，评审的结果是编制体系文件的基础。

四、安全应急预案

安全应急预案是人们针对可能发生的事故，有序、迅速、有针对性开展的应急行动。为降低人员伤亡和经济损失预先制定的有关计划，又可以称为“应急救援预案”或“应急计划”。这一预案是在辨识和评估事故后果及影响严重程度、发生的过程、潜在重大危险、事故类型的基础上，预先安排各阶层人员的救援行动、设施和物资分配等。

（一）事故应急预案

为控制重大事故的发生，防止事故蔓延，有效地组织抢险和救援，生产经营单位应分析初步认定的危险场所和部位，预测重大事故发生后的损失程度、设备破坏状态、人员伤亡情况及由各种原因可能会引起的物质灾害对企业或邻近地区造成的影响，并根据预测的结果配备事故应急救援器材、培训事故应急救援队伍、制定重大事故应急预案等，从而使事故发生时，险情能够在最短的时间内得到控制。编制事故应急预案的目的如下。

①能在事故发生后尽可能减轻事故对人员及财产的影响，迅速控制和处理事故，从而保证人员生命和财产安全。

②及时、有效的通过相应的预防措施消除蔓延条件，将事故控制在局部，从而防止连锁事故发生。

事故应急预案是事故应急救援工作的核心内容之一，也是事故应急救援体系的主要组成部分，事故应急预案的作用体现在以下几个方面。

①事故应急预案能够对突发事故起到基本的应急指导作用，是开展事故应急救援的“底线”。通过编制事故应急预案，人们可以有针对性地进行专项应对准备，制定应急措施。

②事故应急预案改变了事故应急救援无章可循、无据可依的状态，明确了事故应急救援的范围和体系，企业可以根据相关计划和方案通过反复演练使应急人员具备完成指定任务所需的相应能力。

③事故应急预案的编制、推演、评审、发布、教育、培训和宣传不仅能够提高人们的风险防范意识，还有利于促进各方提高风险防范意识和能力，熟悉各种重大事故的应急措施。

④由于应急行动不允许有任何拖延，对时间的要求十分敏感，因此事故应急预案必须明确各方的职责和响应程序，这不仅有利于人们及时做出应急响应，降低事故后果，还可以让人们进行先期准备，从而最大限度地降低事故造成的环境破坏、财产损失、人员伤亡。

⑤事故应急预案建立了与上级单位和部门事故应急救援体系的衔接。企业通过编制事故应急预案可以确保当发生超过本级应急能力的重大事故时可迅速与有关应急机构联系和协调。

（二）应急预案的编制

1. 成立事故预案编制小组

应急预案的成功编制需要有关职能部门和团体达成一致意见，通过共同的努力寻求与危险直接相关的各方进行合作。因此，企业应实现各类专业技术、各有关职能部门的有机结合，组成事故预案编制小组，只有这样才能有效保证应急预案的准确性、完整性和实用性，有利于统一应急各方的不同观点和意见，同时也为应急各方提供了协作与交流机会。

2. 危险分析和应急能力评估

为了准确策划事故应急预案的编制目标和内容，企业应开展危险分析和应急能力评估工作。预案编制小组在开展此项工作时首先应进行初步的资料收集，主要包括技术标准、应急预案、相关法律法规、国内外同行业事故案例分析、本单位技术资料、重大危险源等。

①危险分析。危险分析是应急预案编制的基础和关键过程，就是在事故隐患排查和治理、危险因素辨识分析和评价的基础上，确定本企业或本区域潜在的事故影响范围和后果、事故的类型和危险源等，从而为应急预案的编制提供依据。危险分析主要内容可以划分为危险源的分析和危险度评估两个方面。危险源的分析主要包括具有易燃易爆物质的企事业单位的名称、危险度、储存、地点、种类、产量、分布、数量及发生事故的诱发因素等；危险度的评估则是指对企业单位的事故潜在危险度进行全面调查和科学的评估，从而确定目标单位危险程度。

②应急能力评估。应急能力评估就是危险分析的结果。应急能力对应急行动的有效性和速度具有直接影响，主要包括应急人员的技术和经验培训及物资、装备、应急人员、应急设施等应急资源，企业制定应急预案时应当选择最现实、最有效的应急预案。

3. 应急预案编制

应急预案的编制必须以应急预案的相关法律法规为依据，同时结合应急能力评估结果等信息，并针对可能发生的事故进行编制。在应急预案编制过程中，企业应明确应急衔接和联系要点、应急过程行动重点、应急预案的框架等，同时应充分发挥他们各自的专业优势，使员工具备一定的危险分析能力。需要注意的是参与编制的人员必须事先经过严格地培训。

除此之外，应急预案的编制工作还应与上级主管单位、政府，以及相关部门的应急预案相衔接，充分利用社会应急资源。

4. 应急预案的评审和发布

①应急预案的评审。为了保证预案与实际情况相符、科学合理且切实可行，应急预案编制前后需要组织有关部门和单位的专家、领导到现场进行实地勘察，如对重点目标周围地形、流散地域、人口疏散道路、环境、指挥所位置、展开位置、分队行动路线等情况进行实地勘察与实地确定。经过实地勘察修改预案后，相关部门在编制应急预案的过程中，还要参考我国法律、法规、应急方针政策及其他有关应急预案编制的指南性文件。同时，还要组织有关部门、单位的领导和专家进行评议，取得应急机构的认可。

②应急预案的发布。最高行政负责人在预案经评审通过且发布后，应主动向应急机构和相关部门进行备案。同时还要不断更新应急预案实施动态，建立电子化的应急预案，开展应急预案宣传、教育和培训，组织开展应急演习和训练，落实应急资源并定期检查等。

（三）事故应急预案主要内容

1. 概况

事故应急预案概况主要描述生产经营单位概况及危险特性状况等，同时对紧急情况下事故应急救援紧急事件、适用范围提供简述并作必要说明如明确应急方针与原则，将其作为开展应急工作的纲领。

2. 准备程序

这一环节的内容主要包括签订互助协议、公众的应急知识培训、应急组织及其职责权限、预案演练、应急队伍建设和人员培训、应急物资的准备等。

3. 预防程序

这一环节需要说明企业对潜在事故、次生和衍生事故等采取的控制措施和预防措施。

4. 应急程序

在事故应急救援过程中，存在泄漏物控制、消防和抢险、接警与通知、指挥与控制、应急人员安全、公共关系、警戒与治安、警报和紧急公告、通信、医疗与卫生、人群疏散与安置、事态监测与评估等核心功能和任务。这些功能和任务是开展应急救援必不可少的因素。

①指挥与控制。为了迅速、有效地进行应急响应决策，应建立统一的应急指挥决策程序，确定重点保护区域和应急行动的优先原则，同时对事故进行初始评估，从而合理、高效地调配和使用应急资源。

②通信。相关部门必须建立完善的应急通信网络，从而保证应急指挥与外界的联系，因此应保持外部救援机构、应急中心、医院、新闻媒体之间的通信网络畅通。

③接警与通知。启动事故应急救援的关键在于准确了解事故的初始信息，如性质、规模等。接警作为应急响应的关键步骤，相关工作人员必须保证能准确、迅速地向报警人员询问现场的实际情况，然后上报给上级部门，从而采取相应的行动应对事故。

④警戒与治安。应急救援机构应在事故现场周围建立警戒区域，以维护现场治安秩序、交通管制等，从而保证现场事故应急救援工作顺利开展。警戒与治安的主要目的是避免发生不必要的伤亡，即保障人群疏散、救援物资运输，防止与救援无关的人员进入事故现场。

⑤警报和紧急公告。这一程序主要是通过警报对事故可能影响到的地区传达危险信息，同时有关部门还要通过各种途径告知相关人员事故对人体健康的影响，从而降低事故灾害对人身财产安全的威胁。紧急公告则是指及时告知公众疏散目的地、交通工具、随身携带物、时间、路线等有关信息。

⑥人群疏散与安置。在所有的应急程序中，人群疏散与安置是最彻底的应急响应，也是减少人员伤亡的关键。有关部门不仅要考虑老弱病残等特殊人群的疏散、风向等环境变化，还应考虑疏散人群的数量、所需要的时间，同时还要对疏散的紧急情况和决策、避难场所和回迁、预防性疏散准备、疏散区域、疏散运输工具、疏散路线、疏散区域、疏散距离等做出细致的规定和准备。

除此之外，还要保障临时疏散的人群必要的生存基本条件，做好临时生活安置，如水电等。

⑦应急人员安全。水利水电工程施工安全事故的应急救援工作危险性极大，主要包括现场安全监测、个体防护设备、安全预防措施等方面，因此编制相关程序时必须充分考虑应急人员自身的安全问题。

5. 恢复程序

这一程序主要是指结束应急行动后采取的恢复行动。长期的实践经验表明，事故得到一定控制后要对现场进行短期恢复，从而使其进入一个相对稳定的状态。一般情况下，这一恢复过程通常存在一定的潜在危险，如受损建筑物倒塌、余烬复燃等，因此为了防止事故再次发生，相关部门必须充分考虑现场中的隐患，并制定恢复程序。

6. 预案管理与评审改进

制定事故应急预案的过程中，人们应对其更新、发布等方面的管理做出相应的规定，这是事故应急救援工作的指导文件。在事故应急救援后则应对其进行评审，不断完善该体系。

五、安全事故处理

水利工程施工安全是指在施工过程中，工程组织方应该采取必要的安全措施及手段来保障施工人员的生命和健康安全，降低安全事故的发生概率。

（一）概念

工伤事故就是企业员工在为公司或工厂进行施工建设中因为某种原因造成的工伤亡事故。对于工伤事故，我国国务院早就做出过规定，《工人职员伤亡事故报告规程》指出“企业对于工人职员在生产区域中所发生的和生产有关的伤亡事故（包括急性中毒）必须按规定进行调查、登记统计和报告”。从目前的情况来看，除了施工单位的员工以外，工伤事故的发生群体还包括民工、临时工，还有参加生产劳动的学生、教师、干部等。

（二）伤亡事故的分类

一般情况下伤亡事故的分类都是根据受伤害者受到的伤害程度进行划分的。

1. 轻伤

轻伤是职工受到伤害程度最低的一种工伤事故，按照相关法律的规定，员工如果受到轻伤而造成歇工一天或一天以上就应视为轻伤事故处理。

2. 重伤事故

重伤的情况分为很多种，一般来说凡是有下列情况之一都属于重伤应视为重伤事故处理。例如，需要进行较大手术才能挽救的；人体要害部位严重灼伤、烫伤的；脚趾轧断三根以上的；经医生诊断成为残疾或可能成为残疾的；手部伤害引起机能障碍的；严重骨折，严重脑震荡等；眼部受伤较重，对视力产生影响，甚至有失明可能的；内脏损伤、内出血或伤及腹膜的；医师诊断认为受伤较重的。

3. 多人事故

在施工过程中如果出现多人（3 人或 3 人以上）受伤的情况，那么应认定为多人工伤事故处理。

4. 急性中毒

急性中毒是指由于食物、饮水、接触物等原因造成的员工中毒。急性中毒会对受害者的机体造成严重伤害的，一般作为工伤事故处理。

5. 重大伤亡事故

重大伤亡事故是指在施工过程中，由于事故造成一次死亡 1 ～ 2 人的事故。

6. 多人重大伤亡事故

多人重大伤亡事故是指在施工过程中，由于事故造成一次死亡 3 人或 3 人以上 10 人以下的重大工伤事故。

7. 特大伤亡事故

特大伤亡事故是指在施工过程中，由于事故造成一次死亡 10 人或 10 人以上的伤亡事故。

（三）事故处理程序

一般来说如果在施工过程中发生重大伤亡事故，企业负责人员应在第一时间组织抢救伤员，并及时将事故情况报告给各有关部门。事故处理程序主要分为以下三个主要步骤。

1. 迅速抢救伤员，保护好事故现场

在工伤事故发生之后，施工单位的负责人应迅速组织人员对伤员展开抢救，并拨打120急救热线。另外，还要保护好事故现场，帮助劳动责任认定部门进行劳动责任认定。

2. 组织调查组

对于施工现场发生的重伤和轻伤事故，通常是由企业负责人组织生产、技术、安全等部门及工会组成事故调查组进行调查；伤亡事故，则由企业主管部门、行政安全管理部门、公安部门、工会、监察部门等共同组成事故调查组检查。当施工现场出现死亡或重大死亡事故时，施工企业应邀请有关专业技术人员与人民检察院参加，但与事故相关的人员不得参加调查。

3. 现场勘察

①做出笔录。一般情况下，笔录的主要内容应包括勘察人员的姓名、单位、职务；事发时间、地点；现场勘察起止时间、勘察过程；设施设备损坏情况；重要物证的特征、位置及检验情况；事故发生前现场人员的具体位置和行动；事故危害程度和状态等。

②现场绘图。其主要包括设备或器具构造图、涉及范围图、建筑物平面图、剖面图、破坏物立体图或展开图、事故发生时人员位置及疏散图等。需要注意的是现场绘图必须根据事故的实际进行绘制。

③实物拍照。其主要包括五个方面，一是反映事故现场各部位之间的联系的全面拍照；二是反映事故现场中心情况的中心拍照；三是反映伤亡者主要受伤部位的人体拍照；四是反映事故现场周围环境中的位置方位拍照；五是反映事故痕迹物、致害物的细目拍照。

④写出事故调查报告。在这一阶段，事故调查组应将本次事故的教训和改进建议等写成报告，报告内容应包括事故发生的原因、经过、责任分析等方面。当出现内部意见相左的时候，调查组则应对照政策和法规反复研究，进一步弄清事实，从而形成统一的认识。

⑤事故的审理和结案。一般情况下，伤亡事故处理工作应当在90日内结案，最迟也不能超过180日，并且只有经过相关机关审批后才可以结案，且同企业的隶属关系及人事管理权限应一致。对事故责任人的处理应根据其损失大小和情节轻重分为重要责任、主要责任、一般责任等。

六、安全检查

（一）安全检查的目的

安全检查的目的主要包括两个方面，一方面是由于生产与安全之间的紧密联系，因此不安全因素也是同时存在的，这就要求施工企业必须不断改善生产条件和作业环境，定期检查施工中的不安全因素。另一方面，则要加强伤亡事故的预防工作，采取安全培训、演习等方式，以尽可能降低事故灾害带来的各类损失。

（二）安全检查的内容

安全检查内容主要包括对伤亡事故的处理、劳保用品使用、思想认识、制度落实、操作行为、安全教育培训、机械设备等方面。需要注意的是在编制安全检查内容时必须根据施工特点，制定检查项目标准。

（三）安全检查的形式

1. 主管部门对下属单位进行的安全检查

主管部门应根据本行业的特点，检查、总结施工过程中的主要问题和共性问题，从而推动基层发展。

2. 专业性安全检查

这一安全检查可结合单项评比进行，具有较强的专业性，即相关业务部门要对某项专业（如脚手架）的安全问题进行检查。

3. 定期安全检查

企业内部必须建立定期分级安全检查制度。检查应由单位领导牵头，安全、动力设备等部门派员参加，属全面性和考核性的检查。

4. 经常性的安全检查

经常性的检查施工过程中的安全隐患，有利于施工的正常进行。其主要包括各级管理人员同时检查生产和安全、值班人员日常巡回安全检查、班组进行班前和班后岗位安全检查等。

（四）安全检查的要求

①一般情况下，施工企业大多采用安全检查评分表来记录扣分原因，这是安全评价的依据，因此要求记录必须具体、认真、详细。

②各种安全检查应按要求配备力量，要明确检查的负责人、内容、标准和要求，同时抽调专业人员参加检查。

③相关部门应对“保证项目”重点检查。一般情况下，无论何种安全检查都应具有明确的检查目的和标准。对具有相同内容的项目可采取观感与测点相结合的检查方法，不仅要检验施工人员的安全素质，还要检查施工人员是否存在违章指挥或违章作业的行为。

④整改。其主要包括整改、销案、复查、隐患登记等，是安全检查工作重要的组成部分，需要相关部门参与。

（五）安全检查的意义

①定期对施工安全状态进行了解和检查，不仅能够为加强安全管理提供依据，还有利于施工企业分析安全生产形势。

②从实质上来看，安全检查也可以作为一次群众性的安全教育。施工企业通过安全检查，对违章作业、违章指挥进行纠正，从而增强领导和群众的安全意识，提高安全施工的自觉性。

③施工企业通过安全检查，能够及时发现物的不安全状态、人的不安全行为等因素，从而制定相应的制度解决。

④施工企业进行定期的安全检查不仅有利于其促进安全施工工作，还能使施工人员间相互学习、取长补短。

⑤安全检查有利于落实国家安全生产的方针与政策，有利于进一步宣传、贯彻各项安全规章制度。

第二节　水利工程环境安全管理

一、环境安全管理的概述

（一）环境安全管理的概念

环境安全是指在工程项目施工过程中保持施工现场良好的工作秩序、卫生环境、作业环境。环境安全工作主要包括，保证职工的安全和身体健康；科学组织施工的有序进行；保持作业环境的清洁卫生，规范施工现场的场容；减少施工对当地居民的影响等。

环境保护作为文明施工的重要内容，政府和相关部门对其管理更是十分严格。环境安全管理主要是指控制现场的各种固体废弃物、振动、噪声、粉尘、废水等对环境的危害。

（二）安全与环境管理的目的

随着科学技术的飞速发展，各种新能源、新材料、新技术、新产业和生产工艺不断诞生。但在生产力高速发展的同时，尤其是在市场竞争日益加剧的大背景下，人们通常对具有高利润、低成本的工程更有兴趣，因此往往会忽略改善劳动环境和条件。

据国际劳工组织（ILO）统计，发展中国家的劳动事故死亡率比发达国家要高出一倍，有少数不发达的国家和地区要高出四倍以上，生产事故和劳动疾病有增无减。

在整个世界范围内，建筑业属于最危险的行业之一，也是资源消耗和环境污染的主要行业之一。建筑行业安全与环境管理的目的主要包括以下两个方面。

①保护施工人员的健康与安全。全面、系统地控制可能影响施工人员健康和安全的因素。

②使人类的生存环境与社会的经济发展相协调，控制现场各种危害对环境的影响，从而达到保护生态环境的目的。

（三）环境安全的意义

保持良好的作业环境和秩序不仅能够提高社会经济和效益，加快施工进度，还能够在保证工程质量的前提下，有效地降低工程成本。环境安全贯穿于整个施工过程，涉及人、财、物等方面，是项目部人员素质的直接反映，也充分体现了施工现场的综合管理水平。

随着现代化施工客观要求的日益提高，环境安全管理越来越需要较好的职工素质、标准化管理、严密的组织、严格的要求。环境安全管理是实现优质、高效、卫生、清洁、低耗、安全生产的有效手段。良好的施工环境与施工秩序不仅有利于培养和提高施工队伍的整体素质，还能够有效提高企业的知名度和市场竞争力，除此之外还能够提高施工队伍的整体素质，从而促进施工企业精神文明建设。

二、环境安全的组织与管理

（一）加强环境安全的宣传和教育

施工企业要特别注意对员工的岗前教育，积极采取看录像、看电视、派出去、请进来、登黑板报、上技术课、短期培训等方法，并保证专业管理人员熟练掌握环境安全管理规定。

（二）收集环境安全管理材料

环境安全管理材料主要包括，上级关于文明施工的标准、规定、法律法规等资料；施工环境安全自检资料；施工环境安全活动各项记录资料；各阶段施工现场环境安全的措施等。

（三）组织和制度管理

环境安全管理组织应以项目经理为第一责任人，并服从、接受总包单位的统一管理。

各项施工现场管理制度应包括竞赛制度、奖惩制度、经济责任制、安全检查制度及各项专业管理制度等。

三、现场环境安全的基本要求

①在确定施工机械的线路设置和位置时，必须避免侵占场内道路，而应以施工总平面布置图为主要依据。施工机械在进场前，必须经过严格的安全检查才能使用。相关施工企业必须依照有关规定建立机组责任制，保证各个操作人员持证上岗。

②职工的饮水、膳食等应当符合卫生要求。施工现场应当符合照明、通风、卫生等要求，同时还要设置各类生活设施。

③根据我国《中华人民共和国消防法》的规定，施工企业应在现场设置符合消防要求的消防设施，建立和执行防火管理制度，严格检查容易发生火灾的地区，并且采取一定的消防安全措施储存易燃易爆器材。

④应随时清理施工现场的建筑垃圾，保持场容场貌的整洁及道路畅通。在车辆、行人通行的地方施工时，应当对沟、井、坎、穴进行覆盖和铺垫，并设置施工标志。

⑤应当按照施工中平面布置图设置各项临时设施。现场堆放的材料、机具设备等不得侵占安全防护设施场地。

⑥对项目部所有施工人员应进行言行规范教育工作，大力提倡精神文明建设，严禁赌、毒、黄、打架斗殴等行为发生，用强有力的制度和频繁的检查教育杜绝不良行为出现。对经常外出的采购、财务、后勤等人员，应进行专门的用语和礼貌培训，增强其交流和协调能力，预防他们因用语不当或不礼貌、无能力等原因与人发生争执和纠纷。

⑦大力提倡团结协作精神，鼓励内部员工进行工作经验交流和传帮学活动，订购健康文明的书刊，组织职工收看、收听健康活泼的音像节目，定期组织友谊联欢和简单的体育比赛活动，丰富职工的业余生活。

⑧重要节假日时项目部应安排专人负责采购生活物品，集体组织轻松活泼的宴会活动，并尽可能提供条件让所有职工与家人进行短时间的通话交流，以改善他们的心情。定期将职工在工地上的良好的表现反馈给企业人事部门和职工家属，以提高他们的工作积极性。

四、现场环境污染防治

要达到环境安全管理的基本要求，主要是应防治施工现场的空气污染、水污染、噪声污染，同时对原有的及新产生的固体废弃物进行必要处理。

（一）施工现场空气污染的防治

①上部结构清理施工垃圾时，严禁临空随意抛撒，通常采用封闭式的容器等进行处理。

②对于白灰、粉煤灰、水泥等细颗粒散体材料的运输，可以采用密封、遮盖等方式防止飞扬。

③禁止在施工现场焚烧废弃物品，如包装物、枯草、油毡、橡胶、皮革、塑料等，防止有害、有毒的物质产生。

④施工现场车辆在开出工地的过程中，应尽量做到不扬尘、不带泥沙，从而减少对环境的污染。

⑤当施工现场只能采用烧煤锅炉时，应尽量选用消烟节能回风炉灶，从而减低烟尘的排放量。

⑥离村庄较近的工地应当在进料仓上方安装除尘装置，并封闭搅拌站，从而控制粉尘污染。

（二）施工现场水污染的防治

1. 水污染主要来源

施工现场水污染主要是指工业废水和固体废弃物流入水体的部分，常见的水污染物包括非金属无机毒物、酸碱盐、泥浆、水泥、重金属、混凝土外加剂、油罐、各种油类等。它们主要可以分为三类，一是化肥、农药等农业污染源；二是食物废渣、食油、病原微生物、杀虫剂、粪便、合成洗涤剂等；三是向自然水体的排放工业污染源。

2. 施工过程水污染的防治措施

①施工现场必须经沉淀池沉淀合格后才能排放碳化钙的污水、现制水磨石的污水、搅拌站废水等。

②施工现场位于中心城市时，可以采用水冲式厕所防止水体和环境污染，同时还有利于防蝇、灭蛆。

③施工现场的临时食堂应定期清理，防止污染，同时还可以设置简易有效的隔油池排放污水。

④利用铺油毡、防渗混凝土地面等措施对储存油料的库房地面进行防渗处理，从而避免对水体的污染。

（三）固体废物的处理

1. 焚烧技术

对于不宜直接填埋处理的和不适合再利用的废弃物可进行焚烧无害化处理，如受到病毒、病菌污染的物品。需要注意的是进行焚烧处理时，必须严格控制，从而避免对大气造成二次污染。

2. 回收利用

回收利用主要是指利用减量化、资源化处理手段对固体废弃物进行处理。例如，电池等废弃物应分散回收，集中处理；废钢可按需要用作金属原材料；建筑渣土可视其情况加以利用等。

3. 填埋

对于固体废弃物而言，填埋属于最终技术，主要是指将废弃物残渣集中在填埋场，利用减量化、无害化等技术进行处置。一般情况下，填埋场应选择与周围的生态环境隔离的天然或人工屏障。

4. 减量化处理

减量化处理主要是指脱水、压实浓缩、分选、破碎已经产生的固体废弃物，从而减低处理成本、最终处置量和对环境的污染的处理方法。通常在减量化处理的过程中会融入堆肥、焚烧等相关的工艺方法。

5. 稳定的固化技术

稳定的固化技术主要是指利用胶结材料包裹松散的废物，从而达到减少废物二次污染的目的。

（四）施工现场的噪声控制

1. 从声源上控制

①尽量采用低噪声电锯、电机空压机、振捣器、风机等设备和工艺代替高噪声设备与工艺。

②在内燃机、燃气机、通风机、压缩机及各类排气放空装置等声源处安装消声器消声。

2. 从噪声传播的途径上控制

①隔声。应用隔声墙、隔声屏障、隔声室、隔声罩等隔声结构将噪声声源与外界分隔开来。

②吸声。利用金属或木质薄板钻孔制成的共振结构，或是多孔材料制成的吸声材料降低噪声。

3. 对接收者的防护

当人们处于噪声环境下时，可以使用耳塞、耳罩等防护用品，以减轻噪声对人体的危害。

4. 严格控制人为噪声

采取一定的规章制度严格控制施工现场可能产生噪声的因素，如限制高音喇叭的使用。

5. 控制强噪声作业的时间

当施工现场位于中心城市时，必须严格控制作业时间。一般情况下，允许强噪声作业的时间在早 6 点到晚 10 点之间。如果有昼夜施工的特殊情况时，应与当地居委会和居民进行协调，并张贴安民告示。

参考文献

[1] 颜宏亮．水利工程施工［M］．西安：西安交通大学出版社，2015．

[2] 刘能胜，钟汉华，冷涛，等．水利水电工程施工组织与管理［M］．3 版．北京：中国水利水电出版社，2015．

[3] 何俊，张海娥，李学明，等．水利工程造价［M］．郑州：黄河水利出版社，2016．

[4] 王东升，徐培蓁．水利水电工程施工安全生产技术［M］．徐州：中国矿业大学出版社，2018．

[5] 黄亚梅，张军．水利工程施工技术［M］．北京：中国水利水电出版社，2014．

[6] 王东升，王海洋．水利水电工程安全生产法规与管理知识［M］．徐州：中国矿业大学出版社，2018．

[7] 黄晓林，马会灿．水利工程施工管理与实务［M］．郑州：黄河水利出版社，2012．

[8] 薛振清．水利工程项目施工管理［M］．北京：中国环境出版社，2013．

[9] 钟汉华，冷涛，刘军号．水利水电工程施工技术［M］．3 版．北京：中国水利水电出版社，2016．

[10] 杜守建，周长勇．水利工程技术管理技能训练［M］．郑州：黄河水利出版社，2015．

[11] 水利部建设与管理司，中国水利工程协会．水利工程施工监理实务［M］．郑州：黄河水利出版社，2014．

[12] 杜伟华，徐军，季生．水利水电工程项目管理与评价［M］．北京：光明日报出版社，2015．

［13］李新生，陈素美．黄河水利工程管理与养护施工［M］．郑州：黄河水利出版社，2011．

［14］尹红莲，刘祥柱，夏金泉，等．水利工程施工学习指导与技能训练［M］．郑州：黄河水利出版社，2014．

［15］刘庆飞，梁丽．水利工程施工组织与管理［M］．郑州：黄河水利出版社，2013．

［16］顾志刚，刘武，王章忠．水利水电工程施工技术创新实践［M］．北京：中国电力出版社，2010．

［17］马振宇，贾丽炯．水利工程施工［M］．北京：北京理工大学出版社，2014．

［18］王海红，刘慧琴，陶海鸿，等．水利工程项目管理［M］．郑州：黄河水利出版社，2013．

［19］赵启光．水利工程施工与管理［M］．郑州：黄河水利出版社，2011．

［20］崔明星．对水利工程施工技术管理的探讨［J］．城市建设理论研究，2018（17）：158．

［21］李翔．浅谈水利工程施工技术管理存在的问题及对策［J］．中小企业管理与科技（中旬刊），2018（12）：8-9．

［22］黄向前，吴展军．提高水利施工技术确保工程质量［J］．工程建设与设计，2018（24）：163-164．

［23］韩园．水利工程施工现场管理及优化措施［J］．农民致富之友，2018（24）：64．

［24］杨俊琰．水利施工中的混凝土裂缝的原因及防治［J］．中外企业家，2018（36）：99．

［25］张磊．水利工程施工中的土方填筑施工技术探讨［J］．城市建设理论研究，2018（36）：162．

［26］钱宽，刘红升，陈美娟，等．水利工程施工中堤坝防渗加固技术的探讨［J］．珠江水运，2018（23）：31-32．

［27］刘清．水利工程施工现场管理重点及安全问题探讨［J］．城市建设理论研究，2018（35）：186．